유용원의
밀리터리
시크릿

BEMIL 총서 ❹

유용원의 밀리터리 시크릿

★ 북한군, 주변 4강, 한·미관계, 한국군, 방위산업 관련 핫이슈 리포트 ★

플래닛미디어
Planet Media

우리나라 최초의 군사전문기자로서
군과 함께 걸어온 30년을 사진으로 돌아보다

1991년 일본자위대 취재

1993년 러시아 태평양사령부 방문

1997년 미국 최대 수소폭탄 앞에서

1999년 동티모르 상록수부대 선발대 동행취재

1999년 동티모르 상록수부대 취재 중
현지 지도자와 함께

1999년 중국 루다급 구축함 함상에서

2001년 인도네시아 CN-235 공장

2001년 10월 프랑스 라팔 전투기
한국 언론 최초 탑승취재

2003년 역사적인 동해선 공사 현장 앞에서

2004년 리처드 롤리스 미 국방부
동아태 담당 부차관보 단독 인터뷰

2004년 미 항모 키티호크 승함

2004년 이라크 아르빌 미군 헬기 동승취재 | 2004년 10월 이라크 자이툰부대

2005년 2월 해군 P-3C 5시간 초계비행
최초 동승취재 | 2005년 러포트 주한미군사령관 초청 토론회

2005년 일본 155mm 자주포 앞에서 | 2005년 일본 자위대 후지학교 방문

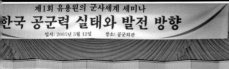

2005년 제1회 유용원의 군사세계 세미나 | 2005년 6·25전사자 유해 발굴 체험

2005년 8월 아시아 최대 공군기지인
일본 오키나와 가데나 기지 방문

2005년 8월 일본 요코스카 해군기지의
최신형 오야시오 잠수함 앞에서

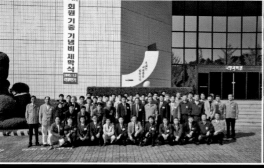

2005년 11월 ADD 격려비 제막

2005년 12월 A-37 야간비행 최초 동승 취재

2005년 펜타곤 브리핑룸에서

2006년 원자력추진 미 항모 링컨함 탑승

2006년 자이툰부대 취재

2006년 11월 F-15K부대 위문

2007년 2월 미 원자력추진 잠수함
오하이오 한국 내 첫 공개 취재

2007년 3월 네이버 유명인사 검색 순위 1위

2007년 국회 안보와 동맹 연구 포럼
창립식 및 정책토론회

2007년 B. B. 벨 한미연합군사령관 초청
관훈토론회

2008년 7월 국산 경공격기 KA-1 최초 탑승 취재

2008년 8월 미 이지스함 채피 한국 언론 첫 동승 취재

2009년 3월 중국군 총참모장 단독 인터뷰

2009년 7월 공군 순직 부자 조종사 추모비 제막

2010년 사상 최초로 《조선일보》와 육군본부
가 6·25전쟁 60주년을 맞아 함께 추진한 'DMZ
종합기록물' 제작사업을 위해 1년여 동안 DMZ
내의 생태와 문화재 등을 취재했다.
(사진 ⓒ 조선일보)

2010년 'DMZ 종합기록물' 제작사업 당시 헬기를 타고 DMZ 철책선 서쪽 끝에서 동쪽 끝까지 동행했던 소설가 김훈 씨(위 사진 왼쪽에서 세 번째)를 포함한 취재단. (사진 ⓒ 조선일보)

2006년 2월 한국국방안보포럼(KODEF) 창립 총회 _ 사단법인 한국국방
안보포럼은 2006년 2월 창립 후 14년간 50여 차례의 세미나를 개최하
고 100여 권의 KODEF안보총서를 발간했다. 연구위원 등이 수시로 공중
파·종편 방송에 출연하는 등 국방정론과 안보의식 확산을 위한 활발한
활동을 벌여왔다. 김태영 전 국방부장관, 현인택 전 통일부장관이 공동대
표로 있으며, 필자는 기획조정실장으로 실무책임을 맡고 있다.

2011년 9월 유용원의 군사세계 개설 10주년 행사가 김관진 국방부장관,
방상훈 조선일보사 사장, 한민구 합참의장, 천영우 청와대 외교안보수석,
곽승준 청와대 미래기획위원장, 신학용 국회 국방위원, 노대래 방위사업
청장 등 200여 명이 참석한 가운데 성대하게 개최됐다.

2012년 6월 주한미군·카투사 순직자 추모비 제막 _ 1953년 정전협정 체결 이후 판문점 도끼만행 사건 등 북한의 도발과 각종 임무수행 중 발생한 사고 등으로 인해 순직한 주한미군 92명과 카투사 38명을 기리기 위해 필자의 주도로 2년여 동안 사업이 추진돼 2012년 6월 주한미군·카투사 순직자 추모비가 제막됐다. 사진은 김관진 국방부장관, 월터 서면 주한미군사령관, 정승조 합참의장, 조양호 한국방위산업진흥회장, 권오성 한미연합사부사령관, 김재창 한국국방안보포럼 대표, 필자 등이 추모비을 제막하는 모습이다.

2013년 3월 국방부 출입 20년을 맞아 김관진 국방부장관으로부터 감사장을 받았다. 1993년 3월부터 국방부를 출입했으며, 2020년 1월 현재까지도 국방부 출입을 계속하며 국내 언론인 중 최장수 국방부 출입 기록을 매년 경신하고 있다.

2009년 10월 미 공군 특수비행팀 '썬더버즈'
한국 언론 최초 탑승취재

2011년 항공우주공로상 수상

2013년 TV조선 〈유용원의 밀리터리 시크릿〉 방송

2014년 TV조선 〈북한 사이드 스토리〉 MC로
프로그램 1년간 진행

2014년 1월 ROTC중앙회 감사패 수상

2014년 7월 영화 연평해전 성금 전달

2014년 특전사 자매결연 및 위문

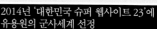

2014년 '대한민국 슈퍼 웹사이트 23'에
유용원의 군사세계 선정

2015년 3월 백선엽 장군 인터뷰

2015년 6월 육군 3사관학교 성우회 포럼 1회 강연

2015년 8월 유용원의 군사세계
누적 방문자 3억 명 돌파

2015년 9월 유용원의 군사세계
누적 방문자 3억 명 돌파 기념 행사

2015년 11월 육군항공학교 추모흉상 제막

2016년 4월 육군본부 장군단 강연

2017년 K9 자주포 탑승 취재

2019년 8월 국방TV 〈본게임〉 100회 특집 출연

■ 秘密계획 — 核무장 선택권 戰略
(Nuclear Option)의 대두

『한국은
核무장 능력을
가져야 한다』

庾龍源 월간조선부 기자

「그러나 核무기는 만들지 않아야
한다」는 논의가 군부 일각에서
○○○계획의 이름으로 거론되고 있다.
원자력 산업분야에서도 재처리
시설을 빨리 갖춰야 한다는 주장이
제기되고 있다. 4大 강국 사이에서
생존하기 위해서는 核무장 능력을 갖춘
「고슴도치」여야 한다는 「통일기의
새로운 전략론」도 연구되는 등 한국의
核정책은 새로운 국면을 맞고 있다.

▲ 핵무장 선택권 전략 특종(《월간조선》 1991년 10월호)
▼ 하나회 명단 특종(《월간조선》 1993년 1월호)

하나회는
육사20기 이후에도
영관급까지
조직돼 있다

庾龍源 월간조선부 기자

충격의 사실

하나회원 1백53명(11~26기) 명단 완전 공개
하나회는 해체될 수 없는 조직

· 「하나회」는 「알자회」와 별개로 36기까지 이어져 총 회원이 2백여명에 이른다.
· 대통령을 비롯해 안기부장, 대통령 경호실장, 다섯 명의 국무위원,
  14대 국회의원 16명이 하나회 출신이다.
· 17기부터 22기까지의 선두주자(진급이 가장 빠른 장교) 1~3위는 모두 하나회원이다.
· 李鍾九 전 국방장관은 하나회의 총무였다.

국방부, 55억 사기당했다

朝鮮日報

프랑스 武器商, 돈만 챙기고 잠적

국내 첫 1만t급 航母 건조

朝鮮日報

2012년까지 해군력 강화 12조원 투입

「大洋해군」 10여년 앞당겨

海軍 전력 증강계획

中·日 해군력 강화에 자극
예산놓고 3軍 갈등 예상

朝鮮日報

美軍기지 1900만평 반환
훈련장등 상당수 통폐합

전체 25% 대수술… 도시지역 600만평 새로 요청

2007년까지 전면재조정… 골·용·왕 실무합의

새 주민證 위조 첫 적발

프로그램 도용 3명 검거… 휴대폰 200여개 발급받아

금융 피라미드 200억 사기

CMJ회원들 구속

「린다 김」 政·官界 거물과 친분

정찰기 도입비리의 핵심인물

군사기밀 유출 각종 로비 의혹

西紀 1998年 10月 4日

"송편 수출

◇"고향은 못갔지만…" 맞춰야 하는 이들의 표정이 밝다.

chosun.com

朝鮮日報

chosun.com

北 무인기, 청와대 바로 위 20여초 떠있었다

本報, 파주 추락기 촬영사진 입수

앞으로의 20년 설계를 위해
지난 30년을 돌이켜보면서

"경제학 전공한 사람이 돈이나 벌지 왜 영양가 없는 군사전문기자가 됐어요?"

지난 30년간 군사문제를 담당하면서 가장 많이 받은 질문입니다. 그때마다 저는 "취미가 직업이 돼 행복하다"고 받아넘겼습니다. 어릴 때부터 무기체계에 관심이 많아 1,000개 가까운 무기체계 제원을 외울 수 있었는데 이제 직업이 됐으니 틀린 말은 아니겠지요.

제가 국방부를 공식적으로 출입하기 시작한 것은 1993년 3월입니다. 3년차 기자였는데 당시 최연소 국방부 출입 기록이었습니다. 보통 차장급 이상 고참(선임) 기자들이 출입할 때였기 때문입니다. 그 뒤 1996~1997년 1년간 미국 연수 기간을 제외하곤 지금까지 국방부를 담당하고 있으니 27년째 국방부를 출입하고 있는 셈입니다. 그래서 창군 이래 최장수 국방부 출입기자라는 얘기를 듣고 있습니다.

국방부 출입 이래 제가 겪은 국방장관은 권영해 장관부터 현 정경두 장관에 이르기까지 17명에 달합니다. 우리나라 국방장관의 평균 재임 기간이 그만큼 짧다는 것을 상징적으로 보여주는 지표입니다. 지난 10여년간 군을 이끌어왔던 수뇌부는 대부분 20여년 전 대령~준장 시절 저와 처음 만나 만남을 이어온 인연이 있습니다.

김영삼 정부부터 김대중, 노무현, 이명박, 박근혜, 그리고 현 문재인 정부에 이르기까지 6개 정권에 걸쳐 군 안팎에서 벌어진 크고 작은 일들을 지켜봤습니다. 두 차례의 연평해전(1999, 2002년)과 천안함 폭침 사건(2010년), 연평도 포격도발(2010년), 6차례의 북한 핵실험과 ICBM 도발 등 북한의 국지도발 및 핵·미사일 도발도 겪으면서 휴일과 새벽에도 비상이 걸렸던 적이 적지 않습니다. 힘들었지만 기자로서는 그 누구도 경험해보지 못한 '행운'을 가졌다고 할 수 있겠지요.

저는 1990년 2월 조선일보사에 입사한 뒤 1993년 1월까지 월간조선에서 근무했습니다. 그 뒤 조선일보 편집국(사회부·정치부)으로 옮겨 국방부를 출입하고 있습니다. 월간조선 기자 시절에도 군 관련 기사를 주로 썼기 때문에 제 30년간의 기자 생활 거의 전 기간 동안 군사 분야를 담당해왔다고 할 수 있겠지요. 올 2월이면 입사 만 30년이 됩니다.

지난 30년간 저의 우리 군과 국방안보 문제에 대한 고민은 크게 서너 가지로 나눠볼 수 있겠습니다. 우선 현존 최대 군사적 위협인 북한 문제입니다. 현재 북한 위협의 핵심은 핵·미사일 등 이른바 비대칭 위협입니다. 특히 2018년 남북 및 미북 정상회담으로 기대감을 모았던 북한 비핵화가 지지부진하면서 북한 핵·미사일 위협은 악화되고 있는 실정입니다. 김정은 북한 국무위원장은 2020년 새해 첫날부터 핵·미사일 모라토리엄(실험·발사 유예) 파기 카드를 던지면서 우리나라와 미국을 비롯한 전 세계를 위협했습니다. 2019년 '하노이 노딜' 이후 김정은 스스로 정한 '연말 시한'이 지나자마자 1년 전부터 미국에 경고해온 '새로운 길'의 실체를 드러낸 것입니다.

김정은은 2019년 12월 31일까지 나흘간 이어진 노동당 중앙위 제7기 5차 전원회의 '보고'에서 "우리 인민이 당한 고통과 억제된 발전의 대가를 받아내기 위한 충격적인 실제 행동으로 넘어갈 것"이라며 "세상은 멀지 않아 공화국이 보유하게 될 새로운 전략무기를 목격하게 될 것"이라고 했습니다. '새로운 전략무기'는 다탄두를 장착한 신형 대륙간탄도미사일(ICBM)이나 3,000t급 신형 잠수함에서 발사되는 신형 잠수함발사탄도미사일(SLBM) 등으로 추정됩니다.

김정은과 북한은 미북 간에 극적인 국면 전환이 없는 이상 지속적인 핵무력 건설을 천명했기 때문에 제가 서문을 쓰고 있는 이 순간에도 북한의 핵무기고, 즉 핵무기 숫자는 늘어나고 있습니다. 북한의 핵무기는 올해 2020년 말까지 최대 60~100개에 달할 것으로 추정되고 있습니다. 북한은 2019년 들어 요격회피 능력이 뛰어난 '북한판 이스칸데르' 미사일, 세계 최대 600mm급 초대형 방사포 등 이른바 '신종 무기 4종 세트'를 차례로 선보이기도 했습니다.

이 책의 첫 장에서 자세히 분석해놓았습니다만, 이들 신형 단거리 무기들 중 상당수는 한·미 양국군의 미사일 요격망을 피해 우리 군의 F-35 스텔스 전투기 기지, 3군 본부가 모여 있는 계룡대, 주한미군 평택·오산기지 등 양국군의 심장부를 정밀타격할 수 있을 것으로 전문가들은 우려하고 있습니다. 특히 이들 신종 무기들을 섞어서 동시다발적으로 공격하면 속수무책이라는 평가입니다.

이제 우리는 한국군과 주한미군 기지, 주일미군 기지, 괌·하와이는 물론 미 본토 전역을 핵탄두 미사일(ICBM)로 타격할 수 있는 북한, 과거의 명중률 떨어지는 로켓 같은 단거리 미사일(스커드) 대신 수m의 정확도로 한·미 양국군의 심장부를 때릴 수 있는 신형 단거리 미사일·유도 방사포로 무장한 북한을 전제로 작전계획과 대응수단 등 대책을 새로 짜야 할 때입니다.

현재 우리 군의 북 핵·미사일 위협에 대응하는 핵심 대책은 '킬 체인(Kill Chain)'과 'KAMD(한국형 미사일방어)', 'KMPR(한국형 대량응징보복)' 등 이른바 3축 체계입니다. 현 정부 들어 북한을 자극하지 않기 위해 명칭은 바뀌었지만 골격은 유지되고 있습니다. 킬 체인은 북한의 이동식 미사일 등 목표물을 탐지해서 타격하는 데까지 30분 내에 완료하겠다는 것입니다. 북한의 공격 징후가 명백할 경우 선제타격도 불사하겠다는 것입니다. KAMD는 패트리엇 PAC-2·3 미사일로 구성된 하층방어체계(요격고도 15~20km)를 우선 구축하고, 이보다 높은 고도 50~90km 범위는 2023년쯤 개발될 국산 장거리 대공미사일(L-SAM)로 커버하겠다는 계획입니다.

하지만 킬 체인은 현실적으로 100~200기에 달하는 북한의 이동식 발사대를 실시간으로 파악해 30분 내 파괴하는 것은 불가능하다는 한계가 있습니다. KAMD도 '북한판 이스칸데르' 등 북 신형 미사일에 대한 요격능력이 검증되지 않았다는 지적이 나옵니다. KMPR은 북한의 핵·미사일 도발 시 북 수뇌부 제거 작전 등을 통해 철저하게 응징보복을 하겠다는 것입니다. 이 또한 현 정부 들어 북한을 자극할 가능성 등 때문에 약화된 것 아니냐는 우려들이 나옵니다.

이 때문에 북핵 위협에 대한 근본 대책은 김정은 제거(참수작전)나 북 정권교체, 우리나라의 독자적인 핵무장밖에 없다는 주장이 나오고 있습니다. 북한 핵시설에 대한 '외과수술식 폭격', '코피 작전' 등 초고강도 군사 옵션 얘기도 다시 거론되고 있습니다. 하지만 독자 핵무장의 경우 경제 제재와 외교적 고립 등에 따른 손실이 매우 커 득보다 실이 많을 수 있다는 문제가 있습니다. 외과수술식 폭격도 지하 우라늄 농축시설 등 북한 핵시설이 분산돼 있어 실효성이 의심스럽고 북한의 무력보복에 따른 확전 리스크 등이 부담입니다. 김정은 제거 작전은 올해 1월 3일 미국이 이란 2인자인 솔레이마니 이란 혁명수비대 쿠드스군 사령관을 드론 공격으로 암살함에 따라 주목을 받고 있습니다. 하지만 북한과 이란은 여러모로 상황이 다르다는 신중론도 설득력이 있습니다.

한·미동맹을 강화하고 활용하는 것이 가장 경제적이고 현실적인 방안이라는 시각도 적지 않습니다. 미국과 나토식 핵공유 협정을 맺어 사실상 전술핵을 재배치하는 효과를 거두거나 핵우산 등 확장억제 강화, 중거리 미사일 배치 등이 대안으로 제시됩니다. 하지만 이 또한 동맹의 가치를 소홀히 하고 모든 것을 돈 문제로만 접근하는 도널드 트럼프 미 대통령의 독특한 성격 때문에 얼마나 믿을 수 있느냐는 한계가 있습니다.

이에 따라 핵무장 잠재력을 갖는 '핵무장 선택권(Nuclear Option)'도 대안으로 제시됩니다. 핵무장 선택권은 일본처럼 재처리·농축 기술 확보를 통해 핵 잠재력을 갖는 것입니다. 재처리 기술 확보는 사용후핵연료 처리를 위해서도 중요합니다. 저는 29년 전《월간조선》1991년 10월 "한국은 핵무장 능력을 가져야 한다"는 기사를 통해 군 일각의 '핵무장 선택권' 전략을 단독 보도, 국내외 전문가들의 많은 관심을 모은 적이 있습니다. 최근 그 기사를 다시 보면서 당시 계획대로 핵무장 선택권 전략이 추진됐더라면 지금 북한의 핵위협에 대해 덜 걱정해도 되지 않았을까 하는 아쉬움이 들었습니다.

핵무장 선택권 전략도 2015년 11월 발효된 개정 한·미 원자력협정의 재개정을 필요로 하고 미국과의 갈등도 예상되지만 즉각적인 핵무장보다는 견제와 저항을 덜 받으며 추진할 수 있다고 봅니다. 이와 함께 평양 주석궁 지하 깊숙이 있는 이른바 '김정은 벙커' 등을 무력화할 수 있는 국산 초강력 벙커버스터 및 고위력 탄도미사일 개발, 김정은이 '제거의 공포'를 느낄 수 있게 만드는 특전사 특임여단(이른바 참수작전부대) 강화, 레이저 무기·EMP(전자기펄스)탄을 비롯한 미래 첨단무기 개발 등을 통해 김정은의 핵도발을 억제해야 할 것입니다.

또 하나의 큰 고민은 우리 군 내부 문제입니다. 보수정권이든 진보정권이든 역대 정권마다 각종 군내 사건·사고로 군이 질타받고 군기강을 우려하는 기류는 있었습니다. 하지만 현 정부처럼 군이 제 목소리를 못내 아버지를 아버지라 부르지 못했던 홍길동과 같다 해서 '홍길동군' 아니냐는 비아냥까지 듣고 심각한 우려의 대상이 됐던 적은 거의 없었던 것 같습니다. 여기엔 청와대 등 권력 핵심부와 정치권의 지나친 압박 등이 큰 영향을 끼쳤겠지만 군의 본질적인 가치를 지키려는 수뇌부의 결연한 의지가 부족했다는 따가운 지적도 있습니다. 육사, 육군을 가

급적 배제하는 듯한 현 정부의 기류도 이른바 '홍길동군'에 영향을 끼치고 있다는 평가입니다.

특히 대규모 병력감축과 복무단축, 종교적 병역거부에 따른 대체복무제 허용 등으로 우리 군, 특히 육군에는 '3중 쓰나미'가 몰려오고 있는 상황입니다. 정부는 '국방개혁 2.0' 계획에 따라 2018~2022년 5년간 11만8,000명의 병력을 감축할 계획입니다. 감축되는 병력은 모두 육군입니다. 총병력이 50만명으로 줄어드는데 이 중 육군은 36만5,000명이 됩니다. 이는 북한 지상군 110만명의 33% 수준에 불과한 것입니다.

인구절벽 때문에 병력감축이 불가피하다면 복무기간이라도 유지됐어야 하는데 복무기간도 3개월씩 단축되고 있습니다. 복무기간이 줄어드는 만큼 병력순환 주기가 빨라져 병역자원 수요는 더 커지게 되는데 현실은 정반대가 된 것입니다. 북한군 복무기간(10년)과의 격차도 더 커지고 있습니다. 육군 입장에선 엎친 데 덮친 격입니다.

여기다가 최근 여당을 중심으로 사회 일각에서 모병제 추진 필요성도 제기되고 있습니다. 모병제가 되면 병력 규모가 50만명 이하로 줄어들 수밖에 없는데 한반도 유사시 벌어질 전쟁의 성격을 감안하면 첨단무기만으로 대응할 수 없습니다. 그런 점에서 지난 수년간 유럽에서 벌어지고 있는 징병제 환원 바람은 우리에게 시사하는 바가 많습니다. 모병제는 단순히 월급을 많이 준다고 병역 자원을 확보할 수 있는 성격의 것이 아닙니다. 이 책 267쪽 칼럼에서 자세히 분석하고 있습니다.

특히 북한 급변사태가 발생해 북한 내에서 안정화(치안유지) 작전을 펴야 할 경우 30만~40만명 이상의 병력이 필요해 대규모 병력감축은 위험부담이 크다는 분석도 있습니다. 미 랜드연구소의 브루스 베넷 박사는 「북한의 붕괴와 우리의 대비(Preparing for the Possibility of a North Korean Collapse)」라는 보고서를 통해 한국군 병력감축의 위험성을 강력히 경고했습니다. 이 책을 보면서 외국 전문가가 우리나라 통일 과정에서 발생할 남북 군사통합 문제에 대해 이렇게 깊이 연구했는데 정작 우리는 무엇을 하고 있는가 하는 생각에 부끄러운 마음이 들었습니다. 정부는 병력감축과 복무단축에 따른 전력손실을 부사관, 군무원 등 직업군인 확보를 통해 메우겠다는 계획입니다. 그러나 부사관 등의 충원에 계속 어려움을 겪고 있어 전력공백 우려가 점차 현실화할 것으로 예상됩니다. 동원예비군 등 획기적인 예비전력 강화 방안 등이 절실히 요구되고 있습니다.

현 정부는 군 장병 중 특히 월급 대폭 인상, 일과시간 후 휴대폰 사용 허용 등 병사들의 일상생활 변화와 복지 개선을 역점사업으로 추진하고 있습니다. 병사들의 인권 향상과 사기 앙양 등 분명 긍정적인 면이 있습니다. 그러나 지나친 '병사 지상주의'는 초급간부, 부사관 등 간부들의 과도한 업무 부담과 위상 약화 등 부작용을 초래하고 있다고 합니다. 정부와 군 수뇌부는 간부들의 후생복지와 사기 앙양에 더 큰 관심을 기울여야 할 때입니다.

국방개혁 문제도 역대 정권과 마찬가지로 저 또한 계속 고민해온 사안입니다. 여러 해 전 박정희 정부 시절부터 이명박 정부 시절까지 역대 정권의 국방개혁에 대해 공부해 세미나에서 주제발표를 한 적이 있습니다. 그때 절실히 느낀 것은 "하늘 아래 새로운 것은 없다"는 것입니다. 정권이 바뀔 때마다 국방개혁 하겠다며 각종 위원회 만들어 개혁방안을 만드는 데 많은 시간을 소모했지만 이미 5~20여년 전에 제시됐던 방안이 재탕 삼탕되는 경우가 많았습니다. 이제는 새로운 방안을 찾기보다는 선택과 집중을 해야 할 때라는 생각이 듭니다. 국방개혁은 물론 모병제, 복무기간 단축 문제 등은 총선이나 대선 때 약방의 감초처럼 제기되는 이슈입니다. 안보문제는 당리당략이나 포퓰리즘 측면에서만 접근해서는 안됩니다. 선제적으로 이런 국방 이슈들에 대해 군 및 민간 전문가, 군 관계자 등은 물론 여야 정치인들도 포함하는 초당적 '국방개혁 특위'를 국회 차원에서 설치할 필요가 있다고 봅니다.

현재 한반도 안보정세는 이런 내부 문제뿐 아니라 중국, 일본 등 주변국 변수도 심상치 않습니다. 중국은 미국과 본격적인 패권 경쟁에 돌입했습니다. 그레이엄 앨리슨(Graham Allison) 미 하버드대 교수는 『예정된 전쟁(Destined for War)』에서 '투키디데스 함정'으로 미·중 전쟁 가능성을 경고했습니다. 일본의 아베 정권도 우경화, 군사대국화 행보를 지속하고 있습니다. 중국과 러시아는 우리 방공식별구역에 수시로 진입하고, 러시아는 1953년 정전협정 체결 이후 처음으로 우리 영공을 침범하기도 했습니다. 중국의 사드 압박도 계속되고 있습니다.

북·중·러는 밀착하고 있는 반면 한·미·일은 정반대로 가고 있는 실정입니다. 방위비분담금 협상 등 한·미 간 갈등과 동맹 이완은 악화되고 있고, 한·일은 위안부, 지소미아(군사정보보호협정) 문제 등으로 긴장과 갈등이 이어지고 있습니다. 원자력추진 잠수함, 극초음속 미사일, 스텔스 무인공격기 등 주변 강대국 위협에 고슴도치의 '가시'처럼 대응할 수 있는 한국형 전략무기 개발의 필요성이 제기되는 이유입니다.

이런 현실을 감안하면 이제 인식과 발상을 전환해 보다 근본적인 대책을 고민해봐야 할 때입니다. 우리는 그동안 핵문제를 비롯, 북한의 비대칭 위협이 하나하나 등장할 때마다 수습하는 데 급급해왔습니다. 북한의 페이스에 철저히 휘말리고 끌려왔던 셈입니다. 우리는 자유민주주의 체제이기 때문에 북한과 똑같은 행태를 보일 수는 없지만 이제는 우리도 북한에 비해 강점을 가진 부분을 중심으로 우리 나름의 비대칭 전략과 전술, 무기체계를 발전시켜야 할 때가 됐습니다. 북 신형 미사일 등에 대해서도 방어 위주가 아니라 공세적인 태도로 접근해야 할 것입니다.

제일 중요한 것은 군 수뇌부를 비롯한 우리의 마음자세입니다. 제임스 매티스(James Mattis) 전 미 국방장관이 극찬했던 T. R. 페렌바크(Theodore Reed Fehrenbach)의 『이런 전쟁(This Kind Of War)』은 미국이 얼마나 싸울 준비와 의지 없이 6·25전쟁에 참전해 한때 고전을 면치 못했는지 적나라하게 잘 보여주고 있습니다. 2018년 남북 군사합의 이후 우리 군의 정신자세 등에 지나치게 이완된 부분은 없는지, 대규모 한·미 연합 훈련 중단 지속에 따른 대비태세 문제는 없는지, 정권의 압박 때문이 아니라 정말 한·미 군 수뇌부가 한국군의 전작권(전시작전통제권) 행사 능력이 있고 대북 연합 방위태세에 문제가 없다고 보는지 등을 냉정하게 따져봐야 합니다.

30년간의 기자생활을 맞아 이 책을 펴내면서 지난 시간들을 돌이켜 보면 저는 참 운이 좋은 사람이라는 생각이 듭니다. 제가 아무리 군사 분야에 대한 전문성과 열정이 있다 하더라도 대부분의 기자들처럼 출입처가 1~2년마다 바뀌었다면 '군사전문기자 유용원'은 없었을 것입니다. 그런 점에서 그동안 국방부를 계속 맡을 수 있도록 배려해주신 회사 측에 깊은 감사의 말씀을 드리고 싶습니다.

제게 영화 속에 등장하는 날카롭고 유능한 '특종 기자'의 이미지는 없지만 어느덧 회사에서 지금까지 가장 많은 특종(45건)을 기록한 기자가 됐습니다. 하지만 의욕이 앞서다 보니 사실과 다른 보도를 하거나 의도하지 않았던 결과를 초래한 적도 있습니다. 2004년 1월 우리 군의 원자력추진 잠수함 건조계획을 첫 보도한 '한국, 핵추진 잠수함 개발키로' 기사가 대표적입니다. 당시 3조원 이상의 돈이 드는 초대형 사업이어서 비밀 추진이 어려워 국회 등에서 공개될 수밖에 없을 것이고 추진 동력을 얻기 위해선 공론화가 필요할 것이라는 판단에서 기사를 썼던 것입니다. 하지만 이 기사가 보도된 뒤 해당 사업단이 해체돼 일각에선 제 기사 때문에 원자력잠수함 계획이 백지화됐다며 '매국노'라고 비판하기도 했습니다.

이 기사 취재 전에 미 국무부 초청 연수(3주) 프로그램이 예정돼 있었기 때문에 기사가 나간 직후 예정대로 미국 연수를 다녀왔는데, 이에 대해 제가 가족을 데리고 노무현 정부 시절 내내 미국으로 이민을 가 있다가 이명박 정부 들어 복귀했다는 황당무계한 댓글이 달리기도 했습니다. 사실과 너무나 다르게 명예를 훼손한 부분에 대해 법적인 대응을 검토하기도 했지만 겸허하게 일각의 비판을 수용하면서 묵묵히 노력하면 원자력추진 잠수함 확보에 대한 제 진정성을 알게 될 것이라는 생각에 보류했습니다. 그 뒤 온라인 서명운동, 배지 및 모자 제작, 세미나 개최 등 원자력추진 잠수함 건조를 위한 각종 캠페인을 벌여왔습니다. 앞으로도 통일 과정 및 통일 후 대한민국의 대표적 전략무기가 될 원자력추진 잠수함 건조를 위해 다양한 노력을 할 것입니다.

기사를 쓰는 '본업' 외에도 앞서 화보집에서 보셨듯이 국내 최대의 군사전문 웹사이트로 '비밀(BEMIL)'이라는 별칭을 갖고 있는 '유용원의 군사세계'(http://bemil.chosun.com)를 성공적으로 운영하고, 지난 14년간 오프라인에서 활발한 활동을 벌여온 사단법인 한국국방안보포럼(KODEF)의 기조실장을 맡아 꾸려온 것도 큰 보람으로 여깁니다. 이는 전문기자는 기사 외에도 해당 분야 발전을 위해 진정성을 갖고 '플러스 알파'의 역할을 해야 한다는 제 평소 생각에 따른 것입니다.

　'비밀'은 지난 2001년 이후 19년간 국방안보에 관심 있는 사람들에게 의견과 정보를 교환할 수 있는 큰 '멍석'을 깔아주고, 민과 군을 연결하는 '교량' 역할을 할 수 있도록 '멍석'과 '교량' 역할에 중점을 두고 운영해왔습니다. 20년 가까이 국내 제일의 군사안보 커뮤니티 위치를 고수하다 보니 초등학교나 중·고등학교 때부터 '비밀'을 봐온 것이 영향을 끼쳐 사관학교 등에 진학하여 장교나 부사관으로 직업군인의 길을 걷는 사람들이 적지 않습니다. 이른바 '비밀 키즈(Bemil Kids)'라 불리는 분들입니다. 가끔 사관학교나 야전부대 강연을 갈 때마다 '비밀 키즈'들의 환영을 받고는 웬만한 특종을 한 것보다 더 큰 보람을 느꼈습니다. 앞으로 비밀 키즈들이 장군이 되고 참모총장 등 군 수뇌부가 될 때를 기대해봅니다. '비밀'은 2020년 1월 초 현재 누적 방문자 3억 9,600여만명으로 4억명 돌파를 눈앞에 두고 있습니다.

　웹사이트 외에도 유튜브 채널(구독자 16만6,000여명), 페이스북(팔로워 5만2,000여명), 네이버TV, 인스타그램, 카카오 1boon, 카카오톡 채널 등 총 7개의 개인 채널을 운영 중입니다. 유튜브 채널은 2019년 3월 현직 기자로서는 처음으로 구독자 10만명을, 2019년 11월에는 누적 조회수 1억뷰를 돌파했습니다. 페이스북도 2019년 10월 국방안보 분야 언론인 중 처음으로 팔로워 5만명을 넘었습니다. 7개 대형 개인 채널을 운영 중인 우리나라 현직 기자는 제가 유일한 것으로 알고 있습니다. 이는 개인 홍보 차원이 아니라 우리나라 국방안보에 대한 공감대를 확산하고 '파이'를 키우기 위한 것입니다.

앞으로의 20년 설계를 위해 지난 30년을 돌이켜봤다고 말씀드렸는데 향후 20년간 가장 큰 변수는 무엇보다 통일이겠지요. 정치, 경제, 사회, 문화 등 제 분야의 남북 통합 문제가 이슈가 되겠지만 가장 민감하면서도 어려운 부문은 군사 분야가 될 것입니다. 앞으로 기사나 칼럼 외에도 제 사이트 등 7개 채널, 사단법인 한국국방안보포럼이 일정 부분 역할을 할 수 있도록 노력할 것입니다. 무엇보다 우리 군이 북한은 물론 주변 강국의 위협으로부터 국민을 보호할 수 있는 강한 전력을 갖추고 각종 비리라는 환부가 없는 '건강한 군'이 될 수 있도록 최선을 다할 생각입니다. 지금은 어렵지만 우리나라 신성장 동력으로 주목받고 있는 방위산업의 육성과 발전을 위해서도 애쓸 것입니다.

제가 걸어갈 길과 관련해 이젠 세상을 떠나신 고(故) 정두언 국방위원장님께서 제게 써주신 글이 지금도 종종 가슴을 울리고 있습니다. 고인은 지난 2016년 초 발간된 제 칼럼집 『우리도 핵무장을 해야 하는가』에 다음과 같은 과분하지만 감동적인 추천사를 써주셔서 가슴에 새기고 있습니다.

"유용원은 군사전문가입니다. 군사 분야에 대해 많이 알기 때문에 기사도 잘 쓰고, 국내 최대의 웹사이트를 운영하는 등 관련 활동을 활발히 하고 있습니다. 그는 이 땅에서 군사 분야에 관련 지식과 정보를 고급화했고, 대중화시켰습니다. … 요즘 군사 문제는 사회적으로 가장 민감한 사안 중의 하나입니다. … 그러다 보니 군사문제로 인한 사회적 갈등과 불신이 깊어만 가고 있습니다. 바로 이때 우리는 이 문제들에 대해 권위를 가지고 정리해줄 존재가 절실해집니다. 현재 우리 사회에서 그 역할을 할 사람 중에 유용원이 두드러집니다. … 그러기 위해 유용원은 그 특유의 열정과 신뢰로 가일층 정진해야 하며 우리 사회는 그를 전문가로서 진지하게 대접하고 또 십분 활용해야 할 것입니다."

끝으로 부족함이 많은 저를 위해 흔쾌히 추천사를 써주신 김태영 전 국방장관님, 채우석 한국방위산업학회장님께 깊은 감사의 말씀을 드립니다. 아울러 잘 팔리지 않을 책의 발간을 과감하게 결심해주신 도서출판 플래닛미디어 김세영 사장님과 책 발간에 밤잠을 설치신 이보라씨께도 고마움을 표합니다.

이 책을 한없는 사랑으로 군사전문기자의 길을 성원해주신 선친과 어머님, 28년 동안 기자의 아내로 내조하느라 고생한 아내 지연과 아버지 노릇을 제대로 못 했지만 '바른 생활 사나이'로 잘 성장해 현재 현역으로 군복무 의무를 성실히 이행 중인 두 아들 현석·현승, 그리고 저를 변함 없이 성원해주고 계신 5만6,000여 '비밀' 회원, 16만6,000여 유튜브 구독자, 5만2,000여 페이스북 팔로워, 3,300여 인친님들께 바칩니다.

2020년 1월 6일
유용원

차례

CHAPTER 1

북한군
관련
핫이슈

북한이 신무기 4종 세트 섞어 쏘면, 소형 전술핵 맞먹는 효과

－《조선일보》, 2019년 9월 5일

북한이 2019년 5월 이후 시험발사를 지속한 북한판 이스칸데르 (Iskander) 미사일과 대구경 방사포(다연장로켓) 등 신형 4종 미사 일·방사포를 둘러싼 논란이 계속되고 있다. 도널드 트럼프(Donald Trump) 미 대통령은 북 신형 미사일·방사포 발사에 대해 "누구나 쏘는 단거리 미사일"이라며 일관되게 깎아내리고 있다. 북 신형 미사일 요격 이 어렵다는 일각의 우려에 대해 정경두 국방장관은 국회 국방위 등에 서 "우리 패트리엇(PAC-3) 등으로 충분히 요격 가능하다"고 밝혔다.

하지만 미《뉴욕타임스(The New York Times)》는 2019년 9월 2일(현 지 시각) 북 신형 미사일이 미군의 미사일 방어(MD) 체계를 압도하는 것으 로 미 정보 당국이 결론 내렸다고 보도했다. 국내 전문가들도 "기존 무기 상식을 깨면서 북 단거리 타격 무기의 패러다임을 바꿀 신무기", "과학상식 으론 이해 안 되는 괴물 방사포"라는 반응을 보이며 우려를 나타내고 있다.

북 신무기 미사일인가 방사포인가

북한이 2019년 5월 이후 8월 말까지 발사한 신무기는 북한판 이스칸데르·에이태킴스(ATACMS: 전술미사일) 등 탄도미사일 2종과 400mm급 대구경·초대형(600mm급) 방사포 등 신형 방사포 2종이다. 이 중 방사포들에 대해 군 당국은 단거리 탄도미사일이라는 입장을 고수하고 있다. 미사일과 방사포의 가장 큰 차이는 유도장치가 있느냐 여부다. 보통 미사일은 유도장치가 있어 정확도가 높지만 방사포는 유도장치가 없는 로켓을 사용해 정확도가 크게 떨어진다.

군에서 북 신형 방사포를 미사일로 보는 것은 거리와 최대 고도, 속도 등만을 보면 기존 방사포와 크게 차이가 있고 이스칸데르나 스커드 미사일에 가까웠기 때문이다. 신형 방사포탄은 이스칸데르처럼 요격 회피 기동과 비슷한 변칙 기동까지 한 것으로 알려졌다. 신영순 전 합참 무기체계 조정관은 "미사일처럼 정확한 유도로켓의 발달로 이제 단거리에선 미사일과 방사포의 구분은 큰 의미가 없어졌다"고 말했다.

전문가들은 요격이 어려운 신형 미사일 및 미사일 같은 방사포의 개발로 한·미 양국 군은 종전과는 차원이 다른 단거리 타격무기 위협에 직면하게 됐다고 지적했다. 일각에선 북 신형 미사일·방사포 개발이 기존 스커드 미사일과 122·240mm 방사포를 대체하는 세대교체의 의미가 있다고 보고 있다. 하지만 북 신무기들의 성능을 보면 단순한 세대교체를 넘어 북 단거리 타격 수단의 패러다임이 바뀌고 있다는 평가다.

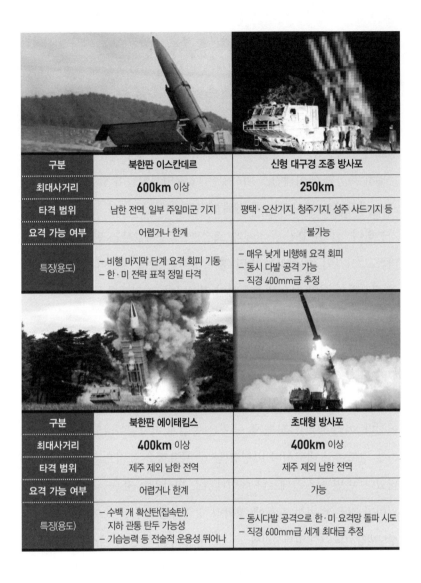

구분	북한판 이스칸데르	신형 대구경 조종 방사포
최대사거리	**600km** 이상	**250km**
타격 범위	남한 전역, 일부 주일미군 기지	평택·오산기지, 청주기지, 성주 사드기지 등
요격 가능 여부	어렵거나 한계	불가능
특징(용도)	– 비행 마지막 단계 요격 회피 기동 – 한·미 전략 표적 정밀 타격	– 매우 낮게 비행해 요격 회피 – 동시 다발 공격 가능 – 직경 400mm급 추정

구분	북한판 에이태킴스	초대형 방사포
최대사거리	**400km** 이상	**400km** 이상
타격 범위	제주 제외 남한 전역	제주 제외 남한 전역
요격 가능 여부	어렵거나 한계	가능
특징(용도)	– 수백 개 확산탄(집속탄), 지하 관통 탄두 가능성 – 기습능력 등 전술적 운용성 뛰어나	– 동시다발 공격으로 한·미 요격망 돌파 시도 – 직경 600mm급 세계 최대급 추정

왜 차원이 다른 위협인가

① 고체연료 등으로 기습능력 강화

남한 전역과 일부 주일 미군 기지를 사정권에 두고 있는 스커드 미사일

(사거리 300~1,000km)과 주일 미군을 주로 겨냥한 노동 미사일(사거리 1,300km)은 모두 액체연료 방식이다. 발사 전 연료 주입에 30분~1시간 가량 시간이 필요하다. 그만큼 미 정찰위성 등 한·미 정보자산에 사전 탐지될 가능성이 있다. 반면 신형 이스칸데르나 에이태킴스는 모두 고체 연료여서 사실상 즉각 발사가 가능하다. 사전 탐지가 어렵다는 얘기다.

특히 북한판 에이태킴스 미사일은 다른 미사일들이 발사대에서 수직으로 세워진 뒤 발사되는 데 비해 발사관에서 45~60도 등 경사 발사가 가능하다. 신 전 합참 무기체계 조정관은 "수직발사는 발사 절차가 까다롭고 시간이 좀 걸리는 반면 경사 발사는 발사 시간이 더 짧고 미사일 재장전도 쉬워 전술적 운용성이 뛰어나다"고 말했다.

② 정확하고 요격 어려운 미사일·방사포의 등장

기존 스커드나 노동 미사일의 정확도는 450m~1km 이상으로 매우 떨어졌다. 여러 스커드 모델 중 구형은 족집게 미사일이라고 표현하기 어려울 정도여서 대도시나 비행장 등 큰 목표물을 표적으로 하는 경우가 많았다. 반면 이스칸데르나 에이태킴스 미사일은 380~460km 이상을 날아가 작은 바위섬 표적에 정확히 명중하는 모습을 보여줬다. INS(관성항법장치)와 GPS(위성항법장치)로 유도되는 북한판 이스칸데르의 정확도는 7m 안팎에 불과하다는 분석도 있다. 신형 대구경 방사포들도 북한 발표에 따르면 작은 바위섬을 정확히 타격해 신형 미사일에 버금가는 정확도를 보인 것으로 나타났다.

특히 초대형 방사포를 제외하곤 3종의 신무기 모두 최대 비행 고도가 25~50여km에 불과, 기존 한·미 미사일 방어망으로는 요격이 불가능하거나 어렵다는 게 최대 위협 요소다.

북한 무기 전문가인 미 비핀 나랑(Vipin Narang) 매사추세츠 공대 교수는 "북 신형 미사일들은 이동식으로 발사되고 빠른 비행 속도와 저고도 비행, 회피 기동 능력을 갖춰 미사일 방어에는 악몽"이라고 지적했다.

③ 4종 신형 미사일·방사포 섞어 쏘면 속수무책

전문가들은 북한이 4종의 신무기를 적절히 섞어 사용하면 재래식 무기들을 갖고도 핵무기 위력에 버금가는 효과를 발휘하는 새로운 패러다임의 '복합(複合) 화력' 작전 개념을 만들었을 가능성이 있다고 보고 있다. 권용수 전 국방대 교수는 "북한의 4종 신무기 중 2~3종만 동시에 사용해도 사실상 속수무책"이라며 "그럴 경우 북한은 핵무기를 쓰지 않고도 한·미 양국 군의 전략 목표물들에 대해 소형 전술핵 공격과 비슷한 효과를 보여줄 수 있을 것"이라고 말했다.

미사일로 혼동되기 쉬운 신형 방사포와 진짜 미사일들을 섞어 쏘면 한·미 요격 시스템 자체가 교란될 수밖에 없다. 북한이 가장 민감한 반응을 보이고 있는 F-35 스텔스기들이 배치된 청주기지에 대해선 이스칸데르 미사일로 관제탑과 격납고 등을 파괴하고 에이태킴스 미사일, 대구경 방사포 등으로 활주로와 지원시설 등을 정밀 타격할 수 있다. 경북 성주 사드 기지나 주한 미군의 심장부인 평택·오산기지에 대해서도 이런 식으로 '섞어 쏘기' 족집게 타격을 할 수 있다는 분석이다.

북한 기존 스커드·구형 방사포 체제와 신무기 4종 세트 차이점	
기존 스커드 · 방사포	**신무기 4종 세트**
액체연료 방식 발사준비에 30분~ 1시간가량 소요 → **발사 전 탐지 가능**	**고체연료 방식** 즉각발사 가능. 정확도 높고 비행고도 낮 아 **요격 매우 어려움**
122 · 240mm 방사포, 유도장치 없어 **정확도 낮음**	400mm급 신형 방사포, 비행고도 매우 낮아 **요격 불가능.** **정확도·위력 대폭 증대**

방어보다는 공세적 대책 필요

전문가들은 북한의 신종 위협에 대해 방어 수단 강화도 필요하지만 그보다는 공세적인 접근이 효과적이라고 지적한다. 국책기관의 한 전문가는 "적 미사일 등을 완벽하게 100% 막는다는 건 불가능하다"며 "유사시 대량응징보복 등 공세적 의지를 강하게 보여줄 필요가 있다"고 말했다. 지난 2017년 북한의 핵·미사일 도발이 최고조에 달했을 때 평양 주석궁을 한 발에 파괴할 수 있는 '현무4' 초강력 미사일 개발이 거론됐다가 2018년 이후 수면 아래로 가라앉았는데 이 같은 '한국형 수퍼무기'의 개발 필요성도 제기된다.

무엇보다 북한 신무기들의 움직임을 조기에 파악하는 감시정찰 능력 강화가 중요하다는 평가다. 개량형 '조인트 스타스'와 같은 지상감시 정찰기, 초소형 위성 등 정찰감시 위성 등이 대표적이다.

북(北) 미사일은 한국 해킹해 만든 짝퉁? 핵심 부품 달라 가능성 희박

전문가 "북(北), 러시아 도움받아 개발"

북한이 최근 선보인 신형 미사일들이 우리 미사일들을 빼닮아 해킹 등을 통해 만든 '짝퉁'이 아니냐는 의혹이 일각에서 제기되고 있다. 북한판 이스칸데르 미사일은 한국군의 현무2와, 북한판 에이태킴스 (ATACMS) 미사일은 한국군 KTSSM(한국형 전술지대지미사일) 및 미 에이태킴스 미사일과 흡사하다. 현무2 미사일은 2000년대 초반 이후 실전 배치 중이고, KTSSM은 지난해까지 개발이 완료돼 실전 배치를 눈앞에 두고 있다. 일각에선 이 미사일들을 개발한 국방과학연구소(ADD) 가 지난 2014년 해킹됐던 사건 등을 계기로 우리 미사일 기술이 북으로 흘러 들어갔을 가능성을 제기하고 있다.

하지만 군 당국과 전문가들은 북 미사일들이 우리 기술로 만들어졌을 가능성은 낮다고 지적한다. 우선 엔진 등 핵심 구성품이 다르다는 점이다.

북한판 이스칸데르 미사일에는 엔진 끝부분에 4개의 노즐 핀이 있지만 우리 현무2에는 노즐 핀이 없다. 북한판 에이태킴스 미사일에도 엔진 노즐 핀들이 있지만 한국형 전술지대지미사일에는 노즐 핀이 없다고 한다. 미사일의 크기도 북한판 이스칸데르는 러시아 이스칸데르나 우리 현무2보다, 북한판 에이태킴스는 한국형 전술지대지 미사일보다 큰 것으로 알려졌다. 신종우 한국국방안보포럼 선임분석관은 "북한판 이스칸데르·에이태킴스는 '원판(原版)' 이스칸데르·에이태킴스보다 1~2m 이상 큰 것으로 보인다"고 말했다. 한 소식통은 "우리 현무2 미사일도 러시아 이스칸데르의 일부 기술을 활용해 개발한 것으로 알려져 있다"며 "북 이스칸데르는 러시아의 직·간접 기술 지원 또는 기술자들의 도움으로 개발됐다고 보는 게 합리적"이라고 말했다.

미사일처럼 빠르고 한 번에 수십 발…
북(北) 신형 방사포는 '괴물'

−《조선일보》, 2019년 8월 7일

2019년 5월 초 이스라엘을 방문했을 때 언론을 통해서만 접하던 '실전 (實戰) 상황'을 경험했다. 당시 이스라엘과 팔레스타인 무장 세력 간의 교전으로 5월 4~5일 이틀간 팔레스타인 무장 세력이 이스라엘 남부 지역에 로켓탄 700여 발을 발사했다. 이스라엘은 요격 미사일 '아이언돔(Iron Dome)'으로 인구 밀집 지역에 떨어질 확률이 높았던 로켓 173 발을 격추했다. 하지만 30여 발이 인구 밀집 지역에 떨어져 4명이 사망했다. 한 회사를 방문했을 때 팔레스타인 무장 세력의 로켓 공격으로 갑자기 공습경보가 울렸다. 점심 식사 중이었던 직원들은 차분하게 대피용 방으로 이동해 공습경보가 해제될 때까지 대기했다. 이 회사 관계자는 "공습경보가 울리면 40초 내에 방공호나 대피용 방으로 신속하게 대피해야 한다"며 "의무적으로 빌딩마다 두께 10cm 이상의 콘크리트로 만들어진 공습 대비용 방을 만들게 돼 있다"고 말했다. 이날 저녁 이 회사에서 불과 200여m 떨어진 곳에 팔레스타인 로켓이 낙하해 민간인 1명이 사망했다. 적의 공격을 막지 못하면 국민이 죽거나 다치는 일이 언제든지 벌어질 수 있는 것이다.

북 신형 방사포, 유례 찾기 어려운 괴물 무기

북한이 2019년 7월 31일과 8월 2일에 쏜 발사체가 북한판 이스칸데르 탄도미사일이냐 신형 방사포(다연장로켓)냐에 대한 논란이 계속되고 있다. 북한은 두 차례에 걸쳐 '신형 대구경 조종방사포'라며 김정은이 시찰하는 사진까지 공개했다. 북한이 공개한 사진만 보면 중국제(WS-2D)를 개량한 400mm급 신형 방사포가 확실시된다. 하지만 군 당국은 탄도미사일로 판단했던 당초 평가에 변함이 없다는 입장을 고수하고 있다.

신형 방사포가 날아간 거리와 최대 고도, 속도 등만을 보면 군에서 탄도미사일로 '오판'할 만한 구석이 있다. 신형 방사포는 220~250km 거리를 최대 고도 25~30km, 최대 속도 마하 6.9로 날아갔다. 보통 방사포는 탄도미사일보다 속도가 느리고 비행 고도는 높다. 북한 300mm 방사포의 경우 200km를 날아갈 때 최대 고도는 50~60km, 최대 속도는 마하 4.5 정도다. 그러니 군에선 이스칸데르 미사일이 종전(40~50km)보다 고도를 낮추고 거리를 줄여 쏜 것으로 판단한 것이다. 기술적 특성만을 놓고 보면 북한은 유례를 찾기 어려운 '괴물' 방사포를 만들어낸 셈이다. 국산 탄도미사일 개발에 오랫동안 참여해온 한 전문가는 "북한이 주장하는 신형 방사포는 원 모델로 알려진 중국제 방사포보다도 속도가 빠르다"며 "북한 주장이 사실이라면 북한은 과학기술적으로 설명이 어려운 '괴물 무기'를 만들어낸 셈"이라고 말했다.

이 괴물 방사포는 이스라엘을 공격해온 팔레스타인 로켓과는 차원이 다른 첨단 무기다. 팔레스타인 로켓은 보통 사거리도 짧고 정확도도 떨

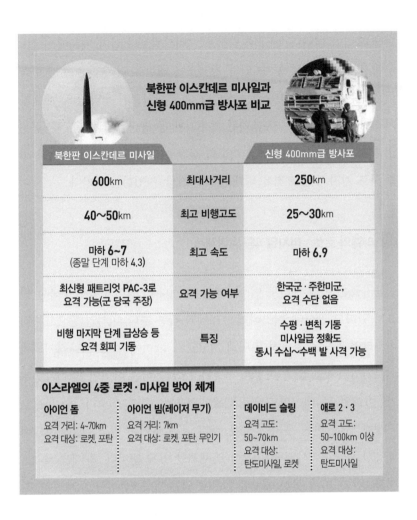

북한판 이스칸데르 미사일		신형 400mm급 방사포
600km	최대사거리	250km
40~50km	최고 비행고도	25~30km
마하 6~7 (종말 단계 마하 4.3)	최고 속도	마하 6.9
최신형 패트리엇 PAC-3로 요격 가능(군 당국 주장)	요격 가능 여부	한국군·주한미군, 요격 수단 없음
비행 마지막 단계 급상승 등 요격 회피 기동	특징	수평·변칙 기동 미사일급 정확도 동시 수십~수백 발 사격 가능

이스라엘의 4중 로켓·미사일 방어 체계

아이언 돔	아이언 빔(레이저 무기)	데이비드 슬링	애로 2·3
요격 거리: 4~70km 요격 대상: 로켓, 포탄	요격 거리: 7km 요격 대상: 로켓, 포탄, 무인기	요격 고도: 50~70km 요격 대상: 탄도미사일, 로켓	요격 고도: 50~100km 이상 요격 대상: 탄도미사일

어지는 조악한 경우가 많다. 하지만 괴물 방사포의 출현에도 이스라엘과 같은 절박감과 위기의식은 우리나라 어디서도, 심지어 군에서조차도 느껴지지 않는다.

북 괴물 방사포는 신종 위협으로 부상한 북한판 이스칸데르 미사일보다도 위협적인 측면이 있다. 이스칸데르처럼 정확하고 빠르지만 최대 비행고도가 이스칸데르보다 낮아 레이더 탐지 시간이 짧아지고 그만큼 요격이 어렵다. 더구나 방사포는 미사일보다 싸기 때문에 수십~수백 발을 한꺼번에 쏠 수 있다. 방사포에 대한 요격 수단은 현재 한국군은 물론 주한미군에도 없는 상태다. 괴물 방사포가 우리 군의 '전략무기'인 F-35 스텔스기가 배치된 청주기지 등 공군기지들, 육·해·공 3군 본부가 있는 계룡대, 주한미군의 심장부인 평택·오산기지, 경북 성주 사드 기지 등을 요격을 피해 정밀 타격할 수 있다는 얘기다.

이스라엘의 로켓·미사일 4중 방어체계

전문가들은 이제 우리도 이스라엘식 다층(다중) 방어체계를 구축할 필요가 있다고 말한다. 이스라엘은 로켓과 각종 포탄, 미사일 등으로부터 이스라엘 국민을 보호하기 위해 저고도·근거리에서 고고도·장거리에 이르기까지 4중(重) 방어망을 구축하고 있다. 이는 아이언 빔(레이저 무기), 아이언 돔, 데이비드 슬링(다윗의 물맷돌), 애로 2·3 미사일 등으로 구성돼 있다. 반면 우리는 로켓·포탄 요격 무기는 없고 탄도미사일에 대응한 한국형미사일방어(KAMD) 체계만 있을 뿐이다. 하지만 이제는 괴물 방사포까지 실전 배치를 앞두고 있는 만큼 더 이상 요격 수단 확보에 소극적이어선 안 될 것이다. 이스라엘을 벤치마킹한 한국형 시스템을 개발해야 한다.

한국군과 주한미군에는 요격 미사일들이 늘어나고 있지만 따로 놀고 있는 현실도 개선돼야 한다. 주한미군에는 북한판 이스칸데르 미사일을 요격할 수 있다고 군에서 주장하는 패트리엇 PAC-3 최신형(MSE형)이 배치돼 있지만 우리 군에는 2년 뒤에야 도입된다. 한국군이 사령관을, 주한미군이 부사령관을 맡는 한·미 연합 미사일 방어사령부를 창설한다면 현재의 비효율성을 개선할 수 있다. 한 예비역 공군 장성은 "몇 년 전 한·미 연합 미사일 방어사령부 창설에 대해 미군 측의 동의도 끌어냈지만 정작 한국군 내부 문제 때문에 유야무야된 적이 있다"고 전했다.

소극적인 방어 수단 확보에만 그쳐서도 안 된다. 이 신종 위협에 대해선 유사시 가급적 빨리 발견해 발사 전 타격하는 것이 효과적이다. 자폭형(自爆型) 스텔스 무인기 등 첨단 타격 수단, 지상 감시 정찰기, 소형 정찰위성 같은 감시 정찰 수단이 대폭 보강돼야 한다. 북한은 8월 6일 새벽에도 이스칸데르일 가능성이 큰 미사일 2발을 동해상으로 또 쐈다. 정부와 군 당국은 이스라엘이 갖고 있는 절박감의 절반이라도 위기의식을 갖고 이런 대책 마련을 서둘러주길 바란다.

북(北) 신형 SLBM 잠수함의 정체는?

－《주간조선》, 2019년 7월 31일

북한이 2019년 7월 23일 첫 공개한 신형 잠수함. 대형 함교에 3발가량의 SLBM(잠수함발사탄도미사일)을 탑재할 수 있을 것으로 추정되고 있다. 함교의 SLBM들이 탑재되는 부분은 보안 등의 이유로 모자이크 처리해 공개한 것으로 보인다. 〈사진 출처: 조선중앙TV〉

2019년 7월 23일 오후 북한 조선중앙TV는 신형 잠수함을 김정은이 시찰한 사진과 동영상을 공개했다. 동영상에는 SLBM(잠수함발사탄도미사일)이 탑재되는 잠수함의 함교(艦橋) 부분 등이 비교적 명확하게 나타나 있었다. 앞서 조선중앙통신은 3장의 신형 잠수함 사진을 공개했었는데 여기엔 포함되지 않았던 부분이었다. 3장의 사진들은 함정 뒤쪽과 아래쪽만 나와 있어 잠수함의 전체 형태를 가늠하기 힘들었다.

구소련 로미오·골프급 개조 가능성

북한이 추가 공개한 영상을 통해 드러난 신형 잠수함의 모습은 구소련의 골프(Golf)급 SLBM 잠수함과 유사해 그 개조형으로 보인다는 평가가 나왔다. 골프급의 가장 큰 특징은 함교가 여느 잠수함보다 크고 길다는 것이다. 골프급은 1950년대 말부터 1990년대 초반까지 구소련이 실전 배치했던 구형 재래식 잠수함이다. 길이 98.9m, 수중배수량 3,500t급으로, 함교에 SLBM 3발을 탑재했다. 미 CNN 기자도 북한의 새 잠수함이 구형 잠수함을 개조한 것일 가능성이 있다고 미국 정부가 평가한다고 밝혔다.

북한을 19차례 방문한 것으로 알려진 윌 리플리(Will Ripley) 기자는 지난 7월 23일 트위터 글에서 "김정은의 사진에서 보이는 북 잠수함에 대한 미국의 평가는 미국이 1년 이상 알고 있던, 개조한 구형 잠수함일 가능성이 있다는 것이다. 이런 평가에 관해 직접 알고 있는 미 정부 고위 관리가 CNN 바바라 스타(Barbara Starr)에게 말했다"고 밝혔다. 바바라 스타는 CNN 국방부 출입기자다. 여기서 구형 잠수함은 구소련의 골프급 또는 로미오급을 지칭한 것으로 추정된다.

북한 조선중앙통신은 지난 7월 23일 "김정은 동지께서 새로 건조한 잠수함을 돌아보셨다"며 "잠수함을 돌아보시며 함의 작전전술적 제원과 무기 전투체계들을 구체적으로 요해(파악)했다"고 보도했다. 통신은 이어 "건조된 잠수함은 동해 작전수역에서 임무를 수행하게 되며 작전

배치를 앞두고 있다"고 밝혀 실전 배치가 임박했음을 시사했다.

그러면 북한이 첫 공개한 신형 잠수함의 성능은 어느 정도이고 북한 주장처럼 실제 실전 배치가 임박한 것일까? 우선 북한 신형 잠수함은 기존 신포급(고래급) SLBM 잠수함보다 훨씬 커 3,000t급일 것으로 추정된다. 제임스마틴 비확산연구소(James Martin Center for Nonproliferation Studies)의 데이브 시멀러(Dave Schmerler) 선임연구원은 미 CNN에 이번에 공개된 잠수함이 2016년 8월 SLBM 시험발사 때 사용된 잠수함(신포급)보다 훨씬 크다고 지적했다. 신포급은 2,000t급으로 함교에 SLBM 1발을 탑재한다.

3,000t급 잠수함 건조 정황은 수년 전부터 함경북도 신포 조선소에서 지속적으로 포착됐었다. 미국의 북한 전문매체 36노스는 대형 원형 구조물 등이 조선소 건물 외부에 쌓여 있는 모습 등을 찍은 위성사진을 입수, 북한이 신포급보다 큰 잠수함을 건조 중일 가능성을 제기해왔다. 이번에 그 실체가 처음으로 확인된 셈이다.

북한과 러 골프급 잠수함과의 인연은 1990년대로 거슬러 올라간다. 러시아는 1994년 골프 Ⅱ급 잠수함 10척과 폭스트롯(Foxtrot)급 잠수함 4척을 '고철'로 북한에 판매하려고 했다. 구소련 붕괴 이후 경제난으로 잠수함들이 대거 퇴역한 데 따른 것이었다. 하지만 러시아의 '고철 잠수함' 북한 판매는 서방국가의 비난 때문에 그 수가 크게 줄었다. 러시아는 결국 골프급 잠수함 1척만 북한에 넘겼다. 당시 러시아와 북한의 '고철 잠수함' 거래는 일본 중개상을 통해 이뤄진 것으로 알려졌다.

북한은 '고철'로 도입했지만 이를 폐기하지 않았다. 당시 북한에 인도된 잠수함은 사격통제장치는 빠졌지만 SLBM 미사일 발사관은 제거되지 않은 상태였다. 선체도 20년 이상 더 사용할 수 있을 정도의 상태였던 것으로 알려졌다. 북한은 이 골프급을 집중적으로 연구해 함교에 SLBM 1발을 탑재하는 신포급을 건조한 것으로 알려져 있다. 그러다 이번에 골프급을 개조한 것으로 추정되는 신형 잠수함을 공개한 것이다.

반면 한국군 정보 당국은 북 신형 잠수함이 골프급보다는 현재 북한이 20여척을 보유 중인 로미오급의 선체를 늘려 만들었을 가능성이 크며 배수량이 3,000t에 미치지 못할 수 있다고 판단하는 것으로 알려졌다.

미 본토 타격 뒤 복귀 가능할 듯

신형 잠수함에 탑재될 SLBM은 일단 신포급과 같은 북극성-1형 고체연료 SLBM일 가능성이 큰 것으로 보인다. 북극성-1형은 지난 2016년 8월 시험발사에 성공했다. 당시 북극성-1형은 고각(高角)발사로 500여km를 날아갔다. 정상비행을 할 경우 최대 1,500~2,000km를 비행할 수 있는 것으로 분석됐다.

북한은 북극성-1형보다 사거리가 긴 북극성-3형을 개발 중이지만 개념도만 공개됐을 뿐 아직 시험발사가 이뤄지지 않았다. 북극성-3형의 개발이 끝나면 신형 잠수함에 탑재될 가능성이 크다. 북극성-3형의 최대사거리는 2,500km 이상이 될 것으로 추정된다. 앞으로 북극성-3

형을 탑재할 경우 북 신형 잠수함은 미 본토에서 보다 멀리 떨어진 비교적 안전한 해역에서 미 본토나 하와이를 타격할 수 있게 된다.

북 신형 잠수함은 선체가 커져 기존 북 잠수함에 비해 항속거리도 길어진 것으로 분석된다. 핵심은 이 잠수함이 SLBM으로 미 본토를 타격하고 북한으로 복귀할 수 있는 능력을 갖고 있느냐다. 북한에서 미 본토 서해안까지의 거리는 대략 1만km 안팎이다. 북 신형 잠수함의 모델로 알려진 골프급의 항속 거리는 1만7,600km에 달한다. SLBM의 사거리가 1,500~2,000km(북극성-1형) 정도라면 북한을 출발해 미 본토에서 1,500~2,000km 떨어진 곳에서 타격을 한 뒤 복귀할 수 있는 수준이다. 잠수함장 출신인 문근식 한국국방안보포럼(KODEF) 대외협력국장은 "북 신형 잠수함은 재보급 없이 하와이 인근은 물론 미 본토에서 2,000km쯤 떨어진 곳까지 가 미사일을 쏜 뒤 다시 북한으로 복귀할 수 있는 것으로 평가된다"고 말했다. 로미오급 잠수함의 항속거리는 1만4,500여km인데 개량형은 이보다 길 것으로 추정된다.

북 잠수함은 수중 항해를 하다 하루에 한 번 정도 디젤전지 충전용 발전기 가동을 위해 물 위로 떠오르는 스노클링 항해를 하며 이동할 수 있다. 스노클링을 위해 잠수함이 부상하는 순간 대잠수함 항공기 등에 탐지될 수 있기 때문에 취약하다. 하지만 스노클링은 보통 감시가 취약한 심야에 망망대해에서 이뤄지기 때문에 현실적으로 탐지가 매우 어렵다고 한다. 북 잠수함이 AIP(공기불요장치)를 갖추고 있다면 1주일에 한 번 정도만 물 위로 떠오르면 되지만 AIP까지 갖췄는지는 확인되지 않고 있다.

북한은 실전 배치가 임박한 것처럼 발표했지만 북 신형 잠수함의 건조가 아직 완전히 끝나지 않았으며 실전 배치엔 상당한 시간이 걸릴 것이라는 전문가들의 분석도 나오고 있다. 조셉 버뮤데즈(Joseph S. Bermudez Jr.) 미 CSIS 선임연구원은 자유아시아방송과의 인터뷰에서 "(잠수함의) 실전 배치를 위해서는 (시험 단계에만) 1~3년이 소요된다"며 "북한이 탄도미사일 잠수함을 새로 건조했다고 해도 즉각적 위험은 될 수 없다"고 말했다. 문근식 KODEF 국장도 "북 잠수함 선체 외부에 여러 구조물들이 붙어 있는데 이는 아직 건조가 끝나지 않았다는 것을 보여주는 것"이라며 "연말쯤에야 제대로 진수될 가능성이 있다"고 말했다. 북한이 건조가 끝나지 않은 잠수함을 공개한 데 대해 그만큼 비핵화 협상을 위한 대미 압박 메시지가 급했다는 해석도 나온다.

아무튼 북한이 이 신형 잠수함을 실전 배치할 경우 북한은 초강대국이나 보유한 3대 핵전력 중에서 2개나 보유하게 되는 것이다. 3대 핵전력은 ICBM과 SLBM, 전략폭격기 등을 의미한다. 군 당국과 전문가들은 북한이 궁극적으로 핵추진 잠수함도 보유하려 할 가능성이 적지 않다고 보고 있다. 수년 전부터 핵추진 잠수함 건조설이 제기되고 있는 상태다.*

---

* 북한은 2019년10월 2일 북극성-3형 신형 SLBM 시험발사에 성공했다. 최대사거리는 2,000㎞가량으로 추정됐다.

북(北)이 동창리 발사장을 포기할 수 없는 이유

– 《주간조선》, 2019년 12월 30일

2016년 2월 7일 북한은 한·미 감시망을 피해 평안북도 철산군 동창리 미사일 발사장에서 광명성4호 위성을 탑재한 개량형 은하3호 장거리 로켓을 기습적으로 발사했다. 종전 북한이 동창리 발사장에서 장거리 로켓을 발사했을 때는 한·미 군당국이 길게는 1개월, 짧게는 1주일 전쯤에는 발사 준비 움직임을 미리 알 수 있었다. 지상 수백km 상공에서 5~10cm 크기 물체까지 식별할 수 있는 개량형 KH-12 등 미 정찰위성들의 눈을 북한이 피할 수 없었기 때문이다.

그런데 북한이 어떻게 2016년 2월엔 기습적인 발사에 성공할 수 있었을까? 이는 북한이 2015년 말까지 동창리 발사장 지하에 철도와 철도역까지 건설하는 등 대대적인 개량 공사를 했기 때문이다. 북한은 로켓을 수평으로 눕혀 조립·점검할 수 있는 건물과 '로켓 운반용 구조물(rocket stages transfer structure)'을 발사장에 새로 만들어 발사 준비 시간을 종전 1주일 이상에서 1~2일로 단축했다. 한겨울에도 짧은 시간 내에 여러 차례 재발사를 할 수 있는 능력까지 갖춘 것으로 파악됐다. 수직발사대 높이도 67m가량으로 높아졌다.

개량 공사로 위성 감시 피할 수 있어

이는 당시 로켓 전문가인 채연석 전 항공우주연구원장이 1년 넘게 동창리 발사장 확장 과정을 구글 어스와 38노스 등에 공개된 위성사진들을 통해 추적·분석한 결과 드러났다. 그의 위성사진 분석에 따르면 북한은 동창리 발사대 지역 한쪽에 철로를 만들고 그 위를 콘크리트로 덮어 위에서 볼 수 없도록 했다. 이 철로는 동창리역을 거쳐 미사일 로켓과 부품을 만드는 평양 산음동 미사일 공장과 연결돼 있다. 수직발사대 지역 지하에는 철도역까지 만들어 북한이 산음동 공장에서 발사대 바로 밑까지 장거리 로켓(미사일)의 1·2·3단 로켓이나 부품들을 옮길 수 있게 됐다. 종전엔 발사대 인근 동창리역까지만 철로가 놓여 있어 평양서 철로로 운반된 로켓들을 특수 트레일러 등을 통해 발사대까지 다시 옮겨야 했다. 미 정찰위성은 이런 모습을 포착할 수 있었지만 개량공사로 볼 수 없게 된 것이다. 북한은 로켓 운반용 구조물 밑으로 지하 철도역과 통하는 폭 4m, 길이 20m의 큰 구멍도 뚫었다.

북한은 철로로 도착한 1·2·3단 로켓이나 부품을 로켓 운반용 구조물의 크레인으로 끌어올려 옆의 수평 조립·점검동으로 보내게 된다. 점검동에서 조립 및 점검을 마친 1·2·3단 로켓들은 다시 운반용 구조물로 옮겨진다. 로켓들을 실은 운반용 구조물은 발사장에 깔려 있는 레일 위로 수직발사대 앞까지 이동한 뒤 로켓들을 발사대로 옮겨놓는다. 로켓 운반용 구조물은 한·미 위성이 북한을 지나지 않는 시간대나 한밤중에 발사대로 이동했다가 제자리로 돌아와 당시 한·미 위성에 이동 상황이 포착되지 않았던 것으로 알려졌다. 1·2·3단 로켓들은 종전처럼 발사대에서 크레인을 통해 수직으로 세워져 최종 조립이 이뤄진다. 발사대도 가림막이 자동으로 개폐되는 폐쇄형으로 개량돼 발사대에서 1·2·3단 로켓들을 조립할 때에도 한·미 정보당국이 몰랐던 것으로 분석됐다. 이 같은 대규모 개량 공사엔 수억달러, 즉 수천억원 이상의 돈이 들었을 것으로 추정된다. 북한 입장에선 엄청난 돈을 투자한 만큼 '본전'을 뽑으려면 동창리 발사장을 위성을 탑재한 장거리 로켓이나 ICBM 발사에 계속 활용하는 게 상식에 맞는 일이다.

북한이 '성탄절 선물'을 위협하면서 이 '선물'이 위성을 탑재한 장거리 로켓이 될지, 화성-15형을 능가하는 신형 ICBM이나 북극성-3형과 같은 SLBM(잠수함발사탄도미사일)이 될지 전문가들 사이에 의견이 분분했다. 북한의 성탄절 선물은 2019년 12월 26일 오후 현재까지 별일 없이 넘어갔다. 하지만 북한의 향후 도발이 동창리 발사장에서 이뤄진다면 ICBM보다는 위성발사를 빙자한 장거리 로켓이 될 가능성이 크다고 전문가들은 보고 있다.

2017년 시험발사된 북한의 ICBM은 모두 바퀴 16~18개 달린 차량으로 이동한 뒤 발사되는 이동식이었다. 반면 동창리엔 높이 67m의 대형 고정식 발사대가 있다. 북한은 그동안 이 발사대에서 은하 또는 광명성호 계열의 장거리 로켓을 발사해왔다. 북한은 여기에 위성을 탑재했다고 주장했고, 실제 2012년 12월과 2016년 2월엔 초보적인 위성을 지구 궤도에 올리는 데 성공했다. 군의 한 소식통은 "북한은 ICBM을 동창리 발사장에서 한 번도 쏜 적이 없고 ICBM를 쏜다면 굳이 동창리 발사장의 고정식 발사대를 이용할 이유가 없다"고 말했다.

정찰위성 탑재 로켓 발사 가능성

북한 매체들도 위성 발사 등 세계 각국의 우주 개발 및 위성발사 소식들을 전한 바 있어 우주 개발을 빙자한 장거리 로켓 발사 가능성을 시사했다. 북한 노동당 기관지 노동신문은 12월 25일 '우주 개발을 위한 국제적 움직임'이라는 제목의 기사에서 "우주는 독점물 아닌 많은 나라들의 개발 영역"이라며 얼마 전 중국이 서창위성발사센터에서 52·53번째 북두항법위성을 성공적으로 쏴 올렸다고 전했다. 북한 매체들은 앞서 러시아의 신형 ICBM 개발 소식도 전해 ICBM 발사 가능성도 배제하지 않고 있다.

　북한이 만약 장거리 로켓을 쏜다면 정찰위성(지구관측위성) 등 종전보다 큰 위성을 탑재할 것으로 예상된다. 북한은 감시정찰 능력이 크게 떨어지기 때문에 정찰위성 확보는 북한의 오랜 숙원사업이었다. 청와대와 경북 성주 사드기지 상공까지 비행했던 소형 무인기가 있지만 비행시간과 정찰범위는 정찰위성보다는 크게 떨어질 수밖에 없다. 장영근 항공대 교수는 "북한은 해상도 50cm~1m, 무게 300~500kg급의 정찰위성을 띄운 뒤 전송받은 지구 사진들을 공개하며 '전략적 지위 변화'를 과시할 수 있다고 본다"고 말했다.

북한 고위 관계자가 2020년까지 최첨단 위성 발사와 달 착륙을 목표로 한 우주 개발 5개년 계획을 추진하겠다고 공개적으로 밝힌 적도 있다. 현광일 북한 국가우주개발국 과학개발부장은 2016년 8월 AP통신과의 인터뷰에서 "국제사회의 제재가 2020년까지 북한의 추가 위성 발사를 막지는 못하며 향후 10년 내 달에 북한 인공기를 꽂을 수 있을 것으로 기대한다"고 말했다. 동창리 발사장을 관장하는 북한 국가우주개발국(NADA)의 평양 위성관제센터를 확장하는 움직임이 포착되기도 했다. 북한 전문매체 NK프로는 2019년 3월 미국 상업위성 플래닛랩스(Planet Labs)가 NADA의 평양 위성관제센터 주변을 촬영한 위성사진을 분석한 결과 새 복합단지 건축을 확인했다고 전했다.

문제는 위성을 실은 장거리 로켓이라도 언제든지 ICBM으로 전환되거나 ICBM 개량에 활용될 수 있다는 점이다. ICBM과 우주 발사체는 맨 위 탄두에 무엇을 싣느냐의 차이만 있을 뿐이다. 동전의 앞뒷면과 같다. 북한의 신형 장거리 로켓이 정찰위성 등을 쏘아올리는 데 성공한다면 북한은 ICBM에 보다 큰 탄두를 탑재할 능력을 확보할 수 있게 된다. 북한이 한꺼번에 2개 이상의 위성을 탑재해 궤도에 올리는 데 성공한다면 다탄두 ICBM 기술을 갖게 되는 것이다. 현재 국제사회는 유엔 안보리 결의 1718·1874·2087·2094호에 따라 북한의 탄도미사일은 물론 장거리 로켓 발사도 금지하고 있다.

북(北)-이란 커넥션의 위험

– 《주간조선》, 2019년 7월 1일

북한이 이란에 수출한 가디르급 소형 잠수함. 천안함을 어뢰로 공격한 것으로 알려진 연어급 잠수정의 이란 수출형이다.

2010년 3월 천안함이 북한 연어급 잠수정의 어뢰 공격에 의해 폭침된 뒤 이란의 잠수함정 전력이 주목을 받았다. 북한의 연어급 잠수정이 '가디르 잠수함'이라는 명칭으로 이란에 수출됐기 때문이다. 연어급은 길이 29m, 폭 2.75m, 수중 배수량 130t인 작은 잠수정이지만 533mm 어뢰발사관을 2문이나 장착하고 있다. 크기로 보면 잠수정이라 부르는 게 맞지만 이란은 이를 잠수함으로 분류해 운용하고 있다.

이란 해군은 이 밖에 북한제 대동B급 반잠수정도 도입해 운용하고 있다. 북한은 수많은 대남 침투 경험을 토대로 반잠수정의 성능도 꾸준히 발전시켜왔다. 가자미급으로도 불리는 대동B급은 반잠수 시 60cm 정도만 물 위로 노출돼 탐지가 어렵다. 레이더에 잘 잡히지 않도록 스텔스 도료(페인트)도 칠한 것으로 알려져 있다. 길이 12.5m로 물속 20m까지 잠수할 수 있고, 6~8명의 승조원을 태운다. 특히 324mm 경어뢰 발사관 2문을 장착해 공격능력도 갖추고 있다.

2019년 6월 20일 이란이 호르무즈해협 인근에서 미국의 장거리 고고도 전략 무인정찰기인 '글로벌 호크(Global Hawk)'[해상감시형은 트리톤(Triton)]를 격추한 뒤 북한-이란 커넥션이 새삼 주목을 받고 있다. 글로벌 호크를 우리 공군도 8월 이후 도입할 예정이고 이란과 가까운 북한도 다양한 대공미사일들을 보유하고 있기 때문이다. 북한의 SA-2, SA-5 등 구소련 구형 미사일들과 '북한판 패트리엇(Patriot)'으로 불리는 KN-06 미사일 등이 글로벌 호크 격추 능력을 갖고 있는 것으로 분석된다.

이번에 글로벌 호크를 격추한 미사일은 당초 이란이 러시아로부터 도입한 S-300 계열일 가능성이 있는 것으로 추정됐다. 하지만 이란 언론 보도 등을 통해 이란 국산 대공미사일인 코다드(Khordad)3인 것으로 알려지고 있다. 코다드3 미사일은 2014년 처음으로 공개됐다. 최대 사거리는 75~100km 이상, 최대 요격고도는 25~30km가량이다. 이란은 이 미사일 8발로 4개 표적을 동시에 요격하는 능력을 과시하기도 했다.

일각에선 글로벌 호크가 미국의 대표적인 첨단 고고도 전략 무인정찰기이고 격추된 게 처음이라는 점에서 충격적으로 받아들이고 있다. 하지만 글로벌 호크 자체의 성능만 놓고 보면 격추하는 게 그리 어려운 건 아니다. 글로벌 호크는 기동성이 뛰어난 전투기가 아니라 오랫동안 하늘에 떠 있으면서 적진을 정찰하는 게 주된 목적이다. 이에 따라 속도도 느리고 기동성도 약하다.

글로벌 호크는 중고도 무인기(고도 13km 이내)보다 훨씬 높은 18km 안팎의 고도를 비행한다. 고고도에서 최대 32시간 이상 비행하며 30cm 크기의 물체를 식별할 수 있다. 최신형인 블록 40형은 첨단 능동형 전자주사식 레이더(AESA)를 장착해 오스트레일리아 대륙 면적에 가까운 최대 700만km^{2}의 면적을 탐지할 수 있다. 하지만 최대 속도가 시속 629km(순항속도는 시속 575km)에 불과, 음속보다 느리다. 스텔스 성능도 없어 상대방 레이더에 쉽게 탐지된다는 게 약점이다.

이란은 대공미사일뿐 아니라 지대지 탄도·순항미사일, 무인기, 전투기, 전차 등 각종 국산 육·해·공 무기를 개발 보유해 세계적 수준의 국방과학 기술을 갖고 있는 것으로 평가된다. 이란은 2011년 미국의 극비 스텔스 무인기인 RQ-170 '센티넬(Sentinel)'을 확보했다. 그 뒤 이를 복제한 무인 공격기를 개발·양산해 미국 등에 충격을 주기도 했다. 당시 이란이 레이더에도 잘 잡히지 않는 미국의 최신형 스텔스 무인기를 어떻게 확보했느냐가 초미의 관심사였다. 일각에선 무인기가 추락했을 가능성이 제기됐지만 추락한 무인기치고는 너무 멀쩡했다. 때문에 이란이 고도로 암호화된 미국의 '센티넬' 지령 코드를 해킹, 센티넬을 사실상 나포했을 가능성이 제기됐다. 이란이 실제로 미국의 무인기지령 코드를 해킹했다면 해킹 등 사이버전 수준도 상당하다고 볼 수 있는 것이다.

이란은 1970년대 미국의 최강 함재 전투기였던 F-14 '톰캣(Tomcat)'을 도입하면서 강력한 공대공미사일 '피닉스(Phoenix)'도 함께 도입했었다. 1980년대 이후 미국의 지원이 끊기자 피닉스 미사일의 복제품도 개발, 2017년 공개했다.

대함 탄도미사일 커넥션 부각

전문가와 군 당국은 북한과 이란의 긴밀한 커넥션을 과거부터 주시하며 우려해왔다. 핵무기 및 탄도미사일 분야의 협력은 이미 널리 알려져 있다. 특히 1990년대부터 긴밀한 협력이 이뤄진 탄도미사일의 경우 신형 미사일 시험발사 정보를 교환하며 시간과 돈을 절약하기도 했다. 북한이 미사일을 발사하기 어려운 상황이면 이란이 시험발사를 한 뒤 시험 결과를 북한에 알려주는 식이었다.

2017년 1월 이란이 코람샤 중거리 탄도미사일을 발사했을 때 미 국방부는 북한의 무수단 미사일 설계에 기초한 것이라고 밝혔다. 독일 일간지 빌트(Bild)는 2005년 12월 북한의 무수단 미사일 18기가 'BM-25'라는 이름으로 이란에 수출됐다고 보도했다. 북한의 노동 미사일은 이란의 샤하브(Shahab)3 미사일과 모양이 매우 흡사하다. 미사일 전문가인 제프리 루이스(Jeffrey Lewis) 미들버리 국제학연구소(Middlebury Institute of International Studies) 연구원은 "과거에는 북한에서 먼저 발견된 무기들이 나중에 이란에서 나타났는데 최근 몇 년 사이엔 이란

열병식에 등장한 북한 대함 탄도미사일.

이란의 대함 탄도미사일.

에서 먼저 발견된 무기들이 이후 북한에서 나타나는 양상"이라며 "북한
에서 이란을 향하던 기술이전이 그 반대가 됐을 것으로 의심된다"고 말
했다.

 북·이란 미사일 커넥션 중 군 당국이 최근 가장 주목하고 있는 것이
대함 탄도미사일(ASBM)이다. 대함 탄도미사일은 대함 순항미사일보다
속도가 훨씬 빨라 요격이 어렵다는 게 강점이다. 중국의 DF-21D 대함

탄도미사일은 '항모 킬러'로 불리며 미 항모 전단에 가장 위협적인 존재로 부상하고 있다.

이란은 사거리 300km 이상의 해상 목표물을 타격하는 파테(Fateh)-110 대함 탄도미사일 개발에 성공했다. 이 미사일은 2012년쯤 북한으로 넘겨진 것으로 알려졌다.

북한은 2010년대 들어 KN-17이라 불리는 대함 탄도미사일을 몇 차례 시험발사했지만 실패했다. 그러다가 2017년 5월 북한의 대함 탄도미사일은 최고 고도 120여km, 비행거리 450여km를 기록하며 발사에 성공한 것으로 평가된다. 북한은 이 미사일이 오차범위 7m에 불과한 놀라운 정확도를 기록했다고 주장했다. 열병식에 등장한 북 대함 탄도미사일은 스커드미사일 앞부분에 보조 조종날개를 단 형태로 이란의 대함 탄도미사일과 닮은 점이 많다. 군 소식통은 "북한의 대함 탄도미사일은 우리 함정들은 물론 미 항모 전단에도 위협이 되기 때문에 대책 마련이 시급하다"고 말했다.

은행 터는 북한 사이버 공격 막아야 제재 완성된다

– 《조선일보》, 2019년 4월 10일

"사이버 적들에게 마지막 메시지를 보내겠다. 너희는 키보드와 컴퓨터 모니터 뒤에 숨어 있을 수만은 없다. 우리는 너희를 지켜보고 있다."

키어스천 닐슨(Kirstjen Nielsen) 미 국토안보부 장관이 2019년 3월 한 대학 토론회에서 북한의 사이버 위협에 대해 강력 경고하며 한 말이다. 닐슨 장관은 "지난 2년간 우리는 북한이 전 세계 150국을 상대로 '워너크라이(WannaCry)' 랜섬웨어를 퍼뜨려 의료 시스템을 마비시키고 공장 운영을 중단시키는 모습을 목격해왔다"며 이같이 말했다.

지난 2017년 5월부터 전 세계를 혼란에 빠뜨렸던 워너크라이는 감염 컴퓨터에 있는 파일을 모두 암호화하고, 돈을 내야만 다시 정상 작동하게 해준다고 협박했던 랜섬웨어 해킹 수법이다. 영국 국민 보건 서비스 산하 병원과 여러 국가의 기업들이 공격을 받으면서 5억7,000만 달러(약 6,500억원)가량의 피해가 발생했다.

북(北) 사이버 공격, 제재 이후 정보털이에서 은행털이로 바뀌어

북한의 사이버전은 단순히 군사기밀 탈취나 한국 정부·사회 공격에 그치지 않고 미국·유럽 등 전 세계를 대상으로 금전을 탈취하고 안전을 위협하는 수준까지 이르렀다.

　2018년 10월 미국의 한 보안 업체는 북한이 지난 4년간 금융기관 해킹으로 대규모 외화를 탈취하는 금융 전문 해커 조직들을 운영해온 사실을 밝혔다. 미국의 보안 업체 '파이어아이(FireEye)'가 'APT(Advanced Persistent Threat: 지능형 지속 보안 위협)*38'이라고 이름 붙인 조직이 미국·멕시코·브라질·러시아·베트남 등 최소 11국의 주요 금융기관과 NGO(비정부기구)를 해킹했고, 외화 11억달러(약 1조 2,300억원)어치 탈취를 시도해 수억달러를 북한으로 빼돌린 것으로 확인됐다고 밝힌 것이다. 파이어아이는 미 소니픽처스(Sony Pictures) 해킹을 북한이 했다는 사실을 밝혀내기도 했다. 'APT38'은 금융기관을 해킹해 외화를 탈취할 목적으로 만든 북한의 새로운 해커 조직으로, 북 정찰총국 산하 사이버 전담 부서인 기술정찰국이 운용하는 것으로 알려져 있다. 북한은 기술정찰국에 작전 인력 1,700여 명(7조직), 지원·기술 인력 5,100여 명(13조직) 등 사이버전 요원 6,800여 명을 운용 중인 것으로 정보 당국은 보고 있다.

＊ APT(Advanced Persistent Threat: 지능형 지속 보안 위협)
'APT(Advanced Persistent Threat)'는 배후에서 국가가 지원한 것으로 파악된 해커 조직에 대해 미 보안 업계가 붙이는 명칭이다. 확인된 순서대로 숫자가 붙는다. 이란에 거점을 둔 해커 조직은 'APT33', 러시아 해커 조직은 'APT29'로 이름을 붙이는 식이다.

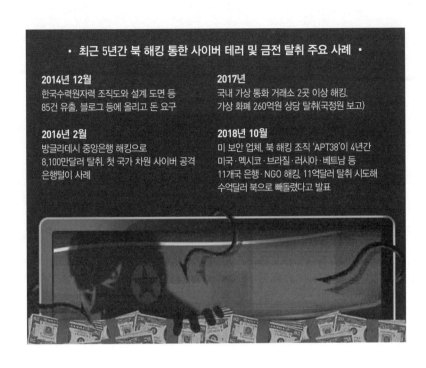

• 최근 5년간 북 해킹 통한 사이버 테러 및 금전 탈취 주요 사례 •

2014년 12월
한국수력원자력 조직도와 설계 도면 등
85건 유출. 블로그 등에 올리고 돈 요구

2016년 2월
방글라데시 중앙은행 해킹으로
8,100만달러 탈취. 첫 국가 차원 사이버 공격
은행털이 사례

2017년
국내 가상 통화 거래소 2곳 이상 해킹.
가상 화폐 260억원 상당 탈취(국정원 보고)

2018년 10월
미 보안 업체, 북 해킹 조직 'APT38'이 4년간
미국·멕시코·브라질·러시아·베트남 등
11개국 은행·NGO 해킹. 11억달러 탈취 시도해
수억달러 북으로 빼돌렸다고 발표

과거 북한의 사이버 테러 및 해킹은 군·정부 기관 등 국내 기관의 자료 유출, 2·3급 기밀 유출 등에 치우쳤지만 국제사회의 대북 제재가 강화된 수년 전부터 금융기관 해킹에 주력하고 있다. 2016년 방글라데시 중앙은행 송금 시스템을 해킹한 뒤 2017년 4월 야피존(Yapizon) 계좌 탈취, 6월 빗썸(Bithumb) 회원 정보 유출, 9월 코인이즈(Coinis) 계좌 탈취 등 가상 화폐 거래소 해킹으로 이어졌다. 국정원도 북한이 지난 2017년 국내 가상 통화 거래소 2곳 이상을 해킹해 가상 화폐 260억원 상당을 탈취했다고 국회에 보고했다.

북한은 같은 해 대만 은행을 해킹해 676억원 강탈을 시도했고, 2018년 8월엔 북한 해킹 조직 '라자루스(Lazarus)'가 인도 코스모스은행 (Cosmos Bank)) 해킹을 시도해 1,350만달러를 훔쳐냈다. '워너크라이'

랜섬웨어 사건을 일으켜 유명해진 라자루스도 북 기술정찰국 소속으로 알려져 있다.

남북(南北)정상회담서 북(北) 사이버 도발 거론 안돼

문제는 이런 사이버 공격 주체가 북한에 한정되지 않고 중국·러시아 등 주변 강국도 나서고 있으며, 이 나라들이 우리나라도 공격 대상으로 삼고 있다는 점이다. 벤저민 리드(Benjamin Read) 파이어아이 사이버 첩보 분석 선임 연구원은 국내 언론 인터뷰에서 "한국을 대상으로 한 사이버전은 단순히 북한으로만 한정되지 않는다"며 "중국은 2010~2011년을 시작으로 정책 정보를 수집하기 위해 해킹을 시도했다"고 말했다. 중·러·일 등 주변 강국의 안보 위협이 해·공군력, 미사일, 우주 분야뿐 아니라 사이버 분야까지 확대되고 있는 것이다.

청와대 국가안보실은 2019년 4월 2일 역대 정부 중 처음이라며 사이버 안보 정책의 최상위 지침서인 '국가 사이버 안보 전략'을 발표했다. 하지만 이 문서에서 정작 가장 중요한 북한의 사이버 도발과 위협은 적시하지 않았다.

2018년 이후 세 차례 남북 정상회담과 여러 차례 남북 실무 접촉이 있었지만 북한의 사이버 도발을 거론했다는 얘기도 들리지 않는다. 북한의 해킹을 통한 외화 탈취는 김정은의 돈줄을 마르게 하려는 대북 제재 전선에도 큰 구멍을 내고 있다. 북한의 비핵화 진전 압박을 위해서도 북한의 사이버 도발을 더 이상 방치해선 안 된다.

미《뉴욕타임스(The New York Times)》는 2019년 3월 북한이 2월 말 하노이(Hanoi) 2차 미·북 정상회담이 열리는 동안에도 미국과 유럽 사업체들을 해킹 공격했다고 보도했다. 빅터 차 미 CSIS(전략국제문제연구소) 한국 석좌도 "지난 15개월 동안 북한은 이번 협상 때문에 핵실험을 하지 않았지만 같은 기간 사이버 활동은 멈추지 않았다"고 지적했다.

문재인 대통령은 11일 교착 상태에 빠진 북 비핵화 협상 돌파구를 열고자 트럼프 대통령과 한·미 정상회담을 한다. 무리한 대북 제재 완화를 고집하지 말고 북한의 '사이버 은행털이' 등을 막을 강력한 한·미 연합 대북 사이버 작전 방안부터 협의해야 할 것이다.

북(北) 미사일 겨냥한 미(美) 레이저 무기들

– 《주간조선》, 2019년 1월 28일

레이저 무기 장착한 F-35 스텔스기 개념도.

지난 2000년 미국 조사단이 은밀히 한국을 방문해 한반도의 대기상태를 조사했다는 외신 보도가 나왔다. 왜 미 전문가들이 비밀리에 우리나라 대기상태를 조사했는지 궁금증을 초래했는데 이내 그 의문은 풀렸다.

한반도에서 레이저 무기를 사용하기 위해 대기환경을 조사했던 것이다. 레이저 무기는 기상과 대기상태에 매우 민감하다. 그 주인공은 ABL(Airborne Laser)이었다. YAL-1으로 불린 ABL은 보잉 747 '점보기'에 메가와트급의 강력한 출력을 가진 화학 레이저를 실어 수백km

가량 떨어진 적 탄도미사일을 요격할 수 있는 무기였다.

미사일 발사 직후 우주 공간으로 치솟아 올라가는 상승(Boost) 단계에서 요격한다는 개념이다. ICBM(대륙간탄도미사일)의 경우 목표물에 떨어지는 종말 단계에선 속도가 마하 20~25(음속의 20~25배)에 달해 요격이 어렵지만 상승 단계에선 이보다 속도가 느려 종말 단계에 비해 요격이 쉽다.

레이저 무기는 요격 미사일보다 훨씬 빠른 속도로 적 미사일을 요격할 수 있고 발사 비용이 훨씬 싸다는 게 강점이다. 포탄이나 미사일이 1발당 수백만~수십억원 수준인 데 비해 레이저는 1회 발사비용이 1,200(1달러)~수백만원에 불과하다. 다만 기상 상태에 매우 민감해 안개가 많이 끼어 있거나 날이 흐리면 위력과 정확도가 크게 약화된다는 게 치명적인 단점이다. 또 위력이 클수록 출력장치의 크기도 커져 항공기 등에 탑재하기 어렵다는 것도 기술적인 난제였다.

미국은 당초 2010년 최초 실전배치를 목표로 ABL 개발에 박차를 가해 2007년 9월 저출력 레이저 발사 시험에 성공했다. ABL은 북 미사일 위협 대책에 부심하는 주한미군사령관들의 기대를 모으기도 했다.

2008년 4월 당시 월터 샤프(Walter L. Sharp) 주한미군사령관 내정자는 미 의회 인사청문회에 출석해 "한국이 북한의 심각한 미사일 위협에 노출돼 있어 미사일 방어(MD)대책이 시급하다"며 "ABL이 이런 북 미사일 위협 방어에 효과적일 것으로 본다"고 했다. ABL을 동해상에 배치하면 북한이 미 본토나 주일미군 등을 향해 미사일을 발사했을 경우 상승 단계에서 요격할 수 있기 때문이다.

하지만 최첨단 북 미사일 요격무기가 될 뻔했던 ABL은 비용과 성능, 안정성 문제 등으로 2011년 개발이 취소됐다.

그러나 전투기와 헬기 등 소형 항공기에 레이저 무기를 싣기 위한 미국의 노력은 계속됐다. 미국이 2019년 1월 17일 발표한 '미사일 방어 검토보고서(MDR, Missile Defense Review)'에는 그런 미국의 노력과 '야심'이 잘 나타나 있다.

'트럼프판 스타워즈(별들의 전쟁)'로 불리는 이 보고서는 하늘과 우주 공간에 기반을 둔 미국의 새 미사일 방어전략이다. 기존 미사일 방어전략은 지상·해상 발사 요격미사일을 중심으로 한 것이었다. 반면 새 미사일 방어전략은 공중과 우주 공간에 각종 첨단 탐지장비와 요격무기를 배치하겠다는 것이 특징이다.

특히 ABL처럼 적 미사일의 상승 단계에서 레이저 무기를 동원해 요격하겠다는 계획을 밝혔다. 보고서는 이런 레이저 무기 탑재 수단으로 F-35 스텔스 전투기, 드론(무인기) 등을 제시했다. 보잉 747에 탑재됐던 ABL보다 탑재 수단이 훨씬 작아진 것이다.

F-35 같은 전투기에 레이저 무기를 탑재하는 계획은 3~4년 전부터 미 언론에 보도돼 본격적으로 알려지기 시작했다.

지난 2015년 5월 디펜스테크 등 미 군사전문지들은 미 공군이 오는

2023년까지 C-17·C-130 수송기, F-35, F-15, F-16 등 전투기에 '레이저포'인 고에너지 레이저 발사기를 장착해 적 미사일을 무력화하는 계획을 의욕적으로 추진 중이라고 보도했다.

미 공군은 우선 C-17·C-130 수송기에 레이저 발사기를 탑재해 배치한 뒤 소형화 기술이 실현되는 대로 F-35, F-15, F-16 전투기로 레이저 발사기를 옮겨 싣기로 했다는 것이다. 항공기를 통한 첫 레이저 공중 시험발사는 오는 2021년 이뤄지며, 10~100킬로와트의 레이저 발사에 필요한 연료는 제트유에서 얻기로 했다고 한다. 항공기 탑재 레이저 무기의 가장 큰 장점은 1갤런의 제트유로 수천 차례나 발사가 가능해 발사 비용이 매우 싸다는 것이다.

이어 2017년 11월 미 블룸버그통신 등은 미 공군연구소와 미 록히드마틴사(Lockheed Martin Corporation)가 2021년 시험을 목표로 전투기 레이저 무기 시스템 개발 계약을 체결했다고 보도했다. 미 공군은 우선 전투기를 적의 지대공·공대공미사일로부터 보호하는 방어용 레이저 무기부터 개발키로 했다고 미 언론은 보도했다.

그해 6월 미 육군은 뉴멕시코주 화이트샌즈(White Sands) 미사일 시험장에서 AH-64 '아파치(Apache)' 공격헬기에 장착된 레이저 무기로 1.4km 떨어진 표적을 파괴하는 시험에 처음으로 성공하기도 했다. 아파치 헬기는 우리 육군도 36대를 보유하고 있다.

앞서 미 육군과 해군은 각종 레이저 무기 사격 시험에 성공했다. 미 해군은 2014년 상륙함에서 30킬로와트의 레이저 무기 LaWS를 시험

레이저 무기 장착한 AH-64 아파치 공격헬기.

했다. 미 육군은 2020년대 초까지 8륜 구동 스트라이커(Stryker) 장갑
차와 중형 전술차량에 고출력 레이저를 탑재할 계획이다. 적 드론은 물
론 미사일, 박격포탄까지 격추할 수 있는 무기다.

F-35 등에 레이저 무기가 장착되더라도 실제로 탄도미사일 요격능
력을 갖추기까지는 상당한 시간이 걸릴 것이라는 전망이 많다. 본격적
인 탄도미사일 요격에는 메가와트급의 강력한 출력이 필요한데 아직
전투기 등에 소형화된 메가와트급 레이저를 달기는 어려운 상태다. 이
번 미 보고서도 "현재 F-35 등의 레이저 무기는 순항미사일을 요격할
수 있는 수준이며 앞으로 탄도미사일 요격능력을 갖추게 될 것"이라고
밝혔다.

레이저 출력별 위력을 보면 수십~100킬로와트는 무인기와 소형 보
트를, 수백 킬로와트는 순항미사일과 휴대용 대공미사일, 무인기, 유인
기 등을, 1메가와트 이상은 초음속 고기동 순항미사일, 탄도미사일 등
을 각각 파괴할 수 있다.

미국이 이번 보고서에서 북한에 비중을 두고 발표한 것도 주목할 만하다. 보고서(MDR)는 북한에 대해 "현재 북한과는 평화로 향할 수 있는 새로운 길이 이제 존재한다"면서도 북한의 미사일을 '특별한 (extraordinary) 위협'으로 평가했고 "미 본토 공격이 가능한 시간이 가까워졌다"고 밝히기도 했다.

F-35는 우리 공군도 올해부터 40대를 도입할 예정이다. 군 소식통은 "북한이 만약 미국을 향해 ICBM을 발사하면 동해상에 레이저 무기를 장착한 F-35나 무인기를 출동시켜 상승 단계에서 미사일을 요격하겠다는 것"이라고 말했다. 미국은 2017년 이후 최대 1,000km 밖에서 발사되는 미사일을 탐지할 수 있는 첨단 센서를 단 개량형 '프레데터 (Predator)' 무인기도 시험 중이다. '레이저 드론'은 이 드론에 레이저 무기를 달아 상승 단계의 미사일을 요격한다.

북(北) 사이버전 종전선언부터 하라!

– 《주간조선》, 2018년 10월 15일

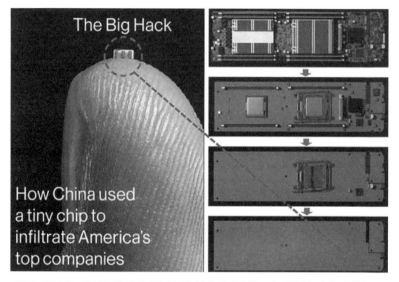

중국이 미국 주요 기업 해킹을 위해 전산 서버에 심어놓은 초소형 스파이칩(왼쪽 사진). 이 칩은 쌀알 크기보다도 작아 육안으로 쉽게 알아볼 수가 없다. 〈사진 출처: 블룸버그비즈니스위크〉

2018년 10월 3일 북한이 지난 4년간 금융기관 해킹으로 외화를 탈취하는 금융 전문 해커조직을 운영해온 사실이 처음으로 공개됐다. 미국의 대표적 보안 업체인 '파이어아이(Fire Eye)'가 'APT(Advanced Persistent Threat: 지능형 지속 보안 위협)38'이라고 이름 붙인 조직이 미국·멕시코·브라질·러시아·베트남 등 최소 11개국의 주요 금융기관과

NGO(비정부기구)를 해킹했고, 11억달러(약 1조2,300억원)어치의 외화 탈취를 시도해 수억달러를 북한으로 빼돌린 것으로 확인됐다고 밝힌 것이다.

미국 워싱턴 D.C.에서 열린 '사이버 디펜스 서밋(Cyber Defense Summit)'에서 파이어아이의 샌드라 조이스(Sandra Joyce) 부사장은 "APT38은 전 세계에서 규모가 가장 크고 위협적인 해커조직"이라며 "이들은 유엔 안보리 대북 제재(2013년 3월) 이후 약 1년 뒤인 2014년 2월부터 본격 활동에 들어간 것으로 나타났다"고 말했다.

파이어아이는 기업과 공공기관 전용 보안 프로그램을 개발하는 글로벌 보안 기업으로, 포브스(Forbes) 선정 2000대 기업 중 절반이 이 회사 프로그램을 사용하고 있다. 미 소니픽처스 해킹을 북한이 했다는 사실을 밝혀낸 것도 이 회사다. 'APT38'은 금융기관을 해킹해 외화를 탈취하려는 목적으로 만들어진 북한의 새로운 해커조직으로 알려져 있다. 보안 업계는 이름을 밝히지 않는 해커조직을 발견하면 APT와 숫자로 이름을 붙인다. 이란에 거점을 둔 해커조직은 'APT33', 러시아 해커조직은 'ATP29'로 이름을 붙이는 식이다. APT 명칭이 붙은 해커조직은 보통 장기간에 걸쳐 타깃을 분석·공격하는 치밀한 해킹 수법을 갖고 있다.

북한 소행으로 추정되는 사이버테러는 이뿐 아니다. 국회 행정안전위원회 소속 대한애국당 조원진 의원은 경찰청과 국회 입법조사처로부터 제출받은 국정감사 자료를 종합하면 북한 소행으로 추정되는 사이버테러 사례는 2013년 이후 총 19건이라고 밝혔다.

북(北) · 중 · 러 협공

과거 북한의 사이버테러 및 해킹은 군·정부기관 등 국내 기관의 자료 유출, 2·3급 기밀 유출 등에 치우쳤지만 국제사회의 대북 제재가 강화된 수년 전부터 금융기관 해킹에 주력하고 있다는 것이다. 2016년 방글라데시 중앙은행 해킹으로 송금 시스템을 해킹한 뒤 2017년 4월 야피존 계좌 탈취, 6월 빗썸 회원정보 유출, 9월 코인이즈 계좌 탈취 등 가상화폐 거래소 해킹으로 이어졌다. 2017년에는 대만 은행을 해킹해 676억원 강탈을 시도했고, 2018년 8월 10~13일엔 북한 해킹조직 '라자루스'가 인도 코스모스은행 해킹을 시도해 1,350만달러를 훔쳐냈다.

문제는 이런 사이버 공격 주체가 북한에 한정되지 않고 중국·러시아 등 주변 강국도 나서고 있으며, 이들 국가가 우리나라도 공격 대상으로 삼고 있다는 점이다. 벤자민 리드 파이어아이 사이버첩보 분석 선임연구원은 최근 국내 언론과의 인터뷰에서 "한국을 대상으로 한 사이버전은 단순히 북한으로만 한정되지 않는다"며 "중국은 2010~2011년을 시작으로 정책 정보를 수집하기 위해 해킹을 시도했다"고 말했다. 그는 "러시아, 이란 등은 한국 석유시장 등 경제 분야 정보 탈취를 목적으로 해킹 활동을 벌인다"고 전했다.

리드 연구원은 "국가 주도 해킹조직은 최근 중국이 가장 활발하며 단일 팀으로는 러시아 주도 'APT28'이 두드러진다"고 말했다. 파이어아이는 2018년 5월 초 중국 주도 해킹조직으로 알려진 '템프틱(TEMP. Tick)'의 한국 공격 흔적을 확인했다. 러시아 공격 그룹 '털라팀(Turla Team)'이 한국을 조준한 것도 확인한 것으로 알려졌다.

최근 중국이 미국 주요 기업에 납품되는 전산 서버에 초소형 스파이 칩을 심어 애플과 아마존, 대형 은행 등 30개 미국 기업을 해킹해 정보를 빼내간 것으로 알려진 것도 사이버전 전선이 확장돼 피해가 심각해지고 있음을 보여주는 사례다. 아마존과 애플은 "스파이용 칩을 발견한 사실이 없다"고 부인했지만, 블룸버그비즈니스위크(BBW)는 2018년 10월 4일(현지시각) "6명의 전·현직 당국자와 애플 내부 관계자 등 최소 17명이 중국 스파이칩의 발견 사실을 증언했다"고 밝혔다.

BBW에 따르면, 애플은 지난 2015년 자사 네트워크에서 발생하는 이상 반응의 원인을 찾다가 '수퍼마이크로(Super Micro)'라는 업체가 납품한 서버에서 의심스러운 칩들을 발견했다. 이 칩들은 쌀알보다 작은 크기로, 회로 전문가가 아닌 사람은 그 존재조차 알아보기 힘들 정도였다. 조용히 조사에 착수한 미 보안 당국은 수퍼마이크로가 판매하는 서버에서 가장 핵심인 메인보드가 거의 전량 중국에서 조립되고 있다는 사실을 확인했다.

조사 결과 문제의 칩들은 이 회사의 중국 내 하도급 공장들에서 은밀히 심어졌으며, 중국인민해방군 산하 조직이 이 일을 담당한 것으로 나타났다. 중국은 이를 통해 미국의 주요 은행, 애플과 아마존 등 30개 미국 기업에 영향을 미쳤고, 이 중에는 미 국방부·CIA(중앙정보국)와 거래하는 조달 업체들도 포함됐다고 한다. 특히 일부 국내 기업도 수퍼마이크로 서버를 구입해 사용하는 것으로 알려져 IT 분야 보안에 대한 우려가 커지고 있다.

최근 국내 주요 이동통신사들이 5세대(5G) 망 구축을 위해 장비 선정을 앞두고 있는 가운데 중국 기업 화웨이의 5G 장비에 대한 보안 문제가 불거지고 있는 것도 같은 맥락이다. 화웨이는 2018년 10월 8일 "보안 문제가 없다"는 입장문을 내고 진화에 나섰지만, 미국과 호주 등에서도 잇달아 화웨이 장비 도입을 금지하고 나서 비상이 걸렸다. 미국 정부는 중국 기업 제품을 신뢰할 수 없다며 공공기관에서 화웨이 장비를 구입하지 못하도록 금지했다. 아직 장비 선정을 하지 않은 KT와 LG 유플러스는 적지 않은 부담을 느끼고 있는 상황이다.

미 파이어아이 계열사인 '맨디언트(Mandiant)'사는 2017년 'APT1'으로 명명된 해킹그룹이 2006년 이후 20개 주요 산업에 속한 141개 기업으로부터 수백 테라바이트의 데이터를 계획적으로 훔친 사실을 확인했다며 78쪽 분량의 보고서를 발표했다. 이 보고서에 따르면 APT1은 중국 인민해방군 총참모부 3부2국에 소속돼 있으며, 군부대 위장 명칭이 61398부대인 것으로 밝혀졌다.

정부·군 대응의지 취약

이처럼 북한과 주변 강국의 사이버전 위협은 커지고 있지만 우리 정부와 군의 대응 의지와 시스템은 매우 취약하다는 비판이 나오고 있다. 사이버보안 전문업체인 징코스테크놀로지 채연근 대표는 "사이버전은 24시간 벌어지기 때문에 지속적인 모니터링이 필요한데 가장 큰 문제는 '휴먼 에러(Human Error)'"라며 "담당자에 대한 지속적인 교육 훈련과 감시·감독이 필요하다"고 말했다.

북한과 우리 정부가 적극 추진 중인 종전선언에 앞서 북한과 일종의

'사이버전 종전선언'부터 해야 한다는 얘기까지 나온다. 청와대 사이버 안보특보를 지낸 임종인 고려대 사이버국방학과 교수는 "최근 남북 화해 분위기 속에서도 북한의 사이버 공격은 보란 듯이 계속됐다"며 "사이버 적대행위 금지를 위한 '사이버 판문점 선언'과 군사·외교·사법적 조치를 아우르는 사이버 전략 수립을 해야 한다"고 말했다.

북(北)이 주먹 크기의 플루토늄을
지하(地下)에 숨긴다면

- 《조선일보》, 2018년 5월 30일

1991년 한반도 비핵화 선언 협상 때 남북한 간에 가장 큰 쟁점 중 하나는 사찰 대상 선정 문제였다. 우리 측은 '상대 측이 선정한 대상에 대한 자유로운 사찰'을 주장했지만, 북측은 이를 '자주권 유린'이라며 거부했다. 결국 비핵화 선언에는 "상대 측이 선정하고 쌍방이 합의하는 대상들을 사찰한다"는 타협안이 포함됐다. 우리 측이 의심 가는 북핵 시설들을 마음대로 사찰할 수 없고, 북한이 보여주고 싶은 것만 볼 수 있게 된 것이다.

태영호 공사가 최근 펴낸 저서 『3층 서기실의 암호』에선 이와 관련해 "당시 북한 외무성은 대학시험 문제를 학생과 교수가 사전에 합의하고 치르는 시험방식으로 평가했다. 북한의 승리인 셈"이라고 적고 있다. 그 공로로 북한 외무성 최우진 당시 부상은 김정일로부터 치하를 받았다고 한다.

전문가들은 미·북 정상회담을 비롯한 비핵화 협상 과정에서 비슷한 상황이 되풀이될 수 있다고 지적한다. 트럼프 대통령을 비롯한 미측은

'완전하고 검증 가능하고 불가역적인 핵폐기(CVID)' 입장을 고수하고 있지만, 북측이 과연 무제한적인 특별사찰을 수용할 것인가 하는 의문이 제기된다. 설사 북측이 전면적인 특별사찰을 수용하더라도 기술적 난제(難題)들이 있다.

우선 북한에 핵물질이나 핵탄두를 숨길 수 있는 지하시설이 너무 많다는 점이다. 6·25전쟁 때 제공권을 빼앗겨 유엔군의 공습에 시달렸던 북한은 1만개에 달하는 각종 지하 시설과 갱도를 만들어놓은 것으로 알려져 있다. 수백km 상공에서 5cm보다 작은 크기의 물체를 식별할 수 있는 '천리안'을 가진 미국 정찰위성도 지하시설 내부는 들여다볼 수 없다.

두 번째는 플루토늄, 고농축 우라늄 등 핵무기를 만들 수 있는 핵물질이나 핵탄두의 크기가 생각보다 작다는 점이다. 플루토늄 6~8kg 미만으로 핵무기 1개(히로시마 핵폭탄 기준)를 만들 수 있는데 그 크기는 소프트볼, 즉 주먹만 하다. 북한이 2017년 9월 6차 핵실험 직전에 공개한 장구 형태의 수소탄은 길이가 1m도 안 된다. 북한이 마음만 먹으면 핵물질이나 핵탄두를 아주 작은 지하시설에도 얼마든지 숨길 수 있다는 얘기다.

통 큰 북한 김정은 국무위원장은 선대 김일성·김정일과 달리 비핵화에 진정성을 보일 것이라고 기대하는 시각도 있다. 그러나 앞으로 30~40년 이상 권력을 유지하고 대(代)를 이은 승계까지 하고 싶을 김정은 입장에선 미국의 '변심'을 견제할 수 있는 '최후의 보루'는 숨겨놓고 싶을 것이다. 미 언론매체인 '미국의 소리(VOA)'가 한반도 전문가 30명으로부터 설문조사 응답을 받은 결과, 북한의 비핵화 가능성에 무게를 둔 응답자는 단 한 명도 없었다는 사실은 이런 우려를 뒷받침한다.

더 큰 문제는 비핵화 문제를 바라보는 우리 정부의 자세다. 문재인 대통령은 2018년 5월 27일 기자회견에서 "김정은이 미국이 요구하는 CVID에 동의했느냐"는 질문에 "미·북 간에 확인할 일"이라고 했다. 마치 CVID 비핵화는 우리보다는 미·북 간의 문제라는 방관자 얘기처럼 들린다. 하지만 북한의 핵탄두를 운반할 수 있는 탄도미사일은 미국을 겨냥한 ICBM(10여 발)보다 우리를 겨냥한 스커드(600여 발)가 훨씬 많은 게 현실이다. 존 볼턴(John Robert Bolton) 미 백악관 국가안보보좌관은 북한의 핵무기 외에 탄도미사일, 생화학무기 폐기까지 목표로 한다는 입장이다. 그러나 미국은 우선 '발등의 불'인 핵무기와 ICBM 폐기에 주력할 가능성이 높은 게 현실이다.

이제 2~3주일 이내면 북 비핵화 문제의 가닥이 잡히고 한반도의 운명이 판가름날 것이다. 오는 6월 12일 미·북 정상회담이 예정대로 열려 성공적으로 끝난다 하더라도 검증·사찰 등 구체적인 실행 과정에서 뜻하지 않은 암초에 부딪힐 수도 있다. "최선을 추구하되 최악에 대비하라(Hope for the best, prepare for the worst)"는 영어 격언이 더욱 가슴에 와닿는 때다.

'화성-15형' 발사가 불러올 것들

– 《주간조선》, 2017년 12월 4일

북한이 2017년 11월 29일자 노동신문을 통해 공개한 신형 대륙간탄도미사일 '화성–15형'이 발사 전 바퀴 축이 9개인 이동식 발사차량에 실려 있다. 〈사진 출처: 조선중앙통신〉

북한이 기습적으로 심야에 화성-15형 ICBM을 발사한 2017년 11월 29일, 우리 정부와 군의 대응은 유례없이 빨랐다. 북한은 이날 새벽 3시 17분쯤 평양에서 북쪽으로 30여km 떨어진 평안남도 평성 일대에서 화성-15형 미사일을 발사했다.

발사 1분 뒤인 새벽 3시 18분쯤 공군의 E-737 '피스아이(Peace Eye)' 조기경보통제기가 처음으로 미사일을 탐지했다. 이어 동해에서 작전 중이던 이지스함과 내륙 지역의 '그린파인(Green Pine)' 조기경보 레이더도 이를 포착했다고 합참은 밝혔다.

정의용 청와대 국가안보실장은 미사일 발사 2분 만인 새벽 3시 19분 문재인 대통령에게 첫 보고를 했다. 군은 미사일 발사 6분 후인 새벽 3시 23분부터 21분간 북한의 도발 원점을 정밀 타격하는 훈련을 실시했다. 땅 위에선 현무-2 미사일(사거리 300km)이, 해상의 이지스함에선 해성-2 함대지 순항미사일(사거리 1,000km)이, 하늘에선 KF-16 전투기에서 스파이스(SPICE)-2000 정밀유도폭탄(사거리 57km)이 각각 똑같은 도발 원점을 향해 시차를 두고 발사됐다. 해성-2 미사일은 두께 5m, 스파이스-2000 폭탄은 두께 2.4m의 콘크리트를 각각 관통할 수 있다. 현무-2 미사일의 살상 반경은 600m에 달한다. 이들은 거의 동시에 도발 원점에 정확히 떨어졌다.

이렇게 신속한 대응이 가능했던 것은 북한의 미사일 발사 움직임을 알고 있었기 때문이다. 한·미·일 군 당국은 발사 2~3일 전부터 북한이 미사일을 쏠 가능성이 있다고 보고 대비했던 것으로 알려졌다.

북한이 평양 인근 평성 지역에서 미사일을 쏜 것은 처음이고, 취약시간대인 새벽 3시에 쏜 것도 처음이었다. 북한은 우리의 허점을 찔러 기습 발사를 하려 했던 셈이다. 그런데 정부와 군 당국은 어떻게 알고 대비했을까?

70여 일 동안 도발을 자제해오던 북한이 미사일 발사를 준비 중이라는 정황은 2017년 11월 28일 일본 언론 보도를 통해 처음 알려졌다. 교도통신과 산케이신문 등은 이날 "일본 정부가 북한이 탄도미사일 발사를 준비하고 있다고 의심되는 전파 신호를 포착해 경계를 강화하고 있다"면서 "수일 내에 발사할 수 있다"고 전했다.

이 전파신호는 텔레메트리(telemetry: 원격 전파 신호)였던 것으로 알려졌다. 텔레메트리는 미사일 발사 뒤 단 분리나 엔진 압력, 대기권 재진입 성공 여부 등을 확인하기 위해 미사일이 지상 통제소에 무선으로 계속 각종 정보를 보내는 것이다.

북한은 미사일 발사 전에 텔레메트리 테스트를 했고, 이를 한·미·일의 신호정보 수집 정찰기들이 포착한 것으로 보인다. 미군의 U-2 및 RC-135 정찰기, 한국군의 백두 정찰기, 일본 자위대의 EP-3 정찰기 등이 각종 전파 신호를 탐지할 수 있다.

북한은 11월 29일 '정부 성명'에서 처음으로 '화성-15형' 이름을 언급해 그 존재가 알려졌다. 북한은 "화성-15형은 미 본토 전역을 타격할 수 있는 초대형 중량급 핵탄두 장착이 가능하고, 지난 7월 시험발사한 화성-14형보다 전술 기술적 제원과 기술적 특성이 훨씬 우월한 무기체계"라고 주장했다. 화성-14형과는 다른 새로운 ICBM이라는 것이다.

군 당국과 전문가들은 처음엔 북한의 발표에 대해 화성-15형이 새로운 미사일이 아니라 기존 화성-14형을 개량한 수준일 것이라고 예상했다. 화성-14형은 2017년 7월 두 차례 발사됐으며, 7월 28일엔 최대 고도 3,700여km로 고각 발사돼 최대사거리는 1만여km로 추정됐던 ICBM이다.

그러나 2017년 11월 30일 북한이 화성-15형 발사 준비 및 발사 장면 사진들을 공개하면서 이 같은 판단은 사실과 다른 것으로 드러났다. 화성-14형보다 큰 새로운 미사일인 것으로 확인된 것이다. 화성-15

2017년 11월 29일 노동신문을 통해 공개된 화성-15형 시험발사 모습.

형은 동체 길이가 화성-14형(길이 19m)보다 2m가 긴 21m로 늘어났고, 직경은 화성-14형의 1.7m에서 2m로 커진 것으로 파악됐다. 1단 로켓 엔진도 화성-14형은 백두산 엔진 1개였지만 화성-15형은 2개인 것으로 나타났다. 이 엔진이 백두산 엔진 2개를 결합한 것인지, 러시아제 엔진을 활용한 것인지는 확인되지 않았다. 탄두 부분도 커져 무게 500kg~1t급의 무거운 핵탄두 장착이 가능할 것으로 분석됐다.

이동식 발사차량도 바퀴 18개 달린 9축형이 처음으로 등장했다. 종전 화성-14형은 중국제 16륜형(8축형) 발사차량을 사용했다. 북한은 화성-15형의 길이가 길어짐에 따라 중국제를 개량해 신형 발사차량을 개발한 것으로 보인다. 18륜형 발사차량은 중국·러시아 등에도 없는 대형 차량이다.

강력한 엔진을 장착한 화성-15형은 11월 29일 최대 고각으로 발사돼 4,475km나 올라갔다. 세계 미사일 개발 사상 유례를 찾기 힘든 높은 고도다. 미사일이 정상 궤도로 비행할 경우 최대사거리는 미 전역을 사정권에 넣는 1만3,000km에 달할 것으로 평가됐다. 초기비행 및 낙하 속도도 지금까지 발사된 북 중장거리 미사일 중 가장 빨랐던 것으로 알려져 탄두 재진입 능력도 향상된 것으로 분석된다. 서훈 국정원장은 11월 29일 국회 정보위에 출석해 "그동안 세 번에 걸쳐 발사된 ICBM급 중 가장 진전된 것으로 평가한다"고 말했다.

한·미 연합 공중훈련

북 신형 ICBM 발사 성공에 따라 미국은 추가제재 방안을 발표하고 해상봉쇄 가능성까지 거론하는 등 북한에 대한 압박과 제재 수위를 한층 높이고 있다.

북한의 도발 자제로 한동안 수면 아래로 가라앉았던 예방타격과 선제타격 등 초고강도 군사적 대응 방안도 다시 수면 위로 올라올 전망이다. 각종 전략자산을 동원한 미국의 대북 무력시위 강도도 높아질 것으로 예상된다.

이와 관련해 주목받는 것이 12월 4~8일 실시될 대규모 한·미 연합 공중훈련인 '비질런트 에이스(Vigilant Ace)' 훈련이다. 매년 실시되는 훈련이지만 이번에는 양적으로나 질적으로 유례가 없는 수준으로 이뤄진다.

각종 전투기 등 양국의 항공기 230여 대가 참여해 역대 최대 규모이며, 미 스텔스 전투기 F-22 '랩터(Raptor)'와 F-35A·B가 동시에 참가한다. 미 스텔스 전투기 2종이 동시에 한반도 훈련에 참가하는 것도 처음이다. 미군은 이번 훈련에 공군 전투기뿐 아니라 해군과 해병대 등 약 1만2,000명의 병력을 투입한다.

참가 전력들은 한·미 양국군의 8개 기지에서 출동한다. 국내 군산·오산기지뿐 아니라 미 알래스카 기지와 일본 가데나 공군기지, 괌 앤더슨 공군기지 등에서도 발진한다. 이번 훈련은 최근 미 3개 항모전단의 무력시위에 이어 북한에 상당한 압박이 될 것으로 보인다.

김정은의 '히든카드' 핵 EMP의 위력

- 《주간조선》, 2017년 9월 11일

2017년 9월 3일 조선중앙통신이 보도한 김정은의 핵무기연구소 현지 지도. 〈사진 출처: 조선중앙통신〉

"핵폭탄이 높은 고도에서 폭발하면 강한 에너지가 발생해 통신시설과 전력계통을 파괴한다."

"전략적 목적에 따라 고공에서 폭발시켜 광대한 지역에 대한 초강력 EMP 공격까지 가할 수 있다."

북한 노동신문이 6차 핵실험에 맞춰 2017년 9월 3~4일 잇따라 EMP에 대해 언급해 핵무기를 활용한 EMP 공격 가능성이 주목을 받고 있다. 전자기 펄스를 의미하는 EMP(Electromagnetic Pulse)는 전자장비를 파괴하거나 마비시킬 정도로 강력한 전자기장을 순간적으로 내뿜는 것이다. 핵폭발 시 강한 X선, 감마선 등이 발생하는데 지상에서보다 고도 30~수백km 고공에서 폭발할 때 훨씬 더 큰 EMP 피해를 초래할 수 있다.

핵폭발에 의한 EMP 효과는 1960년대 초반 미국 핵실험 중 발견됐다. 1962년 7월 태평양 존스턴(Johnston)섬 상공 400km에서 미국이 핵실험을 위해 수백kt(1kt은 TNT 폭약 1,000t 위력)의 핵무기를 공중 폭발시켰다. 그러자 1,445km나 떨어진 하와이 호놀룰루에서 교통 신호등 비정상 작동, 통신망 두절, 전력회로 차단 등 이상한 사건이 속출했다. 700여km 떨어진 곳에선 지하 케이블 같은 것도 손상됐다. 핵폭발 시 폭풍, 열, 방사능 피해만 생기는 걸로 알고 있던 과학자들은 당황했다. 그 원인이 EMP였음이 뒤에 밝혀졌다.

1990년대 이후 전자기기 사용이 크게 늘면서 고공 핵폭발 시 생기는 EMP의 파괴력은 과거에 비해 엄청나게 커지게 됐다. 특히 세계 최고 수준의 IT 강국인 우리나라는 북한에 비해 EMP 공격에 훨씬 취약할 수밖에 없다. 핵무기를 지상에서 폭발시켰을 때에 비해 고공 핵폭발은 폭풍, 열, 방사능 등에 의한 인명 살상 피해가 크게 줄어들기 때문에 핵무기 사용에 따른 비난을 덜 받을 수도 있다. 현실적으로 쓰기 매우 어려웠던 핵무기가 '쓸 수 있는' 무기가 되는 것이다. 김정은과 북한군 입장에서 핵 EMP 공격이 매력적인 무기가 될 수 있는 이유 중 하나다.

우리의 '눈'인 레이더도 먹통돼

과학기술정책연구원(STEPI)이 2016년 5월 발간한 '고고도 핵폭발에 의한 피해 유형과 방호 대책' 보고서에 따르면 핵 EMP에 의해 현대 정보통신사회의 기반이 송두리째 파괴되거나 무력화될 수 있다.

우선 전류로 가동하는 모든 전자기기와 부품들은 EMP에 의해 유입되는 강한 전류와 전압에 의한 피해를 입을 수 있다. 특히 현대 정보화사회에서 나노 수준으로 회로 선폭이 미세화되고 활용범위도 넓어지고 있는 초고집적 반도체들이 더 큰 손상을 입을 수 있다. 이들 시스템 모두를 EMP로부터 보호하는 것은 극히 어렵다고 한다. 컴퓨터, 텔레비전, 라디오, 전화 등 가전기기와 휴대폰, 항공기와 자동차, 선박 등의 전자장치와 항법장비 등도 피해를 입게 된다. 은행 등 금융 전산망과 전철 시스템 등이 파괴돼 엄청난 사회 혼란이 초래될 수 있다. 발전소와 송전 케이블에도 과전류가 유입돼 광범위한 시스템 교란과 기기 파손이 일어날 수 있다. 인공위성, 특히 저궤도 위성도 피해를 입게 된다.

때문에 한반도에서 핵 EMP 무기가 사용된다면 그 결과는 참담한 대재앙이 될 수밖에 없다. 한국원자력연구원의 시뮬레이션(모의실험)에 따르면 서울 상공 100km에서 2017년 9월 6차 핵실험 핵무기의 위력과 비슷한 100kt급의 핵폭탄이 터지면 그 피해는 말굽 형태로 남부로 확산돼 서울에서 계룡대까지의 모든 전력망과 통신망이 파괴될 수 있는 것으로 나타났다. 국방부 산하 연구기관인 국방연구원은 20kt의 핵무기 한 발로 북한을 제외한 한반도 전역의 전자장비를 탑재한 무기가 무력화될 수 있다고 경고하기도 했다. 북한 핵미사일 발사를 탐지할 이

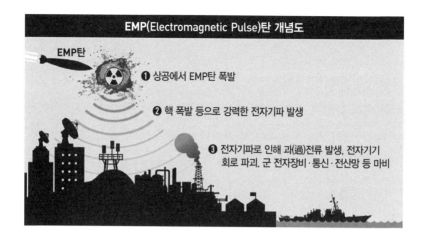

EMP(Electromagnetic Pulse)탄 개념도

EMP탄

❶ 상공에서 EMP탄 폭발

❷ 핵 폭발 등으로 강력한 전자기파 발생

❸ 전자기파로 인해 과(過)전류 발생. 전자기기
  회로 파괴, 군 전자장비·통신·전산망 등 마비

지스함 레이더, 그린파인 탄도탄조기경보 레이더 등 우리의 '눈'인 레이
더도 먹통이 될 수 있다. 한국군의 두뇌이자 중추신경인 지휘통제(C4I)
시스템도 타격을 입을 수 있다.

핵 EMP 공격은 미국에도 큰 위협이 된다. 미국 중북부 400km 상공
에서 메가톤급 수소폭탄이 폭발하면 미 본토 대부분이 EMP 피해를 입
는다는 시뮬레이션 결과도 있다. 수백kt급 핵무기라도 미 상당수 지역
에서 피해가 발생할 것으로 예상된다.

북한의 EMP 무기 개발에 대한 경고와 징후는 몇 년 전부터 있어왔
다. 제임스 울시(James Woolsey) 전 미 CIA 국장은 2014년 미 의회에
제출한 답변서에서 "러시아인들이 2004년 '두뇌 유출'로 북한의 EMP
무기 개발을 도왔다고 말했다"고 밝혔다. 그는 "북한과 같은 국가들이
EMP 공격에 필요한 주요 구성요소를 확보하는 데 러시아와 중국을 곧
따라잡을 것"이라고도 했다.

북한 EMP 이미 실험 가능성

북한은 탄도미사일을 500km 떨어진 곳으로 기습 발사한 뒤 "특정 고도에서 핵탄두를 폭발시키는 사격 방법을 썼다"며 핵 EMP 실험 가능성을 시사하기도 했다. 일부 전문가들은 발사 후 공중폭발해 실패한 것으로 알려졌던 북 미사일 발사 중 일부는 북한이 EMP 공격 시험을 위해 일부러 일정 고도에서 폭발시켰을 가능성도 있다고 보고 있다. 남한에 대한 EMP 공격의 경우 30~100km 상공에서 터뜨려야 효과를 극대화할 수 있다고 한다. 요격고도가 40~150km인 사드(THAAD: 고고도미사일방어체계)로 요격할 수 있다는 얘기다. 하지만 다소 위력이 줄어들더라도 북한이 150km 이상의 고공에서 핵무기를 터뜨리면 사드로도 요격할 수 없게 된다.

물론 우리도 북한에 대해 EMP 무기를 쓰면 북한 핵·미사일의 아킬레스건인 지휘통제 시스템 등을 마비시킬 수 있다. 하지만 핵무기를 사용하지 않는 비핵 EMP 무기는 파괴범위가 넓어야 수km 수준에 그친다는 한계가 있다.

핵 EMP 공격에 대한 대책이 없는 것은 아니다. 세계 각국에서 다양한 EMP 방호기술이 소개되고 있다. 우리 군의 최신 핵심 지휘통제시설은 EMP 방호장비를 갖추고 있다. 하지만 현실적으로 모든 장비와 시설에 대해 EMP 방호능력을 갖추기는 어렵다는 게 문제다. 과학기술정책연구원 보고서는 북한 핵 EMP 공격에 대한 대책으로 미사일 방어능력 강화, EMP 방호시설 확보 등을 제시했다.

보다 근본적인 대책은 북한 핵탄두 미사일이 발사되기 전에 무력화하는 것이다. 우리가 선제타격 능력을 필사적으로 갖춰야 하는 이유가 더 생겼다.

CHAPTER 2

주변 4강 관련 핫이슈

중(中) 열병식에 등장한 한·미·일 향한 비수들

– 《주간조선》, 2019년 10월 7일

2019년 10월 1일 중국 열병식서 첫 공개된 초음속 정찰드론 우전–8(왼쪽)과 둥펑–17 극초음속 미사일.

"아시아·서태평양에서 영업. 주요 고객은 일본·한국의 미군 기지. 초
음속으로 배달하고, 보낸 다음에 수취인 변경 가능!"

중국 《북경만보(北京晩報)》가 2019년 10월 1일 중국 건국 70주년 기
념 대규모 열병식에서 처음으로 공개된 둥펑(DF)-17 극초음속 탄도미
사일에 대해 설명하며 쓴 표현이다. 둥펑-17이 주한·주일 미군기지를
주 타깃으로 하고 있고, 발사 후에도 경로 변경이 가능하다고 설명한
것이다. 《북경만보》는 이번 열병식에서 공개된 둥펑 미사일 시리즈를
'둥펑 퀵서비스'에 비유하며 이같이 주장했다.

중국 관영《글로벌타임스(Global Times)》는 "한국이 사드(THAAD: 고고도미사일방어체계)를, 일본이 SM-3 요격 미사일을 배치해 중국의 안보 위협이 되고 있는 상황에서 남중국해·대만해협·동북아가 공격 범위인 둥펑-17은 중국의 영토 수호에 핵심적인 역할을 할 것"이라며 "한국에 배치된 사드로 방어하기 어렵다"고 보도하기도 했다. 중국이 관영 매체를 통해 미사일 타격 대상으로 주한·주일 미군 기지를 콕 집어서 언급한 것은 매우 이례적인 일이다. 미국이 최근 중거리 미사일을 아시아에 배치하겠다고 밝혔고, 그 후보지로 한국과 일본이 거론된 것과 관련이 있는 것으로 보인다.

중국은 2019년 10월 1일 건국 70주년 대규모 열병식을 열면서 육·해·공 최신 무기들을 유례를 찾기 힘들 정도로 많이 선보였다. 이날 등장한 무기들의 40%가량이 처음으로 공개된 것이라는 평가도 나왔다.

특히 이번 열병식에선 미국을 포함, 전 세계 어디든 타격할 수 있는 '둥펑-41' 최신형 대륙간탄도미사일(ICBM)을 비롯해 둥펑 계열 미사일만 112기를 내놔 관심을 끌었다. 이 중 둥펑-41은 미 본토를 직접 타격할 수 있는 핵심 전략무기여서 언론의 주목을 가장 많이 받았다. 사거리 1만4,000km 이상으로 미국의 미니트맨(Minuteman) ICBM 사거리(1만3,000km)보다 길다. 길이 16.5m, 직경 2.8m, 총 중량 60t에 10개의 핵탄두가 서로 다른 목표물을 공격할 수 있다. 정확도도 100m가량으로 중국 ICBM 중에는 가장 성능이 뛰어나다. 도로 이동 발사대, 철도 이동 발사대, 지상 고정 발사대 등 3가지 방식으로 배치·발사할 수 있다. 이날 열병식엔 바퀴가 16개 달린 이동식 발사차량들에 실려 16기의 둥펑-41이 등장했다.

하지만 군사기술적으로 가장 주목을 받았던 무기는 중국 언론이 한·일 타격용이라고 주장했던 둥펑-17이다. 둥펑-17은 극초음속 미사일로 분류된다. 극초음속은 보통 마하 5 이상의 속도를 낼 때 쓰는 용어다. 둥펑-17이 사드, SM-3, 패트리엇 등 미 미사일 방어망을 돌파할 수 있다고 주장하는 것은 마하 10 안팎의 엄청난 속도로 비행하는 극초음속 활공체(HGV, Hypersonic Glide Vehicle)를 탑재하고 있기 때문이다. 극초음속 활공체(글라이더)는 탄도미사일 방어망을 뚫기 위한 목적으로 개발돼왔다. 탄도미사일 등에 실려 발사돼 고도 100km 정도에서 분리된 후 성층권 내에서 비행하면서 목표로 돌진한다. 극초음속 활공체는 적 레이더에 탐지되더라도 비행 코스를 바꾸는 활강이 가능하기 때문에 비행궤적 산정과 요격이 매우 어렵다는 게 가장 큰 강점이다.

둥펑-17 개발 사실은 2018년 초 일부 언론 보도를 통해 알려졌다. 홍콩《사우스차이나모닝포스트(South China Morning Post)》는 중국군이 2017년 12월 1일과 15일 극초음속 활공체를 탑재한 둥펑-17의 시험발사에 성공했다고 2018년 1월 보도했다. 당시 간쑤(甘肅)성 주취안(酒泉) 위성발사센터에서 발사된 둥펑-17은 1,400km를 날아가 신장(新疆) 지역 목표물을 수m 오차로 타격했는데 극초음속 활공체의 고도는 60km에 불과했다고 한다. 최근 요격이 매우 어렵다고 해서 주목을 받은 '북한판 이스칸데르' 미사일의 비행고도가 40~60km인데, 극초음속 활공체는 이스칸데르보다 빠르고 회피기동 능력도 뛰어나 요격이 더 어려울 것으로 평가된다.

당시 미국은 중국이 2020년 무렵 둥펑-17을 실전배치할 수 있을 것으로 예상했는데 중국은 이번 열병식에서 16기의 둥펑-17을 등장시켰다. 미국의 예상보다 실전배치가 빨리 이뤄지고 있음을 보여준 것이다. 마카오의 군사전문가 안토니 왕둥은 둥펑-17이 한국의 사드를 타격하는 데 쓰일 수 있다고 경고했다. 그는 "만일 양국(미국과 중국)이 전쟁을 벌인다면 중국의 극초음속 무기가 사드 레이더를 파괴할 것"이라며 "전쟁 초기 단계에서 사드 레이더가 파괴되면 미국은 중국 ICBM을 탐지하기 힘들어 요격 미사일을 발사하는 데 어려움을 겪을 것"이라고 말했다. 중국 군사전문가 쑹중핑(宋忠平)은 이 극초음속 활공체가 여러 미사일에 탑재돼 활용될 수 있을 것으로 내다봤다. 그는 "중국이 개발한 극초음속 활공체는 최저 사거리 5,500km의 ICBM은 물론, 사거리가 1만 4,000km를 넘는 둥펑-41에 탑재돼 미국의 어느 곳이든 한 시간 내에 타격할 수 있을 것"이라고 말했다.

스텔스 성능 무인 정찰·공격기도 등장

잠수함발사탄도미사일(SLBM)인 '쥐랑-2(JL-2)'도 관심을 끈 신형 전략무기다. 최대사거리 8,000km에 10발의 핵탄두를 장착했으며, 094형 진급 핵추진 잠수함에 12발이 탑재된다. 중국은 현재 3세대 SLBM인 '쥐랑-3' 발사 시험도 마친 것으로 알려졌다. 최대사거리 1만3,000km로, 미국 본토 및 유럽 전역에 타격이 가능하다.

스텔스 성능을 가진 무인 정찰·공격기들이 등장한 것도 이번 열병식의 특징이다. 적 방공망을 뚫고 들어가 정보를 수집할 수 있고 작전 반경이 괌을 포함한 서태평양 지역에 이르는 초음속 정찰드론 '우전-8(DR-8)'도 처음으로 공개됐다. 우전-8은 중국의 '항모 킬러'인 둥펑-21과 둥펑-26의 타격 결과를 평가하는 역할을 할 것으로 알려졌다.

중국 베이징 군사전문가인 저우천밍(周晨鳴)은 "우전-8은 최고속도가 마하 3.3인 D-21보다 더 빨리 비행하는 만큼 적 방공망을 침투했다가 정보를 갖고 무사히 귀환할 것"이라고 말했다. D-21은 미국이 1960년 대에 개발했지만 실전배치는 하지 않은 초고속 무인정찰기다.

스텔스 공격드론 '공지-11(GJ-11)'도 첫 공개돼 주목을 받은 존재다. 전형적인 스텔스 무인전투기 형상을 취하고 있는 공지-11은 여러 발의 미사일이나 레이저 유도폭탄을 실을 수 있는 것으로 알려졌다. 그동안 '리젠(Sharp Sword)'이라는 명칭으로도 알려졌던 이 공격드론은 중국 의 국산 항모에 탑재될 것이라고 외신들은 전했다.

전술핵보다 무서운 핵탄두 순항미사일

- 《주간조선》, 2019년 6월 3일

주요 분쟁지역에서 약방의 감초처럼 사용돼온 미 토마호크 해상 발사 순항미사일.

2018년 2월 트럼프 행정부의 핵무기에 대한 기본 구상과 전략을 담은 핵태세검토보고서(NPR, Nuclear Posture Review)가 처음으로 발간됐다. 2010년 4월 오바마 행정부의 NPR이 발간된 지 8년 만이었다.

트럼프 행정부의 새 NPR은 '핵무기 없는 세계'라는 꿈을 안고 미국이 핵무기 역할 축소와 핵군축을 선도하겠다던 오바마 행정부의 정책이 실패했다는 문제의식에서 출발했다. 이에 따라 새 NPR은 적대 세력의 각종 안보위협에 적절히 대응할 수 있도록 미국이 다양성과 유연성을 갖춘 '맞춤형 핵전력'을 갖춰야 한다고 강조했다. NPR은 구체적으로 일부 SLBM(잠수함발사탄도미사일)의 핵탄두를 저강도(저출력) 전술핵탄두로 교체하고, 중장기적으로 오바마 행정부에서 해체한 핵탄두 장착 해상 발사 순항미사일(SLCM)을 다시 개발하겠다고 밝혔다.

전성훈 아산정책연구원 객원연구위원(전 청와대 안보전략비서관)은 2018년 2월 '트럼프 행정부의 NPR과 한반도 전술핵 재배치' 보고서를 통해 "한반도에서 무력충돌이 발생했을 때 북한이 저강도 전술핵을 선제 사용해 전장을 주도하려는 경우 미국이 비례성에 맞지 않는 고강도 핵전력으로 대응하기 어렵다는 현실적인 문제의식을 트럼프 행정부가 갖고 있다는 것을 보여준다"고 밝혔다. 전 위원은 이어 "북한의 전술핵에는 비슷한 규모의 전술핵으로 대응해 주도권을 잃지 않는 것이 트럼프 행정부가 지향하는 핵억지의 유연성, 탄력성 및 맞춤형 원칙에도 부합한다"고 분석했다.

미국은 특히 NPR에서 5~7kt(1kt은 TNT폭약 1,000t의 위력)의 위력을 가진 W76-2 핵탄두를 생산한다는 방침을 공표했는데 이는 곧 북한에 대한 메시지로 분석됐다. 5~7kt은 히로시마와 나가사키에 떨어진 원자폭탄 위력의 3분의 1 수준이다.

미국은 현재 W76-2 핵탄두 개발을 마친 상태다. 2019년 말부터 이 핵탄두를 단 트라이던트(Trident) II SLBM을 배치할 계획인 것으로 알려졌다.

트럼프 행정부의 NPR이 발간된 지 1년 3개월여가 흐른 올해 2019

년 5월 23일 미 국방부 고위관리가 북핵 대응을 위해 핵무기 탑재가 가능한 해상 순항미사일 투입을 한반도 전술핵 재배치의 대안으로 '강하게 추진하고(pressing hard)' 있다고 밝혔다.

저강도 신형 핵탄두 장착 토마호크가 유력

미국의 소리(VOA) 방송에 따르면 피터 판타(Peter Fanta) 미 국방부 핵문제 담당 부차관보는 이날 워싱턴에서 열린 한 세미나에 참석해 '북핵에 대응한 미국의 한반도 전술핵무기 재배치 가능성'을 묻는 질문에 "우리는 진정한 의미의 전술핵무기는 갖고 있지 않다"며 "핵무기 탑재가 가능한 해상 순항미사일을 북핵에 대한 역내 억지수단으로 논의 중"이라고 말했다.

전문가들은 이 같은 발언이 2018년 2월 트럼프 정부 첫 NPR을 반영한 것으로 보고 있다. NPR에선 중장기적으로 핵탄두 해상 순항미사일을 도입하겠다고 밝혔다.

판타 부차관보는 핵탄두 순항미사일이 구체적으로 무엇인지, 잠수함과 수상함정 중 어디에 탑재할 것인지, 이 미사일을 한반도 인근에 상시 배치한다는 것인지 아니면 유사시에 투입한다는 것인지 등은 명확히 밝히지 않았다.

전문가들은 이 미사일이 이라크전 등 주요 분쟁(전쟁)마다 '약방의 감초'처럼 사용돼온 토마호크(Tomahawk) 순항미사일의 핵탄두 장착형이 될 가능성이 높다고 보고 있다. 토마호크는 미국의 대표적인 정밀타격 미사일이다. 1,600~2,500km 떨어진 목표물을 3m 이내의 정확도로 타격할 수 있다. 450kg짜리 재래식 탄두 또는 200kt급 W80 핵탄두를 장착한 두 가지 형태가 있었다. 냉전 종식 이후엔 재래식 탄두형만 운용되고 있다. 미 알레이버크(Arleigh Burke)급 이지스구축함과 타이콘데로가(Ticonderoga)급 이지스순양함, 오하이오(Ohio)급 순항미사일 핵잠수함(SSGN), 공격용 핵잠수함(SSN) 등에 탑재돼 있다. 지난 2017년 말까지 북한의 핵·미사일 도발이 계속됐을 때 유사시 미국이 한국에 핵우산을 확실하게 제공하겠다는 '징표'로 미국의 토마호크 미사일 탑재 핵잠수함이 한반도에 종종 출동했었다. 하지만 이들 핵잠수함에 탑재된 토마호크 미사일은 핵탄두가 달린 것이 아니라 재래식 탄두가 장착된 것이었다.

토마호크 미사일은 이지스함과 핵잠수함에 모두 탑재할 수 있지만 핵탄두 토마호크는 핵잠수함에 주로 탑재될 것으로 예상된다. 이지스함은 한반도 근해에 출동할 경우 표시가 나고 북한도 알 수 있다. 하지만 핵잠수함은 북한이 출동 여부를 알 수 없기 때문에 북한 입장에선 365일 미 핵잠수함이 한반도 근해에 와 있다는 전제 아래 대비할 수밖에 없기 때문에 미국엔 효과적인 대북 억지 수단이 된다.

한반도 근해 오하이오급 핵잠수함서 발사

특히 무려 154발의 순항미사일을 탑재하는 오하이오급 SSGN이 유력한 탑재 수단으로 거론된다. 오하이오급 SSGN은 원래 트라이던트 SLBM 24기를 탑재한 전략잠수함이었지만 일부가 순항미사일 탑재 잠수함으로 개조된 것이다. 대북 억지력 과시 차원에서 우리나라를 여러

무려 154발의 토마호크 순항미사일을 탑재한 미 오하이오급 핵잠수함.

차례 방문했었다. 버지니아(Virginia)·시울프(Seawolf)·로스앤젤레스 (Los Angeles)급 등 공격용 핵잠수함에도 수십 발의 토마호크를 탑재할 수 있다.

미국이 핵탄두 토마호크를 다시 배치한다면 과거 개발했던 200kt급보다는 신형 저강도 핵탄두를 달 가능성이 높다는 지적이다. 류제승 전국방부 정책실장은 "저강도 핵무기는 핵무기가 너무 위력이 커 현실적으로 '쓸 수 없었던 무기'에서 '쓸 수 있는 핵무기'로 바꿔줘 북한에 대한 효과적인 확장억제 수단이 될 수 있다"고 말했다.

미국 입장에서 ICBM(대륙간탄도미사일)이나 SLBM 같은 전략핵무기는 위력이 수백kt~수Mt(1Mt은 TNT폭약 100만의 위력)에 달해 현실적으로 매우 쓰기 어려운 무기다. 하지만 수kt급의 저강도 핵무기는 부수적인 피해를 줄일 수 있어 전략핵무기보다 사용할 수 있는 융통성과 유연성이 훨씬 커진다.

이에 따라 저강도 핵탄두 순항미사일은 사용하기 힘든 최후의 수단인 전략핵무기에 앞서 쓸 수 있는 하나의 현실적 옵션이 추가됐다는 점에서 의미가 있다는 평가다. 미국은 유사시 재래식 정밀유도폭탄 → 핵탄두 순항미사일 등 저강도 핵무기 → 전략핵무기의 순서로 사용하는 3단계 옵션을 갖게 된 셈이다. 군의 한 소식통은 "북한 입장에선 수십~수백kt의 위력을 갖는 전술핵무기보다 수~수십kt의 위력을 갖는 핵탄두 순항미사일이 더 무섭고 위협적인 존재가 될 수 있다"고 말했다.

지금까지 북한에 대한 전술핵무기로는 정확도가 크게 높아졌으면서 수십kt 이하의 위력을 가진 최신형 B61-12 전술핵폭탄이 대표적이었다. 하지만 B61-12가 한반도에 배치돼 있는 것이 아니기 때문에 초음속 B-1 전략폭격기가 괌에서 이 핵무기를 싣고 한반도에 출동하는 데엔 2시간 이상 시간이 걸렸다.

반면 핵탄두 순항미사일을 탑재한 핵잠수함이 동해 등 한반도 근해에 배치된다면 괌 등에서 출동하는 전술핵무기보다 신속하게 북한에 대한 타격을 할 수 있게 된다.

함정 총톤수로 본 동북아 해군력 경쟁

–《주간조선》, 2019년 5월 6일

중국 첫 항공모함 랴오닝함.

2019년 4월 23일 중국 해군 창군 70주년을 기념하는 국제 관함식이 열린 중국 칭다오(靑島) 앞바다. 해상 사열식에 참석한 시진핑(習近平) 중국 국가주석이 중국을 비롯한 각국의 함정과 항공기가 좌승함(군통수권자가 타는 사열함)인 시닝(西寧)함(052D형 중국판 이지스 구축함) 앞을 지나가는 것을 직접 지켜봤다.

시 주석은 관함식에 참가한 핵추진 잠수함, 구축함, 호위함, 상륙함,

군수지원함, 항모 등 6개 해상전단과 조기경보기, 대잠초계기, 폭격기, 지상발진 전투기, 함재기 및 헬기 등 6개 공중전단을 통해 자신의 '해양강국' 의지를 나타냈다.

관함식 사열단 장병들이 "중국 해군을 영도해주어 고맙다"고 인사하자 "해양강국 건설을 위한 노력에 감사한다"고 화답하기도 했다. 이날 해상 사열식에선 아시아 최대의 구축함으로 불리는 055형 최신예 이지스 구축함과, 신형 SLBM(잠수함발사탄도미사일)을 탑재한 094형(진급) 핵추진 잠수함 등이 처음으로 공개돼 눈길을 끌었다.

해양강국은 시 주석이 자주 강조해왔던 말 중의 하나다. 윤석준 한국군사문제연구원 연구위원은 "시 주석의 해양강국은 해양을 중시하는 일반적 국가전략으로서의 개념과 달리 대륙과 해양의 연계성을 모색하는 세계전략으로 추진하고 있다"며 "이는 경쟁국 미국에 대한 도전으로 나타나 미·중 간 전략경쟁의 원인이 되고 있다"고 분석했다.

이번 관함식은 시 주석 해양강국 비전의 국내 과시 측면에선 성공적이라는 평가다. 미국 도널드 트럼프 대통령 취임 이후 잇단 대중국 군사적 강경책과 미·중 무역전 등으로 중국의 대외 수출이 감소하고 국내 경기가 침체하는 등 '중국몽', '강군몽'이 손상을 입는 상황에서 이번 관함식이 중국인들의 사기를 올리는 데 도움이 됐다는 것이다.

반면 중국 해군력이 과거에 비해 크게 강화된 것은 사실이지만 질적인 측면에서 아직 미·일에 미치지 못함을 보여줬다는 평가도 있다. 첫 공개된 055형 최신예 중국판 이지스 구축함의 경우 해상 시운전 상황

에서 무리하게 관함식에 참가했고, 052D형 중국판 이지스 구축함에 탑재한 Type 346B 레이더는 아직도 미국·일본·호주 해군의 이지스급 구축함에 탑재한 레이더와 비교했을 때 한 단계 낮은 성능을 보여줬다는 것이다. 윤석준 위원은 "신형 핵잠수함이라고 공개한 수중전력 역시 차세대 잠수함 건조 기술을 접목한 새로운 모습이 아닌 기존 잠수함의 단점을 부분적으로 보완한 개량형이었다"며 "055형 구축함과 달리 해상 시운전 중인 001A형 항모 산둥(山東)함은 관함식에 참가하지 않았다"고 지적했다.

아시아 최대 구축함 중국 난창함

그럼에도 중국의 해군력 증강이 유례를 찾기 힘들 만큼 빨리 이뤄지고 있다는 데 대해선 전문가들 사이에 큰 이견이 없다. 중국이 만들어내고 있는 함정의 종류와 수량은 세계대전 기간을 제외하곤 가장 많다는 평가까지 나온다.

2018년 기준 중국 해군은 총 702척의 함정을 보유, 수적인 면에서 우리나라(160척 이상), 일본(131척), 러시아(302척)는 물론 미국(518척)도 능가한다. 하지만 함정의 총톤수는 122만5,812t으로 미국(345만1,964t)의 약 3분의 1 수준이다. 항공모함 등 대형 함정 숫자는 미국에 크게 뒤처지기 때문이다. 하지만 일본(46만2,007t), 한국(19만2,000t)은 물론 러시아(104만3,104t)를 능가한다. 중국 함정 총톤수는 우리 해군의 6배, 일본은 우리의 2배가 넘는 셈이다.

'수상함정의 꽃'이라 불리는 이지스함 분야에서도 중국 해군의 성장은 괄목할 만하다. 이지스는 원래 미국이 구소련의 공군기, 순항미사일 등으로부터 미 항모 전단을 보호하기 위해 개발한 SPY-1 위상배열 레이더 시스템이다. 중국도 이 레이더와 비슷한 위상배열 레이더를 장착한 함정들을 속속 진수시키고 있지만 엄밀하게 말하자면 미 이지스함과는 달라 '중국판 이지스함'이라는 표현을 쓰는 것이다.

중국 052D형 이지스함.

052C형을 개량한 052D형은 2012년 처음으로 진수된 뒤 현재 11척이 실전배치돼 있다. 현재 2척을 건조 중이며 모두 26척이 배치될 예정이다.

이번 국제 관함식에서 첫 공개된 055형 구축함 '난창(南昌)함'은 만재배수량이 1만2,000~1만3,000t에 달해 아시아 최대의 구축함으로 불린다. 한·미·일 3국의 이지스함 만재배수량이 8,400~1만t인 데 비해 2,000t 이상 크다.

난창함은 중국 전투함 중 가장 강력한 무장도 갖추고 있다. 우선 미사일을 발사하는 수직발사기(VLS)를 112기 장착하고 있다. 이는 종전 중국판 이지스함 052D형의 64기에 비해 2배 가까이 늘어난 것이다. 여기에 적 함정과 항공기, 잠수함, 지상 목표물을 공격하는 다양한 미사일을 탑재한다. DH-10 함대지(艦對地) 순항미사일은 최대 1,500km가량 떨어진 지상 목표물을 10m 이내의 정확도로 타격할 수 있다. 최대사거리 540km인 YJ-18A 함대함(함대지) 미사일은 미 항모 전단 등을 정확히 때릴 수 있다.

난창함의 수직발사기는 우리 세종대왕급 이지스함(128기)을 제외하곤 미·일 이지스함보다 많은 숫자다. 미국의 주력 이지스함인 알레이버크급은 90~96기, 일본 아타고급 이지스함은 96기의 수직발사기를 각각 갖추고 있다. 그러나 레이더 성능과 탄도미사일 요격 능력 등은 미·일 이지스함보다 떨어지는 것으로 분석된다. 중국은 난창함과 같은 055형 함정을 최대 20척까지 건조할 계획인 것으로 외신은 전하고 있다. 2018년에는 2척을 동시에 진수시켜 미국 등을 놀라게 했다.

일본 아타고급 이지스함.

중 항모 호위전력 세부 구성 첫 공개

전문가들은 055형이 052D형과 함께 중국 항공모함 호위 함대의 중추
가 될 것으로 전망하고 있다. 중국의 항모 전단 구성과 관련해선 최근
중국의 한 군사전문가가 기고한 글이 주목을 받고 있다. 중국 현대함선
잡지사가 발행하는 《현대함선(現代艦船)》 3월호는 군사전문가 쉬훼이
(徐輝) 박사의 '2030년 중국 해군 항모전투군 미래 구성'이라는 논문을
실었다. 이 논문은 중국 해군 항모 전투단의 구체적인 구성 전력 및 운
용 개념을 처음으로 제시했다.

쉬훼이 박사는 우선 항모 1척을 중심으로 055형 대형 이지스 구축함
2척, 052D형 이지스 구축함 1척, 052C형 이지스 구축함 2척, 054A형
프리깃함 3척, 901형 대형 군수지원함 1척 등을 호위 전력으로 배치하
는 것을 상정했다. 항모 앞쪽에는 093형 신형 공격용 핵잠수함 1척과
조기경보를 위해 KJ-200 및 JZY-01 고정익 정찰기, Z-18 헬기를 투

입하며, J-15 함재기를 전자전용으로 개량한 J-15E를 전방 공중에 띄워야 한다고 주장했다. 이 같은 쉬훼이 박사의 전망은 그동안 서방 군사전문가들이 예상해온 것보다 호위 전력 숫자가 많아 눈길을 끈다. 전문가들은 중국 항모 전단 호위 전력 규모를 구축함과 프리깃함 각각 2척 등 총 4척 수준으로 예상했다. 군수지원도 대형 군수지원함보다는 연료 및 부식을 재공급받는 개념으로 전망했다.

쉬훼이 박사의 설명은 중국 해군이 갑자기 055형 대형 구축함을 동시에 4척이나 건조하고, 4만5,000t급 901형 대형 군수지원함을 추가 건조한 배경에 대한 궁금증을 어느 정도 풀어주는 것이다.

중국 항모와 핵추진 잠수함은 미국 등에서 가장 관심을 보여온 중국 해군 전력이다. 이번 관함식에선 중국 첫 항모인 랴오닝(遼寧)함이 등장했다. 랴오닝함은 1998년 우크라이나에서 도입한 구소련 쿠즈네초프(Kuznetsov)급 항모를 개조한 것으로 길이 304m에 만재배수량은 5만9,439t이다. J-15전투기 등 30여대의 각종 함재기를 탑재하며 승조원은 2,000여명이다. 건조비는 2조1,000억원, 연간 운영유지비는 1,300억원인 것으로 알려져 있다.

중국은 이번 관함식에 등장시키지는 않았지만 첫 국산 항모인 001A형 산둥함의 실전배치도 서두르고 있다. 2017년 4월 진수된 산둥함은 길이 312m, 폭 75m에 만재배수량은 7만t 안팎인 것으로 전해졌다. 중국은 오는 2028년까지 최소 4척, 장기적으로 핵추진 항모를 포함해 6척 이상의 항모를 보유할 것으로 전망된다.

중국 094형 탄도미사일 탑재 핵잠수함.

이번 관함식에선 최신예 탄도미사일 탑재 전략 핵잠수함인 094형(진급) '창정(長征)10호'가 선두에 섰다. 094형은 중국이 보유한 핵잠수함 중 가장 큰 것으로, 최대사거리 1만1,200km인 '쥐랑(巨浪)-2A'(JL-2A) SLBM 12발을 탑재한다. 하이난다오(海南島) 등 중국 근해에서도 미국 본토를 직접 타격할 수 있어 위협적이다.

미 국방부 등은 중국이 소음을 크게 줄여 스텔스 성능을 대폭 강화한 095형 신형 공격용 핵잠수함과 096형 탄도미사일 탑재 핵잠수함을 2020년대 초반 이후 배치할 것으로 예상하고 있다. 096형 핵잠수함의 경우 JL-3 차세대 SLBM을 탑재하고 2020년대 초부터 배치될 것으로 미 국방부는 전망했다.

F-35B 탑재 경항모로 변신할 일본 헬기항모

이처럼 급성장하고 있는 중국 해군력에 대해 일본도 '스트롱맨' 아베의 지휘 아래 맞대응하는 모양새다. 일본 해상막료장은 2019년 신년사에서 전장의 판도를 바꿀 수 있는 '게임 체인저(Game Changer) 개발'을 대놓

일본 이즈모급 헬기항모.

고 말했다. 게임 체인저가 무엇인지 구체적으로 언급하지 않았지만 전문
가들은 항공모함이나 핵추진 잠수함일 가능성이 높은 것으로 보고 있다.

총톤수로만 보자면 중국 해군은 일본 해상자위대보다 2.6배가량 크
다. 하지만 질적인 면에서는 일본이 여전히 우위다. 해상자위대는 헬기
항모 4척, 강습상륙함 3척, 이지스함 6척을 포함한 호위함(구축함) 38
척 등 대형 수상함 50여척을 보유하고 있다.

가장 관심을 끄는 것은 이즈모급 헬기항모 2척의 경항모 변신이다.
이즈모급은 길이 248m, 만재배수량은 2만7,000t에 달하며 헬기 14대
를 탑재한다. 일본은 2017년 12월 F-35B 스텔스 수직이착륙기 운용
을 위해 이즈모급 비행갑판을 강화하는 등 개조 계획을 추진하겠다고
밝혔다. 비행갑판에 스키점프대를 설치하고 F-35B 10대를 탑재하겠
다는 것이다. 이어 일본은 2018년에 2019~2023 회계연도 중 F-35B
42대를 도입하겠다고 발표했다.

2018년 7월 진수된 일본 최신예 이지스함 마야.

2018년 7월엔 1조6,500억원의 건조비가 들어간 최신형 이지스함 마야함을 진수했다. 전투능력이 미국의 최신예 스텔스함 줌월트(Zumwalt)급을 제외하면 세계 신형 구축함 중 가장 강력하다고 한다. 최신형 이지스 전투체계(베이스라인 9)와 탄도미사일 방어시스템 BMD 5.1, 최신형 다용도 미사일 SM-6와 강력한 요격미사일 SM-3 블록Ⅱ A를 장착한다. SM-6는 최대 400km 이내의 각종 표적을 공격할 수 있고, 미사일 요격의 경우 100km 이내 고도에서 적 미사일을 요격한다. SM-3 블록Ⅱ A는 최대사거리는 2,500km, 요격고도는 1,500km에 달한다. 일본은 마야급 2척을 포함, 총 8척의 이지스함을 보유할 계획이다.

일본 해상자위대는 이 밖에 국산 위상배열 레이더를 장착한 아키즈키급 구축함 4척(7,000t급), 그 개량형인 아사히급 구축함 2척, 미국제 P-3 해상초계기보다 훨씬 강력한 국산 P-1 해상초계기 70여대 등도 도입할 예정이다.

한때 세계 최대 재래식 잠수함이었던 일본 소류급 잠수함.

한국과 주변 4강 해군력 비교

단위: 대

	미 국	중 국	일 본	러시아	한 국
총함정수	518	702	131	302	160+
총톤수(t)	345만1,964	122만5,812	46만2,007	104만3,104	19만2,000
항공모함	11	2	4 (헬기항모)	1	0
이지스함	88	9	6(+2)		3(+3)
잠수함	71	69 (핵잠 13)	19	65 (핵잠 40)	18
상륙함(정)	106	76	11	56	10+
항공기 (헬기 포함)	4,028	599	286	442	60+

자료: 영국 IISS '군사력 균형(Military Balance)', 해군본부 등

한·미·중·일 이지스함 비교

	중 국 (055형)	한 국 (세종대왕급)	일 본 (아타고급)	미 국 (알레이버크급)
만재배수량(t)	1만2,000~ 1만3,000	1만	1만	8,400~9,800
길이(m)	180	166	165	155
승조원(명)	310	300	300	320
수직발사기(기)	112	128	96	90~96
주요 무장	YJ-18 등 대함·대공· 대지미사일	해성2 등 대함·대공· 대지미사일	SM-3 등 대함·대공· 대지미사일	토마호크 등 대함·대공· 대지미사일

우리는 핵추진 잠수함이 답

이 같은 중·일의 해군력 증강 경쟁에 비해 우리 해군력 건설계획은 미약하다는 평가다. 수상 전투함의 경우 차기 이지스함 3척, 2,000~3,000t급 호위함 약 20척 외엔 대부분 장기계획으로 잡혀 있는 상태다. 해군은 해군 창설 100주년이 되는 오는 2045년에 맞춰 '해군 비전 2045'와 '스마트 해군'을 외치고 있지만 아직 추진 동력이 약한 상태다.

이에 따라 '미니 이지스함'으로 불리는 한국형 차기 구축함(KDDX), 독도함·마라도함보다 크고 경항모로도 활용될 수 있는 대형 상륙함 3번함 건조 등을 서둘러야 한다는 지적이 나온다. '백령도함'으로 알려진 대형 상륙함 3번함의 경우 배수량 2만5,000~3만t급 이상에 F-35B 수직이착륙 스텔스기 등 상당수 항공기 탑재능력을 가질 필요가 있다. 특히 북한은 물론 통일 이후 주변 강국의 위협에 대응할 수 있는 가성비가 뛰어난 무기로 핵추진 잠수함이 거론된다. 잠수함장 출신인 문근식 한국국방안보포럼(KODEF) 대외협력국장은 "원자력추진 잠수함이야말로 주변 강국에 비해 국력이 뒤지는 우리가 택할 수 있는 매우 효과적인 고슴도치식 전략무기"라고 말했다.

'천조국'을 향해!
미국, 2020 국방비 800조원 돌파

- 《주간조선》, 2019년 3월 25일

'차세대 수퍼항모'로 불리는 제럴드 포드급 핵추진 항모.

2016년 10월 '우주 전함' 같이 생겼다는 미 해군 최신예 스텔스함 '줌 왈트급'이 취역하자 우리나라 군사 매니아들 사이에선 '천조국(千兆國) 의 위엄'이란 말이 떠돌았다. 천조국은 미 국방비가 우리 돈으로 1,000 조원에 육박한다 해서 나온 말이라고 한다. 올해까지만 해도 미국의 국방비는 700조원대에 머물러 있어 실제 1,000조원이 되려면 갈 길이 먼 듯했다.

하지만 최근 미 국방부가 의회에 제출한 내년도 국방예산이 7,500억 달러(825조원)를 기록함에 따라 처음으로 800조원을 넘으면서 '1,000 조원 고지'에 성큼 다가서게 됐다.

그동안 미국의 국방비는 세계 국방비 순위 2위부터 10위까지 다 합친 것과 비슷했을 정도로 압도적인 1위 자리를 고수해왔다. 2~10위 국가엔 중국, 러시아, 독일, 프랑스, 일본, 영국 등 쟁쟁한 군사 강국들이 망라돼 있는데도 그랬다.

2019년 3월 11일 미 국방부는 올해보다 4.9% 증액된 7,500억달러 규모의 2020 회계연도 국방예산을 편성해 의회에 제출했다. 7,500억 달러 중 순수 국방예산은 7,180억달러이고, 나머지 320억달러는 미 에너지부(핵무기 예산) 등 다른 기관에 편성된 예산이다.

2020년 미 정부 예산은 국방 관련 부서(보훈부·국토안보부·국방부) 예산이 증가한 반면, 비국방 관련 부서 예산은 평균 5%가 감소한 것이 특징이다. 보훈부는 7.5%, 국토안보부는 7.4%가 각각 증액됐다.

미 백악관은 이번 국방예산의 최우선 사용처를 설명하면서 북한을 '불량 정권(rogue regime)'이라고 언급했다. 공식 발표문을 통해 "북한과 이란 같은 불량 정권과 맞서고, 테러 위협을 물리치며, 이라크와 아프가니스탄 지역의 안정을 강화하기 위한 경쟁을 위해 국방예산을 편성

했다"고 밝혔다. 이어 미국의 미사일방어(MD) 전력 예산 배정에도 북한의 미사일 위협을 고려했다고 밝혔다. "북한 등 다른 나라들의 중·장거리 탄도미사일 위협으로부터 (미국) 본토를 지키기 위한 새로운 미사일 기지를 짓는 작업이 계속될 것"이라고도 했다.

패트릭 새나한(Patrick M. Shanahan) 미 국방장관 대행은 이번 국방예산이 '2018년 미 국방전략서'를 구현하기 위해 4가지 부문에 중점을 뒀다고 설명했다.

그 4가지 부문은 ①우주 및 사이버 영역 장악 ②지상·해상·공중 영역 지배 강화 ③첨단 군사과학기술 개발 ④전투력 강화 등이다.

순수 국방예산(7,180억달러)을 기준으로 각군별로 보면 육군은 1,914억달러(27%), 해군은 2,056억달러(29%), 공군은 2,048억달러(29%), 국방부 전체는 1,166억달러(16%)인 것으로 나타났다. 전 세계를 대상으로 작전하는 미군 특성상 해·공군 예산의 비중이 육군보다 높은 게 특징이다.

항목별로 살펴보면 운용유지비가 2,927억달러(41%)로 가장 많고, 인건비 1,558억달러(22%), 획득비(무기도입 등) 1,431억달러(20%), 연구개발·시험·평가비 1,043억달러(15%), 군사건설·군숙소·기타 225억달러(3%)로 구성돼 있다.

분야별로 보면 우선 미 국방부가 최우선 순위로 발표한 우주·사이버 영역엔 237억달러의 예산이 배정됐다. 2018년에 비해 우주 분야는

10%, 사이버 분야는 15%의 예산이 각각 늘어났다.

우주 분야(총 141억달러)는 신설될 우주군 창설 및 사령부 본부 건설에 7억2,200만달러, 군사위성통신 보안에 11억달러, GPS 보안 강화에 18억달러, 우주에 배치된 미사일 경보체계에 16억달러, 탄도미사일 발사대 신설에 17억달러 등이 배정됐다.

사이버 분야에도 10조원이 넘는 96억달러의 돈이 들어간다. 방어적 또는 공세적 사이버 안보 역량 강화에 37억달러, 사이버 보안 강화에 54억달러 등이다.

미국이 세계 유일 초강대국으로서의 역할을 하는 데 핵심적인 존재인 해군력 전력증강에는 347억달러의 돈이 투입된다. '차세대 수퍼 항모'로 불리는 제럴드 포드(Gerald R. Ford)급 핵추진 항모 2척 건조에 162억달러, 최신형 버지니아(Virginia)급 공격용 핵추진 잠수함 건조에 102억달러, 2척의 중형 무인함정 구매에 4억4,700만달러, 90발의 토마호크 순항미사일 구매에 7억700만달러가 배정됐다.

577억달러가 배정된 항공 전력의 경우 F-35 스텔스 전투기 78대를 비롯한 항공기 100대 구매에 139억달러, KC-46 신형 공중급유기 12대 구매에 23억달러의 돈이 각각 들어간다.

트럼프 행정부 역점 사업 중의 하나인 미사일 방어(MD) 전력 건설에는 136억달러의 예산이 배정된 것으로 나타났다. 지상에 배치되는 탄도미사일 요격체계 개발에 17억달러, 37기의 사드(THAAD: 고고도미사일방어체계) 구매에 7억5,400만달러, 극초음속(HGV) 탐지수단 개발에 1억7,400만달러, 상승(부스터) 단계 요격수단 구매에 3억3,100만달러, 고에너지 요격 수단 개발에 8억4,400만달러 등이다.

70년 만에 가장 많은 예산 연구개발에 투자

이번 예산으로 알래스카의 포트 그릴리(Fort Greely)에 요격미사일 격납시설(사일로) 20개와 20발의 지상배치요격미사일(GBI)이 배치될 것으로 알려졌다.

2020년도 미 국방예산안 구성

(단위: 달러, 국방예산 7,180억달러 기준)

각군별

육군	1,914억(27%)
해군	2,056억(29%)
공군	2,048억(29%)
국방부 전체	1,166억(16%)

항목별

운용유지비	2,927억(41%)
인건비	1,558억(22%)
획득비(무기도입 등)	1,431억(20%)
연구개발·시험·평가비	1,043억(15%)
군사건설·군숙소·기타	225억(3%)

자료: 한국국방외교협회

미군이 강조해온 '다영역 작전(Multi -domain Operation)' 능력 향상에 많은 예산을 배정하고 있다는 점도 눈길을 끈다. 다영역 작전 능력은 미 합동군으로 하여금 육상, 해상, 공중, 우주, 사이버 등 5대 전장 영역에서의 통합작전 수행을 보장하는 것이다.

미 국방부는 이를 위해 극초음무기 등 파괴력이 큰 첨단 무기 개발에 26억달러, 무인자율 무기체계 개발에 37억달러, 고에너지 무기 개발에 2억3,500만달러의 돈을 투입할 계획이다.

내년도 미 국방예산을 분석한 신경수 전 주미 국방무관(예비역 육군소장)은 "전체 국방비의 15%에 달하는 1,043억달러가 연구개발·시험·평가비에 할당됐다는 점도 주목해야 한다"고 지적했다. 이번 예산안이 승인될 경우 70년 만에 가장 많은 예산이 연구개발에 투자된다는 것이다. 이를 통해 미국은 첨단 군사과학기술을 바탕으로 미래에도 세계 질서를 주도하고 군사적 우위를 유지할 것으로 전망된다는 분석이다.

신 예비역 소장은 새나한 미 국방장관 대리가 국방부 출입기자들에게 내년도 국방예산을 설명하는 자리에서 "평화를 원한다면 적들이 우리와 싸워서 승리할 수 있는 방법이 없다는 것을 깨우치도록 하는 것"이라고 밝힌 것도 우리가 되새길 필요가 있다고 강조했다.

미·중·러·일 우주군들의 진격!

– 《주간조선》, 2018년 8월 27일

2018년 6월 18일 도널드 트럼프 미 대통령이 백악관 집무실에서 우주군 창설을 지시하는 '우주 정책 지시 4호(Space Policy Directive 4)에 서명하고 이를 들어 보이고 있다. 〈사진 출처: Public Domain〉

"미국을 지키는 것에 관해서라면 우주에 미국이 존재하는 것만으로는 충분치 않다. 우리는 미국이 우주를 지배하게 해야 한다."

도널드 트럼프 미국 대통령이 2018년 6월 18일 백악관에서 국가우주위원회와 만난 자리에서 한 말이다. 트럼프는 이날 "나는 국방부로 하여금 여섯 번째 병과로 우주군(Space Forces)을 창설하도록 지시했다"며 "우주군은 공군과 별개이면서 대등하게 될 것"이라고 밝혔다.

트럼프의 지시는 약 두 달 뒤인 지난 8월 9일 구체화됐다. 마이크 펜스(Mike Pence) 미 부통령은 이날 미 국방부 청사에서 "미군 역사의 위대한 다음 장을 써야 하는 시기"라며 "2020년까지 우주군을 창설할 것"이라고 밝혔다. 우주군 창설의 목표시한을 처음으로 공개한 것이다.

그동안 미군에서 우주 관련 업무는 공군에서 담당해왔다. 우주군이 독립하면 미군은 육군·해군·공군·해병대·해안경비대 등 5군(軍) 체제에서 6군 체제로 바뀌게 된다. 미 우주군은 약 3만명 규모로 창설될 예정이다.

미국의 우주군 창설은 중국, 러시아와의 우주 패권 경쟁에서 밀리지 않겠다는 의지를 나타낸 것이다. 펜스 부통령은 "러시아와 중국은 위성을 매우 정교하게 운용 중"이라며 "미국의 우주 시스템에도 전례 없는 새로운 위협이 되고 있다"고 말했다.

실제로 중·러 등이 미 인공위성을 타격해 무력화할 수 있다면 미국엔 심각한 위협이 된다. 이미 첨단 네트워크전에서 미국의 인공위성 의존도는 아주 커졌고 미래에는 그 의존도가 더 높아지기 때문이다.

미국의 신형 정찰위성은 수백km 상공에서 4~5cm 크기의 물체를 식별할 수 있을 정도다. 종전 KH-12 정찰위성의 해상도 15cm에 비해 '시력'이 크게 좋아진 것이다.

2017년 북한의 화성 12·14·15형 중장거리 미사일 기습 발사를 미리 탐지하는 데에도 미 신형 정찰위성이 결정적 역할을 한 것으로 알려져 있다. 각종 폭탄·미사일을 목표물까지 정확히 이끄는 GPS도 인공위성으로 유도된다.

GPS 위성들이 파괴된다면 미국의 정밀타격 능력도 크게 저하될 수밖에 없다는 얘기다. 우주공간에 떠 있는 미군의 정찰위성, 통신위성, GPS 위성 등이 파괴된다면 미국은 전쟁수행에서 치명적인 타격을 입게 된다.

현재 우주 분야를 관할하고 있는 미 북미항공우주방어사령부에 따르면 미국의 군사용 위성은 127기에 달한다. 여기엔 DSCS-Ⅲ 등 통신위성 39기, '냅스타(NAVSTAR)' 등 위치·시간측정 위성 31기, '개량형 크리스털(Improved Crystal)' 등 정보감시 정찰위성 14기, '머큐리(Mercury)' 등 전자정보·신호위성 26기, DSP 등 조기경보위성 6기 등이 포함돼 있다.

펜스 부통령은 이날 중국의 2007년 위성요격 시험 성공을 중국 위협의 대표적 예로 들어 눈길을 끌었다. 2007년 1월 중국에서 개조된 KT-1 고체연료 미사일이 고도 865km 상공의 자국(自國) 기상위성 FY-1C를 명중하는 데 성공했다. 당시 산산이 부서진 기상위성의 파편들이 우주 공간에 흩어졌다. 미국을 비롯한 전 세계가 놀랐다. 지상의 미사일로 수백km 상공의 적 정찰위성을 파괴할 수 있는 능력을 처음으로 보여줬기 때문이다.

중국은 이에 앞서 미 정찰위성에 레이저 광선을 발사, 장애를 일으킨 적도 있었다. 중국 쉬지량(許其亮) 공군사령관은 2009년 "중국 공군은 국가이익 보호를 위해 우주에서의 적절한 작전능력을 갖춰야 한다"며 우주군 창설을 시사하기도 했다. 실제로 중국은 2016년 1월 위성발사, 우주정찰 등을 담당하는 '전략지원군'을 창설했다. 2017년 11월엔 2045년까지 핵추진 우주왕복선, 태양계 행성·소행성 대규모 탐사기술 개발 등을 하겠다며 야심 찬 우주개발 로드맵까지 발표했다.

미국 전문가들은 중국이 반경 5,000km 내 표적을 1MW 출력으로 공격할 수 있는 2.5t 무게의 화학레이저 발사체계를 향후 10년 내에 우주에 배치할 것으로 우려하고 있다. 중국은 정보감시 정찰위성 30기, 전자정보·통신정보 위성 15기, 시간·거리 측정 위성[베이더우(北斗)] 21기 등 72기의 군사용 위성을 운용 중인 것으로 알려져 있다.

냉전 시절 우주 공간에서 미국과 치열한 경쟁을 벌였던 러시아는 우주군 창설과 해체를 되풀이하다 경제가 나아지자 2001년 재창설했다. 10년 뒤엔 우주항공방위군으로 재창설했으며 2015년 8월엔 항공우주군 예하에 공군과 우주군을 창설했다. 러시아는 정보감시 정찰위성 6기, 항행·위치 측정위성[글로나스(GLONASS)] 26기, 통신위성 57기, 전자정보·통신정보 위성 4기 등 100기에 가까운 군사용 위성을 가동 중인 것으로 전해졌다.

우리를 둘러싸고 있는 4강 중의 하나인 일본도 우주의 군사적 활용 경쟁 대열서 예외가 아니다. 일본은 2008년 이후 '우주기본법' 등 우주무기를 개발할 수 있도록 법체계를 정비해왔다. 북한의 핵·미사일 위협을 명분으로 정찰위성만 8기를 띄웠다. 지구 전 지역을 하루 한 차례 이상 감시할 수 있는 수준이다. 총 40여기의 각종 위성을 운용 중인 것으로 알려져 있다.

우리나라에서도 2003년 이후 우주군 얘기가 종종 나오고 있다. 2007년엔 우주 레이저무기 배치 등 3단계 우주전력 건설 계획이 발표된 뒤 최근까지 계속 수정·보완됐다. 3단계 '우주전력 단계별 추진계획'은 2040년까지를 목표로 한다. 1단계는 2020년까지로 우주작전 상황도, 우주정보 상황실, 전자광학 위성감시체계를 갖춰 기반능력을 확보하는 것이다. 2단계로 2030년까지는 고출력 레이저 위성추적체계, 레이더 우주감시 체계, 우주기상 예보체계 등을 확보해 우주 상황에 대한 인식능력을 신장시킨다는 계획이다. 마지막 3단계에서는 조기경보 위성체계, 소형위성 공중발사체, 위성요격체계 등 우주작전 전력을 확보한다는 방침이다.

2040년 이후에는 지상기반 레이저 무기체계, 우주기반 레이저 무기체계, 정찰·타격용 우주비행체 등을 갖춰 우주공간에서의 교전을 현실화한다는 게 공군의 목표다. 계획대로라면 2040년 무렵 '우주작전사령부'가 창설되고, 영화 속 '스타워즈(Star Wars)'가 어느 정도 현실화할 수 있게 된다.

공군은 그 첫 단계로 2015년 7월 '우주정보상황실'을 개관했다. 충남 계룡대에 있는 공군연구단 건물 내에 설치된 상황실은 미국으로부터 각종 우주정보를 실시간으로 받아 국내 기관들과 공유하는 역할을 하고 있다.

하지만 우주정보상황실 설치와 야심 찬 3단계 청사진에도 불구하고 실제 이 같은 계획이 실현될지는 미지수다. 우주 관련 계획과 예산은 우선순위에서 밀려나는 경우가 많기 때문이다. 주변 4강의 우주군 경쟁이 가열되고 있는 가운데 건배사도 "하늘로! 우주로!"를 외치는 공군의 꿈이 제대로 실현될 수 있을지 주목된다.

한반도 위협하는
중·러의 단거리 탄도미사일들

- 《주간조선》, 2018년 7월 9일

2018년 5월 23일 국방부에서 열린 제112회 방위사업추진위원회에서 송영무 국방장관이 첫 국산 요격미사일인 철매Ⅱ(천궁) 개량형 양산과 관련해 다소 뜻밖의 말을 했다. "(철매Ⅱ 개량형을) 계획대로 생산하는 게 타당하냐"며 사실상 재검토 의향을 밝힌 것이다. 철매Ⅱ 개량형은 신형 국산 대공미사일인 철매Ⅱ를 최대 20여km 고도에서 적 탄도미사일을 파괴할 수 있는 요격미사일로 개량한 것이다. 미국의 패트리엇(Patriot) PAC-3 미사일과 비슷한 것으로, 한국형 미사일방어(KAMD) 체계의 핵심무기 중 하나다. 5년간 1,600억원의 개발비가 투입됐다.

송 장관의 발언이 의외였던 것은 철매Ⅱ 개량형 양산 문제가 이미 송 장관 취임 초기 제기돼 논란을 빚다가 당초 계획대로 생산키로 결정됐던 사안이기 때문이다. 또 송 장관이 평소 남북관계 개선에도 불구하고 북한 군사 위협과 관련해선 최악의 상황을 상정해 대비 태세를 유지해야 하며, 이를 위해선 킬체인(Kill Chain)과 KAMD, KMPR(한국형 대량응징보복) 체계가 반드시 필요하다는 소신을 보여온 것과도 차이가 있는 것으로 비쳐졌다. 때문에 송 장관의 발언은 향후 남북관계 진전에

중국 DF-15 단거리 탄도미사일.

따라 군 전력증강 사업들이 줄줄이 영향을 받는 일종의 신호탄이 아니냐는 해석도 나왔다.

일각에선 요격미사일의 경우 북한 미사일 위협뿐 아니라 앞으로 중·러·일 등 주변 강국의 탄도미사일 위협에 대비하기 위해서라도 필요한 존재라는 지적이 나온다. 일본의 경우 헌법상 제약 등으로 공격무기인 지대지 탄도미사일은 보유하고 있지 않지만 곧바로 ICBM(대륙간탄도미사일)으로 전환될 수 있는 강력한 세계 정상급 고체연료 로켓을 보유하고 있다.

중국과 러시아는 단거리부터 ICBM에 이르기까지 다양한 탄도미사일을 보유하고 있는데 이 중 한반도를 겨냥한 것은 주로 최대사거리 1,000km 미만의 단거리 미사일들이다.

중국 단거리 탄도미사일은 DF-11(둥펑-11)과 DF-15(둥펑-15)가 대표적이다. DF-11은 1970년대 말 개발된 단거리 고체연료 미사일로, 북

중국 DF-11 단거리 탄도미사일.

한도 대량 보유 중인 스커드(Scud) 미사일의 중국판이라고 할 수 있다.

실제로 기존 스커드 미사일 발사차량에서도 발사될 수 있다. 정확도
는 500~600m에 달해 스커드와 비슷하게 낮은 편이지만 이란·파키
스탄 등으로 수출된 것으로 알려져 있다.

1993년부터 개발된 개량형 DF-11A는 관성항법장치 외에 GPS 유
도방식을 채택해 명중률이 높아졌고 사거리도 400km가량으로 늘어났
다. DF-11A는 약 750발의 미사일과 140여기의 이동식 발사대를 생
산, 인민해방군 제2포병부대(현재는 로켓군으로 개칭) 주력 무기체계로
배치돼 있다.

1985년부터 개발이 시작된 DF-15 미사일은 원래 시리아 수출용으
로 개발됐다. 고체연료 미사일로 최대사거리는 600여km에 이른다. 초
기형은 관성유도방식만을 채용해 정확도가 300m에 달할 정도로 낮은
수준이었다. 하지만 후기형들은 GPS 유도장치를 달아 비교적 작은 표

적에 대한 공격능력도 갖췄다. DF-15의 최신형인 DF-15B의 경우 탄두부에 소형 추진장치가 달려 있어 마지막 단계에서 자세를 바꿔가며 정확한 타격을 할 수 있다. 이에 따라 정확도가 10m 수준으로 크게 향상되고 최대사거리도 800km가량으로 늘어난 것으로 전해졌다. 이는 중국 해안이 아닌 내륙에서도 한반도 전역을 타격할 수 있다는 얘기다.

DF-15는 수출도 많이 됐다. 1989년 리비아가 140여발의 DF-15를 구매해 그중 80발을 시리아에 전해준 것으로 알려져 있다. 이란·파키스탄·이집트 등에서는 DF-15 제조기술을 중국에서 사들여 자국 미사일 개발에 활용했다. 파키스탄에선 샤힌 탄도미사일의 원형이 됐다. 중국군은 약 400발의 DF-15와 약 100여기의 이동식 발사대를 보유한 것으로 추정된다.

러시아는 세계 탄도미사일 시장의 '베스트셀러'인 스커드를 비롯 여러 종류의 단거리 미사일을 보유하고 있다. 그중 최신형으로 가장 주목을 받고 있는 것이 SS-26(9K720) 이스칸데르(Iskander) 미사일이다.

원래 구소련은 구형 스커드를 대체할 단거리 전술 탄도미사일로 OTR-23 '오카(Oka)'[나토명 SS-23 스파이더(Spider)]를 개발했다. 오카는 단거리 전술핵미사일 핵심전력으로 활용되다 1987년 미·소 중거리핵전력(INF) 조약에 따라 전량이 폐기됐다.

러시아는 오카 폐기 이후 차세대 단거리 탄도미사일에 총력을 기울였고 그 결과 등장한 것이 이스칸데르다. 이스칸데르는 정확도 등에서 뛰어난 성능을 갖고 있을 뿐 아니라 미사일 방어망을 회피할 수 있는

러시아 SS-26 이스칸데르 탄도미사일 발사 장면.

능력으로 서방세계에 충격을 준 미사일이다. 관성항법장치와 GPS 유
도장치를 함께 장착해 정확도를 높였고 비행 중 회피기동할 수 있는 능
력까지 갖고 있다.

　이스칸데르의 최대사거리는 280~ 500km로 다양한 형태가 있다. 이
스칸데르가 특히 위협적인 것은 보통 탄도미사일과는 다른 독특한 비
행궤도와 5m 수준의 높은 정확도를 가진 고체연료 미사일이라는 점이
다. '편심탄도(Eccentric Ballistic)'라는 비행을 통해 여느 탄도미사일보
다 낮은 최대 고도까지 올라간 뒤 글라이더처럼 비교적 낮은 궤도로 비
행하면서 요격 회피기동을 할 수 있다.

위협적인 러시아의 이스칸데르 미사일

최대사거리 280km일 경우 일반 탄도미사일의 최대 고도는 80~90km 수준이다. 하지만 이스칸데르는 50km에 불과하다. 이스칸데르의 비행 고도가 낮아 사드(요격고도 40~150km) 요격범위를 벗어날 뿐 아니라 한·미 군의 패트리엇 PAC-3 미사일이나 국산 철매Ⅱ 개량형 미사일(최대 요격고도 20km)로 요격이 어려울 것이란 평가가 나온다. 보통 마하 6~7의 속도로 비행을 하며 이동식 미사일 발사차량에 2발의 이스칸데르를 탑재한다. 이들은 동시에 다른 표적을 조준하고 발사할 수 있다.

문제는 북한이 2018년 2월 열병식에서 이스칸데르와 같은 것으로 추정되는 신형 단거리 미사일을 처음으로 공개했다는 점이다. 북 신형 미사일이 러 이스칸데르와 같은 요격 회피기동 능력이 없다 하더라도 독특한 비행궤도 때문에 한·미 군의 패트리엇 PAC-3 미사일, 국산 철매Ⅱ 개량형, 주한미군 사드 요격을 피해 성주 사드 미사일 포대를 타격할 수 있다는 분석도 있다. 러시아의 이스칸데르는 현재 한국 내에 존재하는 모든 요격 미사일망을 무력화할 수 있는 것으로 평가된다.

이스칸데르는 1996년 첫 발사가 이뤄졌지만 재정난 때문에 개발 완료 및 양산이 이뤄진 것은 2006년부터였다. 현재 러시아군에는 40여 세트 3개 여단이 배치돼 있는 것으로 알려졌다.

동북아 스텔스기 대전 F-35A '비장의 무기'는?

- 《주간조선》, 2018년 4월 2일

태극 마크를 단 우리 공군의 F-35A 1호기 출고식이 2018년 3월 28일(현지시각) 미국 록히드마틴사 공장이 있는 텍사스주 포트워스(Fort Worth)에서 한·미 정부 및 군 고위 관계자들이 참석한 가운데 열렸다.

이날 출고식 행사로 우리나라는 중국·일본에 이어 아시아에서 세 번째 스텔스 전투기 실전배치국이 됐다. 일본은 2018년 2월 F-35A를 아오모리(靑森)현 미사와(三澤) 항공자위대 기지에 첫 실전배치했다. 중국은 2018년 초 국산 스텔스기 젠(J)-20을 산둥(山東)반도 등에 배치한 뒤 실전배치를 공식 선언했다. 러시아도 올해 안에 SU(수호이)-57 '파크 파(PAK-FA)' 스텔스기 개발을 마치고 실전배치할 예정이다. 북한을 제외한 동북아 국가들이 모두 스텔스기 보유국이 됐거나 될 예정이어서 '스텔스기 대전'이 벌어지고 있는 양상이다.

정부는 당초 남북정상회담 등을 의식해 송영무 국방부 장관은 물론 공군참모총장과 방위사업청장 등도 이날 출고식에 참석하지 않는 쪽으로 추진했다. 하지만 비판 여론이 커지자 서주석 국방부 차관이 참석하는 것으로 계획이 바뀌었다.

(위쪽부터) 대한민국 F-35A, 러시아 SU-57, 일본 X-2 심신 스텔스 시험기.

송영무 국방부 장관은 이날 영상 메시지를 통해 "최첨단 스텔스 기능
과 항전장비를 갖춘 대한민국 F-35A 1호기가 출고되는 뜻깊은 날"이
라며 "한·미 공군의 연합작전 능력과 우리 공군의 지상작전 지원 능력
을 발전시키는 계기가 될 것"이라고 밝혔다.

이성용 공군참모차장은 이날 국내 언론과의 인터뷰에서 "감격의 순간"이라면서 "지금까지 우리 군이 운영했던 항공기와는 상당히 다른 부분이 있고 그런 부분에서 획기적인 변화가 있을 것"이라고 말했다.

이날 출고식이 열렸지만 우리나라에 곧바로 F-35A가 실전배치되는 것은 아니다. 조종사 훈련 등 준비과정이 필요하기 때문이다. 2018년 5월부터 미 애리조나주 루크(Luke) 공군기지에서 우리 조종사 훈련이 시작된다. 루크 기지에서 조종사들의 훈련이 끝나면 2019년 초부터 F-35A 전투기가 속속 우리나라로 이동해 실전배치된다. 2021년까지 4년 동안 해마다 10대씩 총 40대가 도입된다. 2020년대 중반까지 20대를 추가 구매하는 방안도 적극 검토되고 있다.

이 참모차장은 기존 40대 외에 'F-35A 20대 추가 구매' 문제에 대해 "선행연구를 하는 단계"라면서 "국방기술품질원에서 주관하고 있고, 용역발주를 해서 진행하고 있다"고 밝혔다. 군 당국은 당초 60대의 F-35A를 도입할 계획이었지만 예산부족 때문에 1차로 40대를 먼저 도입하고, 20대는 뒤에 추가로 도입키로 했었다. F-35A 대당 가격은 1억달러(약 1,070억원) 정도다.

전자전기, 미니 조기경보기 역할까지

5세대 스텔스기인 F-35A의 도입으로 우리 군은 북한 핵·미사일 위협에 대응하는 '킬 체인(Kill Chain)'의 핵심전력을 확보하게 됐다. 북한은 평양 인근에 세계에서 가장 조밀한 방공망을 구축해놓고 있다. 하지만 F-35A는 그런 방공망을 뚫고 핵탄두 미사일 기지나 공장, 김정은 주석

중국 J-20.

궁 등을 정밀타격할 수 있다. 최대속도 마하 1.8(음속의 1.8배), 항속거리 2,200km로 최대 8t 이상의 각종 미사일, 정밀유도폭탄 등을 장착할 수 있다. 최근 F-35A가 무려 10t 가까운 폭탄·미사일을 주렁주렁 달고 비행하는 모습이 온라인에 공개돼 매니아들 사이에 화제가 됐다. 지금까지 10t 넘는 무기를 장착할 수 있는 전투기는 미 F-15E(F-15K) 외에는 유례가 별로 없었기 때문이다.

F-35A는 북한 레이더를 교란하고 주파수 정보 등을 수집하는 전자전(電子戰)기, 적기의 움직임을 포착해 데이터 링크로 아군에 전달하는 '미니 조기경보기' 역할까지 수행할 수 있다. 군의 한 관계자는 "F-35A에는 '히든카드'가 있는데 바로 전자전기, 미니 조기경보기 역할"이라고 말했다.

미 F-35 스텔스기는 우리와 일본이 도입 중인 A형 외에도 B·C형이 있다. F-35B는 미 해병대용으로 수직이착륙 성능을 갖고 있다. 일본은 최신형 헬기 항모인 이즈모급(2만7,000t급) 갑판을 보강해 항공모함으로 개조한 뒤 F-35B를 배치하는 방안도 검토 중인 것으로 알려졌다.

미국은 F-35B를 탑재할 수 있는 4만1,000t급 강습상륙함 와스프(Wasp)함을 일본 나가사키(長崎)현 사세보(佐世保) 해군기지에 배치했다. 와스프함은 보통 6~8대, 최대 20대의 F-35B를 탑재할 수 있다. 웬만한 소형 항공모함보다 큰 와스프함은 대북 예방타격(선제타격)이 이뤄질 경우 핵심전력으로 꼽힌다. 4월 1일부터 경북 포항에서 시작된 한·미 해병대·해군 상륙훈련인 쌍용훈련에 와스프함이 F-35B를 탑재한 채 참가한다.

F-35C는 항모 함재기용으로 이미 실전배치 중인 F-35A·B와 달리 아직 실전배치가 이뤄지지는 않았다. 미 해군은 오는 2021년부터 F-35C를 실전배치할 계획이다. 항공모함에서 이착륙을 해야 하다 보니 F-35A·B보다 크고 강력한 날개를 가졌다. 미국은 이밖에 세계 최강의 스텔스 전투기로 평가받는 F-22A를 187대 보유하고 있다.

미 스텔스기에 도전장을 내민 J-20은 2010년 말부터 그 존재가 알려지기 시작한 중국 최초의 스텔스 전투기다. 최대속도 마하 1.8에 항속거리 2,200km인 것으로 추정된다. 적외선 탐색추적(IRST) 장비와 강력한 위상배열(AESA) 레이더, 최신 전자장비 등을 갖추고 있다. 종합적인 성능은 미 F-22에 미치지 못하는 것으로 평가된다. 중국은 이 밖에 미국의 F-35를 닮은 또 다른 스텔스 전투기 J-31도 개발 중이다. 중국 항모에 탑재되는 함재기로 활용될 가능성이 거론된다.

일본은 총 42대의 F-35A를 도입할 예정이다. 최대 100대까지 도입할 것이라는 관측도 나온다. 대당 도입 가격은 1,500억원으로, 우리 공군 도입 가격보다 비싸다. 일본은 특히 국산 X-2 '심신(心神)' 스텔스 실증 실험기를 시험 중이며 이를 토대로 차세대 스텔스 전투기 F-3도 개발할 계획이다. F-3의 성능은 미국 F-35를 능가하는 것으로 평가된다.

러시아의 SU-57은 2010년 첫 비행에 시험성공했다. 지금까지 12대의 시제기가 생산돼 10대가 시험에 투입됐다. 올해 들어 시리아 내전에 2대가 파견돼 시험비행을 한 것으로 알려졌다.

푸틴이 전격 공개한 수퍼무기 6종의 실체

- 《주간조선》, 2018년 3월 19일

2015년 11월 러시아의 극비 전략무기가 방송사고로 노출되는 사건이 있었다. 러시아 방송 NTV가 소치(Sochi)에서 열린 블라디미르 푸틴(Vladimir Putin) 대통령과 고위급 군 인사들의 회의를 보도하면서 대형 핵추진 어뢰(수중 드론) 도면을 화면으로 잡아 수초간 보도한 것이다. 화면에는 '해양 다목적 시스템 스타투스(Status) 6'라는 어뢰 명칭과 기본 설계, 성능 등이 선명하게 나타나 있었다.

당시 노출된 핵추진 어뢰의 성능은 군사전문가들의 상식을 깨는 충격적인 것이었다. 우선 어뢰의 사거리는 1만km, 위력은 100메가톤에 달했다. 1메가톤은 TNT폭약 100만t의 위력이다. 히로시마에 떨어진 원자폭탄이 15킬로톤(1킬로톤은 TNT폭약 1,000t의 위력), 사상 가장 강력했던 수소폭탄인 구소련 '차르 봄바(Tsar Bomba)'의 위력이 58메가톤이었던 것과 비교해보면 상상을 초월하는 절대무기인 셈이다.

미국·러시아를 제외한 중국·프랑스·인도 등 모든 핵보유국의 핵무기 위력을 합친 것보다 큰 위력이라는 평가도 나온다. 당시 방송에 잡힌 어뢰 문서에는 이 무기의 목적을 '적 해안지역 주요 군사·경제시설

핵추진 순항미사일

사르맛 ICBM

핵추진 수중 드론

신형 레이저무기

킨잘 극초음속 순항미사일

파괴, 대규모 방사능 오염을 통한 군사·경제활동 장기간 마비'로 규정
했다. 미국에서 시뮬레이션(모의실험)한 결과 뉴욕시에서 100메가톤의
핵폭탄이 폭발할 경우 800만명의 시민을 사망케 하고, 600만명 이상
의 부상자를 초래할 수 있는 것으로 나타났다.

'스타투스 6'는 소형 원자력 엔진을 장착해 작전시간은 이론상 무한
대이며 길이 24m, 직경 1.6m 크기다. 최대 수심 1,000m에서 잠항해
이동할 수 있다. 개발자는 상트페테르부르크(Saint Petersburg)의 잠수

함 설계회사인 루빈(Rubin)이며, 오스카(Oscar)2급 순항미사일 핵추진 잠수함 등에서 발사될 수 있다.

이 핵추진 어뢰의 성능과 위력이 너무 어마어마해 전문가들은 처음엔 그 실체에 대해 회의적이었다. 하지만 시간이 지나면서 단순히 도면상으로만 존재하는 것이 아닌 것으로 드러났다. 미 전문지 《파퓰러 메카닉스(Popular Mechanics)》는 2018년 초 러시아가 대륙간 핵추진 핵어뢰를 개발 중이라고 보도했고, 2018년 1월 미 국방부의 핵태세검토보고서(NPR) 초안에서도 핵탄두 탑재 수중 드론의 존재를 인정했다.

이 핵추진 어뢰의 존재는 2018년 3월 1일(현지시각) 푸틴 러시아 대통령이 수퍼 신무기 6종을 전격 공개할 때 포함돼 공식 확인됐다. 당시 푸틴이 공개한 영상에는 핵추진 대륙간 수중 드론 '카넌(Kanyon)'('포세이돈'으로 명칭 변경. 러시아 국방부, 2019년 2월 '포세이돈' 시험 성공 발표)으로 등장했다. 수십 메가톤 위력을 가진 핵탄두를 장착하고 적 항모와 항만을 공격할 수 있는 것으로 묘사됐다.

푸틴 대통령은 이날 핵추진 수중 드론뿐 아니라 미국과의 전쟁 시 판세를 바꿀 수 있는 '게임 체인저(Game Changer)'들을 대거 공개했다. 핵추진 수중 드론 외에 핵추진 순항미사일, 미 미사일 방어망(MD)을 피할 수 있는 RS-26 '아방가르드(Avangard)' 및 RS-28 '사르맛(Sarmat)' 등 ICBM(대륙간탄도미사일) 2종, 극초음속 순항미사일 '킨잘(Kinzhal)', 신형 레이저 무기 등 6종에 달했다. 그중 핵추진 순항미사일은 미국 등 서방세계 전문가들로부터 가장 논쟁적인 반응을 낳았다.

핵추진 순항미사일은 원자력 엔진을 탑재해 사거리가 이론상으론 무한대, 현실적으로는 1만km 이상이다. 지금까지의 순항미사일 사거리가 아무리 길어도 5,000km 이상을 넘지 못한 한계를 극복해 ICBM처럼 미 본토 타격이 가능하다는 얘기다. 특히 캐나다 북쪽 등 북극권, 태평양, 대서양 쪽에 집중돼 있는 미 미사일 방어망을 피해 남극 등으로 우회해 기습적으로 미 본토를 때릴 수도 있다. 실제로 푸틴은 이 미사일이 대서양을 거쳐 남미 남쪽으로 우회해 미 본토를 때리는 영상도 공개했다.

이 미사일의 존재에 대해선 지금까지 거의 알려진 게 없어 실제 개발 성공 가능성에 대해 회의적인 전문가가 많다. 미 정부 관계자들은 ABC 방송과 폭스뉴스 등에 미국이 러 핵추진 순항미사일 개발 계획을 추적해왔으며, 이 미사일이 북극에서 적어도 한 차례 이상 시험발사 후 추락한 것으로 파악했다고 전했다.

"냉전 시절에도 미국과 소련이 개발하다 이런저런 문제로 포기했던 것", "러시아 기술 수준으로 개발에 성공했을지 의문"이라는 얘기들도 나왔다. 실제로 냉전 시절인 1950~1960년대 미국은 '플루토(Pluto)' 계획이라는 초음속 핵추진 순항미사일 개발을 추진하다 중단했었다. 열핵 제트 엔진을 장착해 마하 3의 초음속으로 1만km 떨어진 목표물을 타격할 수 있는 미사일이었다.

극초음속 순항미사일 '킨잘'도 거의 알려지지 않았던 존재여서 눈길을 끌었다. 킨잘은 최대사거리 3,000km, 최대속도 마하 10(음속의 10배)에 달한다는 공대지·공대함미사일이다. 실제로 최대속도가 마하 10에 달한다면 미 항공모함 전단 등의 이지스함에서 요격하는 게 거의 불가능해 미 항모 전단에 치명적인 위협이 될 수 있다. 푸틴이 공개한 영상에는 킨잘이 러시아 MIG-31 전투기에서 발사된 뒤 목표물에 명중하는 장면이 등장했다.

러시아는 이미 최대속도가 마하 8에 달하는 '지르콘(Zircon)' 대함 순항미사일(사거리 300km)을 2018년부터 실전배치하는 등 극초음속 순항미사일 분야에서 미국을 앞서고 있다.

푸틴이 공개한 ICBM 2종은 이미 존재가 알려져 있던 것들이다. RS-26 '아방가르드'는 최대속도가 마하 20에 이르며 미 MD 요격망을 회피하는 기동을 할 수 있는 게 특징이다. 적 미사일 방어망 돌파에 효과적인 극초음속 글라이더 가능성이 제기된다.

극초음속 글라이더는 로켓 부스터에 실려 100km 정도 고도까지 올라간 뒤 분리, 성층권 내에서 궤도를 바꿔가며 비행해 목표물을 향한다. 탄도미사일은 포물선형 궤도를 그리며 높이 올라갔다 떨어지기 때문에 탐지와 요격이 가능하다. 하지만 극초음속 글라이더는 비교적 낮은 고도에서 궤도를 바꿔가며 비행하기 때문에 요격이 어려운 것이다. 푸틴이 공개한 영상에서 '아방가르드'의 탄두(글라이더)는 미 MD 요격망을 요리조리 피해 기동하는 능력을 보여줬다.

RS-28 '사르맛'은 사거리 1만km 이상으로 탄두가 10~24개에 달하는 다탄두 미사일이다. '사탄(Satan)2'라는 별명을 갖고 있다. 푸틴 대통령이 당시 국정연설을 통해 이처럼 차세대 '수퍼 무기'들을 대거 공개한 데엔 3월 18일로 다가온 대통령선거를 앞두고 자국민을 대상으로 하는 성과 과시형 선거유세이자, 미국 등 나토(북대서양조약기구) 동맹국을 향한 경고의 메시지 성격이 있는 것으로 보인다.

전 세계 1시간 내 타격 극초음속 무기 개발 경쟁

– 《주간조선》, 2017년 10월 30일

미국 X-51 웨이브라이더.

50년 전인 1967년 10월 3일 로켓 비행기인 X-15가 유인 비행체로 세계 최고속도 기록을 세웠다. 마하 6.7. 현재까지도 가장 빠른 항공기 자리를 고수하고 있는 SR-71 정찰기의 최고속도 마하 3.3의 2배에 달하는 기록이다. 그 뒤에도 탄도미사일 등을 제외하곤 이보다 빠른 비행체는 30여년간 나오지 않았다. 2004년 11월 미 B-52 폭격기에서 투하된 초고속 비행체 X-43A는 고도 33.5km 상공에서 마하 9.6을 기록,

X-15의 기록을 깼다. 하지만 사람이 탔던 X-15와 달리 X-43A는 사람이 타지 않은 무인 비행체였다.

이처럼 마하 5(시속 약 6,120km)가 넘는 비행체를 극초음속 비행체라 부른다. 미국, 러시아, 중국 등 군사 강국들이 최근 극초음속 순항미사일이나 글라이더, 극초음속 항공기와 같은 극초음속 무기 개발에 열을 올리고 있다. 극초음속 무기는 전 세계 어느 지역이든 1~2시간 내 타격이 가능하고 상대방의 요격이 어렵다는 게 장점이다. 미국의 경우 전 세계 분쟁지역에 ICBM(대륙간탄도미사일)과 같은 핵무기를 쓰지 않고 목표물을 신속하게 정밀타격하기 위해 극초음속 무기 개발에 주력하고 있다.

음속의 5배가 넘는 초고속을 내려면 기존 터보팬이나 터보제트 엔진으로는 불가능하며 새로운 기술이 필요하다. 극초음속 엔진에는 램제트 엔진과 스크램제트 엔진 두 종류가 있다. 두 종류 모두 터빈과 압축기가 없고 공기흡입구, 연소실, 배기구로 구조가 단순화돼 있다. 램제트 엔진은 최고속도가 마하 6 정도로 제한돼 현재 개발 중인 극초음속 무기들은 대부분 스크램제트 엔진을 사용한다. 스크램제트 엔진은 '초음속 연소 램제트' 엔진을 줄인 말이다. 1950년대부터 미국, 구소련, 영국, 프랑스 등에서 연구되기 시작했으며 이론상 최고속도는 마하 15다.

극초음속 무기 중 순항미사일은 초기 가속에 단거리 로켓이 사용되며 항공기, 잠수함 등에서 운용될 차세대 대함미사일, 전술 지대지미사일로 유용하다. 극초음속 글라이더는 적국의 미사일 방어망을 뚫기 위해 개발되고 있다. 로켓 부스터에 실려 100km 정도 고도까지 올라간 뒤 분리, 성층권 내에서 궤도를 바꿔가며 비행해 목표물을 향한다. 탄도 미사일은 포물선형 궤도를 그리며 높이 올라갔다 떨어지기 때문에 탐지와 요격이 가능하다. 하지만 극초음속 글라이더는 비교적 낮은 고도에서 궤도를 바꿔가며 비행하기 때문에 요격이 어려운 것이다. 이들 극초음속 순항미사일이나 글라이더가 1회용인 반면 극초음속 항공기는 여러 차례 사용할 수 있다.

극초음속 순항미사일 분야는 러시아가 앞서가고 있다. 러시아의 '지르콘'은 발사된 후 마하 6 이상의 속도로 250마일(402km) 밖의 표적을 정밀타격할 수 있다. 이타르타스 통신 등에 따르면 러시아는 연내에 지르콘의 발사 시험을 끝내고 본격적인 생산 단계에 들어갈 예정이다. 러시아 국방부는 2016년 3월 지상 발사장을 이용해 차세대 잠수함 발사용 지르콘 미사일 시험발사를 시작했으며, 시험 결과 비행 속도는 마하 5~6 수준이었다고 발표했다. 지르콘은 내년에 재취역하는 2만8,000t급 키로프(Kirov)급 핵추진 미사일 중순양함인 나히모프(Nakhimov) 제독함에 처음으로 80기가 장착될 예정이다. 오는 2022년 하반기에는 중순양함 표트르 벨리키(Pyotr Velikiy)함에도 80기가 장착된다. 수상함 외에도 전략폭격기와 잠수함 발사용 지르콘도 생산된다. 러시아 전문가들은 극초음속 무기 분야에서 러시아가 미국보다 최소 5년가량 앞섰다고 주장하고 있다.

'SR-72' 2030 배치 목표

미국의 경우 보잉(Boeing)사의 X-51 웨이브라이더(Waverider)가 2010년 5월 마하 5 이상으로 200초 이상 비행했다. 2015년 미 공군

미국 극초음속 정찰기 SR-72.

연구소 AFRL은 X-51 연구성과를 활용하는 HSSW라는 실용 극초음속 순항미사일을 2020년대 중반까지 배치하겠다고 밝혔다. 사상 최고속 항공기인 SR-71의 뒤를 잇는 극초음속 전략정찰기 SR-72도 개발되고 있다. 록히드마틴(Lockheed Martin)은 오는 2030년까지 실전배치를 목표로 20년 가까이 추진해온 마하 6의 차세대 극초음속 전략정찰기 'SR-72' 개발이 정상적으로 추진 중이라고 밝혔다. 록히드마틴 측은 특히 SR-72가 탑재하는 스크램제트 엔진 부문에서 큰 기술적 진전을 이뤄 2년 뒤쯤이면 본격적인 개발 작업이 시작될 수 있을 것으로 내다봤다. SR-72는 터보팬 엔진과 스크램제트 엔진으로 구성된 '이중 모드' 엔진을 통해 로켓 부스터 등의 도움을 받지 않고 스스로 이륙해 극초음속으로 비행할 수 있다. 2030년까지 배치를 목표로 개발 중이다.

또 2010년 4월 지상에서 로켓에 실려 발사된 HTV-2 시험기는 마하 20을 기록하고 하와이 인근 해상에 낙하했다. 미 방위고등연구계획국

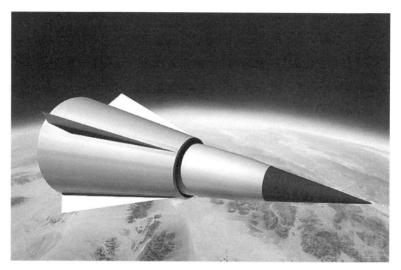
중국 DF-ZF 극초음속 글라이더.

(DARPA)과 록히드마틴은 HTV-2를 더욱 발전시켜 HCV를 개발할 계
획이다. 미국의 이런 극초음속 비행체 개발계획은 '팰컨(Falcon)' 프로
젝트라는 명칭 아래 진행되고 있다.

극초음속 무기 개발 경쟁 대열에 중국도 무시하지 못할 존재로 부상
했다. 중국은 우리나라에 배치된 사드(THAAD)와 일본 자위대의 패트
리엇 PAC-3 미사일, 이지스 구축함 등에 배치된 SM-3 요격미사일 등
미 MD(미사일방어) 체계를 뚫을 수 있는 단거리 극초음속 무기 개발에
주력해왔다. 캐나다에서 발간되는 중국어 군사전문지 《칸와디펜스리
뷰》는 '극초음속 활공 비상체'로 불리는 마하 5~10의 이 무기가 개발
되면 일본의 방위 시스템이 무력화될 가능성이 크다고 내다봤다.

중국이 개발 중인 극초음속 글라이더는 WU-14 또는 DF-ZF로 불린
다. DF-ZF는 2014년 1월 첫 비행을 한 뒤 2016년 4월까지 7번의 시

험비행을 했으며 이 중 한 차례만 실패한 것으로 알려져 있다. 2020년 쯤 DF-ZF를 실전배치할 가능성이 제기된다. 일본 언론은 중국 국유기업인 '중국항천과학기술집단'이 '089 프로젝트'라는 극초음속 무기 개발 계획을 추진하고 있으며, 미 본토에 배치된 지상배치 요격미사일 체계(GMD)를 타격할 수 있는 능력 배양에 주력하고 있다고 보도했다.

이 밖에 인도가 HSTDV, 브라모스(BrahMos)-Ⅱ 등 극초음속 순항미사일을 개발하고 있으며, 프랑스는 1993년부터 우주발사체용 스크램제트 엔진 개발에 착수해 1999년 마하 7.5급 극초음속 연소시험에 성공했다.

직접 타본 오하이오급 핵잠수함의 위력

-《주간조선》, 2017년 5월 1일

2017년 4월 25일 부산 작전사령부에 입항한 오하이오급 핵잠수함 미시간함.

9년 전인 2008년 2월 26일 부산 해군 작전사령부 부두에서 미 해군 순항(크루즈)미사일 탑재 원자력 추진 잠수함(핵잠수함) '오하이오(Ohio)'(SSGN 726)가 국내외 기자들에게 공개됐다. 오하이오가 한반도를 찾은 것은 처음일 뿐 아니라 국내 언론에 공개된 것도 처음이었다. 오하이오는 북한군 창건 85주년 기념일이어서 북한의 6차 핵실험 강행 여부로 긴장이 크게 고조됐던 2017년 4월 25일 부산 작전사령부에 입항해 높은 관심을 모았던 미시간(Michigan)함(SSGN 727)과 똑같은 크기와 성능을 가진 잠수함이다. 오하이오급 핵잠수함 중 오하이오에 이은 두 번째 함정이 미시간함이다.

오하이오급은 길이 170m, 폭 12.8m, 수중 배수량 1만8,750t에 달하는 대형 잠수함이다. 상당수 언론이 세계 최대 잠수함이라고 보도했지만 이는 잘못된 것이다. 미국 최대 잠수함이긴 하지만 세계 최대는 아니다. 배수량 2만t이 훨씬 넘는 러시아의 타이푼(Typhoon)급이 단연 세계 최대다. 9년 전 오하이오 함장이었던 앤드루 헤일(Andrew Hale) 대령은 기자단 앞에서 자신 있는 표정으로 "오하이오는 잠수함은 물론 수상 함정(이지스함 포함) 가운데서도 가장 많은 토마호크 크루즈(순항) 미사일을 탑재, 세계 최강의 재래식 타격력을 갖고 있다"고 강조했다. 무려 154발의 토마호크 미사일이 탑재돼 있다는 것이었다.

당시 극히 이례적으로 오하이오 핵잠수함 내부까지 공개됐다. 필자도 기자단의 일원으로 오하이오 내부를 둘러볼 기회를 가졌다. 이번에 온 미시간함 내부를 둘러본 것과 마찬가지인 셈이다. 오하이오의 내부는, 배수량이 1,200~1,800t에 불과해 비좁디 비좁은 한국 해군의 재래식 잠수함과는 비교가 안 될 정도로 넓은 공간과 첨단 장비를 자랑했다. 배 위에서 한 사람이 겨우 들어갈 만한 수직 통로로 5~6m가량을 내려가자 잠수함의 두뇌이자 심장부인 지휘통제센터(Control Room)가 나타났다. 30여m² 넓이의 통제센터에는 20여개의 모니터와 각종 지휘통제 통신장비로 빽빽했다. 이 잠수함의 한 간부는 "2005~2006년 개조된 것이어서 미 태평양 함대 함정 중 처음으로 디지털 지도를 사용하는 등 최고의 전투 시스템을 갖추고 있다"고 말했다.

지휘통제센터를 지나자 좁은 복도 옆으로 토마호크 미사일이 실려 있는 직경 2.7m의 거대한 수직발사관들이 나타났다. 2열로 늘어서 있는 총 24개의 발사관 중 22개에는 각각 7발의 토마호크 미사일이 실려 있다. 그래서 총 154발의 토마호크 미사일이 탑재되는 것이다. 나머지 2개의 발사관은 특수부대 침투용 등으로 쓰인다.

오하이오급에 실려 있는 미사일은 토마호크 중에서도 최신형으로, 1,609km 떨어져 있는 목표물을 족집게처럼 정확히 공격할 수 있고, 비행 중에도 목표물을 바꿔서 때릴 수 있다. 과거엔 핵탄두 토마호크 미사일도 있었지만 현재는 재래식 탄두를 장착한 미사일만 탑재돼 있다. 최근 시리아 공습에도 활용됐던 토마호크 미사일은 주요 분쟁이나 전쟁 때마다 약방의 감초처럼 사용됐던 무기다.

미국이 북한 핵·미사일 시설, 주석궁 등 정권 수뇌부에 대해 평상시 예방타격을 하거나 전쟁 임박 시 선제타격을 할 경우 최우선적으로 사용될 무기 중의 하나도 토마호크 미사일이다. 그런 미사일을 미군 함정 중 가장 많이 탑재하고 있으니 북한 입장에선 스텔스 폭격기, 항모 등과 함께 가장 두려운 존재가 될 수밖에 없는 것이다. 잠수함 수직발사관 사이에는 러닝머신 등 운동기구들이 눈에 띄었다. 수상 함정에 비해 비좁은 잠수함의 공간을 최대한 활용하기 위한 것이다.

북한 침투 가능한 네이비 실 66명 탑승

발사관 한쪽으로는 오하이오급의 또 다른 강력한 무기인 특수부대원들을 위한 침대들이 늘어서 있었다. 오하이오급은 세계 최강의 특수부대

오하이오함 외부 튜브에 실려 있는 특수부대 침투용 소형 잠수정. 〈사진 출처: 미 해군〉

로 알려진 미 해군 특수부대 '네이비 실(Navy SEAL)'팀 66명을 태울 수 있다. 특수부대원들은 특수 잠수정 ASDS를 이용해 적 해안에 은밀히 침투할 수 있다. ASDS는 최대 16명의 특수부대원들을 태운다. 이 잠수정은 오하이오급 선체 위의 타원형 격납고에 최대 2척이 실려 있다가 발진한다.

미 특수부대원들은 우리 해군의 UDT/SEAL, 육군 특전사 요원들과 함께 오하이오급에 탑승해 북 침투훈련을 여러 차례 실시한 것으로 알려졌다. 한·미 특수부대원들은 유사시 잠수함 등을 통해 북한 지역에 침투해 김정은 등 북 정권 수뇌부를 제거하는 이른바 '참수작전'을 펴거나 급변사태 시 북 핵무기를 확보·제거하는 데 핵심적 역할을 하게 된다. 미시간함 등 오하이오급은 그런 점에서 매우 유용한 무기다. 특히 북한의 대잠수함 작전능력은 우리보다 크게 떨어진다. 군 소식통은 "북한에 변변한 대잠초계기도 없고 함정들의 소나(음향탐지장비) 성능도 크게 떨어진다"며 "마음만 먹으면 언제든지 한·미 잠수함이 북 영해 내에 들어가서도 작전할 수 있다"고 말했다.

디젤 전지 등으로 추진되는 재래식 잠수함이 한 번에 2주가량 바다에서 작전할 수 있는 데 비해 원자력으로 추진되는 핵잠수함은 최대 6개월 정도까지 물 속에서 움직일 수 있다. 그러나 보통 3개월 분량의 식량이 실리고, 승조원들의 생체적 한계 때문에 한 번 바다에 나가면 3개월가량 작전한다. 오하이오에선 160명에 달하는 승조원들이 체력을 유지하기 위해 발사관 통로를 운동장 트랙처럼 도는 경우도 있는데 7바퀴를 돌면 1.6km나 된다.

오하이오급은 원래 냉전 시절인 1981년 구소련에 맞서기 위해 트라이던트(Trident) 잠수함 발사 탄도미사일(SLBM) 24기를 탑재하는 전략잠수함(SSBN)으로 만들어졌다. 미 전략 핵잠수함의 중추 전력으로 1번함인 오하이오가 1981년 미 해군에 배치된 뒤 같은 형의 잠수함이 1997년까지 총 17척이 추가 건조됐다. 이 중 4척이 냉전 종식과 미·소 전략무기 감축협상, 그리고 대테러전 증가라는 안보환경 및 미국 안보전략 변화에 따라 각각 4억달러를 들여 미사간함처럼 순항미사일 탑재 잠수함으로 개조된 것이다.

순항미사일 핵잠수함으로 재탄생된 일부 오하이오급은 2011년 리비아 공습작전에 참가했다. 오하이오급 3번함인 플로리다(Florida)는 2011년 3월 오디세이 여명 작전(Operation Odyssey Dawn)에 참가, 작전 기간 동안 90여발의 토마호크 미사일을 발사했다.

사드보다 더 강한 놈들이 온다
— 진화하는 BMD체계

–《주간조선》, 2017년 2월 27일

(좌) GBI 요격미사일. (우) SM-3.

2017년 2월 9일 일본 방위성은 2월 초 미국과 공동으로 시험발사에 성공한 신형 요격미사일 SM-3 블록2A의 발사 장면을 홈페이지를 통해 공개했다. SM-3 블록2A는 2017년 2월 3일 하와이 앞바다의 미군 이지스함에서 발사돼 중거리 탄도미사일을 상정한 표적물을 추적해 요격하는 데 성공했다.

'SM-3 블록2A'는 미·일이 북한 탄도미사일 등의 위협에 대처하기 위해 개발한 개량형 미사일이다. SM-3 미사일은 땅 위에서 발사되는 사드(THAAD)와 달리 이지스함에서 발사되는 미사일로 개발됐다. 최근 엔 땅 위에도 이지스 시스템이 배치됨에 따라 지상에서도 발사될 수 있 다. 계속 개량형이 개발돼 블록 1A·B, 블록 2A·B 등 여러 모델이 있 다. 미사일 요격에 중요한 최대 요격고도는 사드(150km)보다 훨씬 높 다. 블록 1A는 250km, 블록 1B는 500km, 블록 2A는 1,500km 안팎 인 것으로 알려져 있다. 미사일이 낙하하는 종말 단계뿐 아니라 상승 하는 단계와 대기권 밖을 비행하는 중간 단계에서도 요격할 수 있다는 게 특징이다.

북한이 2017년 2월 12일 고체로켓으로 추진되는 북극성 2형 신 형 미사일의 시험발사에 사실상 성공하고, 미 본토를 사정권에 두는 ICBM(대륙간탄도미사일) 시험발사가 예상됨에 따라 이를 요격하는 미 국의 탄도미사일 방어(BMD) 체계에 대해 관심이 쏠리고 있다.

특히 북한의 미사일 발사를 전후해 미 의회에서 미사일 방어체계 강 화를 주문하는 목소리가 집중적으로 터져나오고 있다. 미 공화당 톰 코 튼(Tom Cotton) 상원의원과 트렌트 프랭크스(Trent Franks) 하원의 원은 북한의 미사일 도발에 맞서 미사일 방어 능력을 대폭 강화할 것 을 주문했다. 미국 상원 외교위 동아태 소위원장인 코리 가드너(Cory Gardner) 의원은 "이란이든 북한이든 깡패와 사이코패스들이 군사적 우위를 점하게 해서는 절대 안 된다"면서 "트럼프 행정부가 100개의 지상 요격기(요격미사일)를 배치하고, (핵미사일 방어용) 빔(Beam)무기 나 첨단 '킬 비클(Kill Vehicle)'(미사일 요격체)과 같은 차세대 미사일 방 어능력 개발을 가속화하길 진심으로 희망한다"고 밝히기도 했다.

미국의 BMD는 미사일 비행 모든 단계에 걸쳐 탐지, 추적, 요격을 위해 다양한 센서, 요격무기, 지휘통제 및 통신체계로 구성된다. 우리나라의 한국형 미사일방어(KAMD) 체계가 현재 단 한 번의 요격 기회를 갖는 하층 방어체계인 데 반해, 미국 BMD는 여러 단계의 요격 기회를 갖는 다층 방어체계로 돼 있다. 국방기술품질원의 이상용 선임연구원이 최근 '국방과학기술정보'에 기고한 미 BMD 동향 분석 논문에 따르면 북 미사일 발사 등을 탐지하는 '눈'은 우주기반(위성) 센서, 지상 및 해상기반 센서로 구성돼 있다. 적 탄도미사일 발사를 감시하는 위성으로는 DSP(Defense Support Program), SBIRS(Space-Based Infrared System), STSS(Space Track and Surveillance System) 등이 있다. DSP는 고도 3만6,000km 정지궤도에서 북한의 대포동2호 발사 등을 감시했던 조기경보위성이다. 미사일 발사 때 생기는 열을 감지해 미사일 발사를 알아낸다. SBIRS는 DSP의 임무를 이어받은 최신형 위성으로 단·중파 적외선 신호 탐지기능 등 첨단 장비를 갖췄다. 정지궤도 위성과 이보다 낮은 고도에서의 고타원 궤도 위성 등 총 5기를 운용 중이다. STSS는 저궤도 위성으로 탄도미사일 상승 및 중간 단계를 추적·감시하며 요격미사일에 유도정보를 제공한다.

미국은 바다와 땅에서도 방대한 미사일 감시망을 가동하고 있다. 하와이에 배치돼 있다가 북 장거리 미사일 발사 시 서태평양으로 출동하는 해상배치 X밴드 레이더(SBX)가 대표적이다. 거대한 석유시추선에 실려 있는 이 레이더는 최대 4,800km 떨어져 있는 골프공 크기의 물체도 식별할 수 있는 것으로 알려져 있다. 이지스함에 장착돼 있는 SPY-1 레이더도 미사일 방어체계의 중요한 '눈'이다. 항공기는 최대 1,000km 밖에서 탐지할 수 있지만 레이더에 작게 탐지되는 탄도미사

패트리엇과 사드.

일은 310km 이상 떨어진 곳에서 정확히 파악할 수 있는 것으로 알려
져 있다.

지상배치 레이더로는 거대한 빌딩 형태인 '코브라 데인(Cobra Dane)'
(탐지거리 3,200km 이상), AN/FPS-132 UEWR(4,000km 이상), 사드(고
고도미사일방어) 체계의 레이더로 유명해진 AN/TPY-2(800~2,000km)
등이 있다. 코브라 데인과 UEWR의 높이는 12층 건물과 비슷한 36m
에 달한다.

이들 감시수단에 의해 탐지된 북한 등의 탄도미사일은 지상과 해상
에 배치된 4종류의 요격무기에 의해 격추될 수 있다. 지상에선 미사일
중간 단계에 해당하는 1,000km 이상의 고도에서 요격하는 GBI가 가
장 높은 고도에서 미사일을 떨어뜨릴 수 있는 무기다. 그 뒤 미사일이
낙하하는 종말 단계에선 사드가 최대 150km에서 요격하는 상층방어,

패트리엇 PAC-3 미사일이 15~22km 고도에서 요격하는 하층방어를 각각 담당한다. GBI는 적 미사일과 충돌해 파괴하는 요격체(킬 비클)인 EKV와 이를 우주공간 요격지점까지 운반하는 다단계 고체연료 로켓으로 구성돼 있다. 현재 알래스카에 26기, 캘리포니아 반덴버그 기지에 4기 등이 배치돼 있으며 배치 수량은 계속 늘어날 전망이다.

미국은 이런 기존 무기들보다 진화한 차세대 미사일 방어무기도 개발 중이다. 지향성 에너지 무기(DEW)로 불리는 고출력 레이저와 극초단파 무기 등이 대표적이다. 고출력 레이저 무기는 화학연료, 전기 등을 사용해 만든 빔을 적 미사일에 직접 쏴 파괴한다. 극초단파 무기는 넓은 각도의 극초단파 펄스(pulse)를 쏜다. 미 함정에 배치된 LaWS는 실전배치 단계에 접어들기 시작한 레이저 무기다. 하지만 아직까지는 소형 고속보트와 무인기 등을 격추할 수 있을 뿐 탄도미사일을 요격할 수 있는 능력은 없다.

레일건과 초고속 화포도 차세대 미사일 방어무기로 주목을 받고 있다. 전자기장을 활용하는 레일건은 음속의 7배 이상 초고속으로 포탄을 쏠 수 있어 미사일 요격도 할 수 있다. 초고속 화포는 속도가 레일건의 절반 정도이지만 재래식 탄보다 2배 이상 빠르고 발사비용이 2만5,000~5만 달러로 기존 미사일 방어체계에 비해 싸다는 게 장점이다. 북 미사일 위협의 1차 당사자인 우리나라에서도 국방과학연구소 등이 레이저 무기와 레일건 등을 차세대 미사일 방어무기로 개발 중이다.

한 척에 12조 원!
미 해군력의 핵 포드급 신형 항모

– 《주간조선》, 2017년 2월 13일

미 제럴드 포드급 항모.

2017년 2월 4일 미 버지니아주 뉴포트뉴스 조선소에서 세계 최초의 원자력 추진 항공모함으로 주목받았던 엔터프라이즈(Enterprise)함의 공식 퇴역식이 열렸다. 엔터프라이즈함은 쿠바 미사일 위기와 같은 주요 국제분쟁이나 위기 때 모습을 드러내며 55년간 맹활약을 했다. 냉전이 한창이던 1961년 11월에 취역한 후 이듬해부터 본격적으로 운영되다 2012년 예비 함선으로 분류돼 '이선 후퇴'한 엔터프라이즈는 이로써 일단 역사 속으로 사라지게 됐다.

엔터프라이즈는 만재 배수량 9만4,800t, 길이 342m로 F-14 톰캣 (Tomcat), F/A-18 호넷(Hornet) 전투기, E-2 호크아이(Hawkeye) 조기경보기 등 80여대의 함재기를 운용했다. 특히 톰 크루즈(Tom Cruise)가 주연한 영화 〈탑건(Top Gun)〉의 무대로 유명해졌다. 엔터프라이즈는 우리나라와도 인연이 깊다. 1968년 1월 동해상 공해에서 정보 수집 활동을 하던 미 해군 정보함 푸에블로(Pueblo)호가 북한 함정에 납치된 데 이어 같은 해 4월 미 EC-121 정찰기가 북한 전투기에 격추돼 승무원 31명이 전원 사망하는 사건이 발생해 긴장이 고조되자 미 해군은 엔터프라이즈를 중심으로 한 항모 전단을 동해로 급파했다. 이 밖의 한반도 위기 시에도 여러 차례 출동했다.

하지만 엔터프라이즈가 역사 속으로 완전히 사라진 것은 아니다. 미 해군 최신예 차세대 항모인 제럴드 포드(Gerald R. Ford)급 항모로 2020년대 중반 '부활'하기 때문이다. 제럴드 포드급 3번함인 엔터프라이즈는 2018년 건조에 착수, 2023년 진수된 뒤 2025년 실전배치될 예정이다. 공식 퇴역 후 8년 만에 '부활'하게 되는 셈이다.

항공모함은 미 해군력은 물론 세계를 제패하는 미 군사력의 상징으로 불린다. 제럴드 포드급(CVN-78)은 미 해군력의 핵인 항공모함 전력의 차세대 주전선수다. 현재 미 해군 항공모함은 모두 니미츠(Nimitz)급이라고 불리는 대형 원자력추진 함정이다. 총 10척에 이른다. 배수량이 9만~10만여t에 달하는 대형 함정이다. 보통 80여대의 전투기, 조기경보기, 전자전기, 헬기 등을 탑재한다.

포드급은 제38대 미 대통령이었던 제럴드 R. 포드의 이름을 딴 것이

제럴드 포드함 함교.

다. 포드는 2차대전 때 해군장교로 항공모함에 근무한 적이 있다. 포드 급의 1번함인 제럴드 포드함은 2013년 진수돼 당초 2016년 취역할 예정이었으나 이런저런 문제로 올해로 취역이 연기된 상태다.

포드급도 크기는 니미츠급과 비슷한 10만t급이다. 하지만 함정 추진 방식과 함재기 운용장비, 함교 등에서 니미츠급과 큰 차이를 보이며 업 그레이드된 성능을 자랑한다. 가장 큰 변화 중의 하나는 항모를 움직이 는 동력을 제공하는 원자로다. 새로 개발된 A1B 원자로 2기를 탑재한다. 기존 엔터프라이즈나 니미츠급에서 사용된 가압경수로 증기터빈 방식 대신, 원자로의 열로 발전용 터빈을 돌려 전기를 만들어내고 이 전기를 이용해 모터를 돌려서 함정을 움직이는 핵·전기 추진방식을 채택하고 있다. 신형 원자로는 기존 원자로에 비해 출력이 대폭 강화됐고 원자로 연료봉 교체주기도 길어졌다. 예상 항속거리는 20년간 무제한이다.

니미츠급 등에서 사용하던 기존 스팀 캐터펄트(사출기) 대신 전자기식 캐터펄트(EMALS)를 장착하고 있는 것도 달라진 점이다. 캐터펄트는 함재기들이 무거운 무기를 싣고도 짧은 항모 비행갑판을 정상적으로 이륙할 수 있도록 도와주는 장비다.

보통 F-16 전투기가 이륙하는 데는 450여m, 착륙거리는 910여m가 각각 필요하다. 하지만 니미츠급 항모에선 99m 이내에 이륙하고 98m 이내에 착륙해야 한다. 스팀 캐터펄트는 원자로에서 만들어지는 고온 고압 증기를 이용해 항공기를 이륙시킨다. 무게가 1,500t에 달할 정도로 무겁고 운용인원이 1,200명에 이를 정도로 많은 운용인원이 필요하다는 단점이 있었다.

전자기식 캐터펄트는 구조가 단순해 정비가 쉽고 부피와 무게가 엄청나게 줄어드는 장점이 있다. 출력도 스팀 방식에 비해 훨씬 강력해졌다. 이륙만큼 중요한 착륙 장치도 최신형 강제착륙장치(AAG)를 사용해 기존 함재기와 F-35 스텔스기는 물론 X-47 등 무인전투기의 착륙을 모두 소화할 수 있는 것이 특징이다.

제럴드 포드급 특징

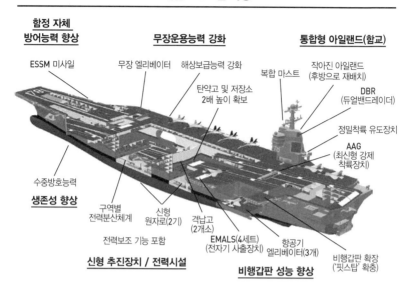

함정 자체 방어능력 향상
- ESSM 미사일
- 수중방호능력
- **생존성 향상**

무장운용능력 강화
- 무장 엘리베이터
- 해상보급능력 강화
- 탄약고 및 저장소 2배 높이 확보

통합형 아일랜드(함교)
- 복합 마스트
- 작아진 아일랜드 (후방으로 재배치)
- DBR (듀얼밴드레이더)
- 정밀착륙 유도장치
- AAG (최신형 강제 착륙장치)

- 구역별 전력분산체계
- 전력보조 기능 포함
- 신형 원자로(2기)
- 격납고 (2개소)
- EMALS(4세트) (전자기 사출장치)
- 항공기 엘리베이터(3개)
- 비행갑판 확장 ('핏스탑' 확충)

신형 추진장치 / 전력시설

비행갑판 성능 향상

자료: 월간 국방과 기술

이에 따라 함재기가 임무를 위해 하루에 뜨고 내릴 수 있는 소티 (sortie)도 늘어나게 됐다. 니미츠급은 12시간 작전 시 120회, 24시간 작전 시 240회로 설정돼 있다. 반면 포드급은 12시간 작전 시 160회, 24시간 작전 시 270회를 목표로 하고 있다. 그만큼 적 지상 목표물 공격이나 제공권 장악 등을 위한 작전능력이 향상되는 것이다.

'아일랜드'라 불리는 함교 형태와 첨단 레이더도 달라진 부분이다. 함교는 니미츠급에 비해 크기가 작아지고 길이는 짧아진 대신, 높이는 6m 정도 높아졌다. 이를 통해 비행갑판이 니미츠급에 비해 넓게 확보 됐다. 포드급은 미 항모로는 처음으로 위상배열 레이더를 장착하고 있다. SPY-3 X밴드 다기능 레이더와 SPY-4 S밴드 광역수색 레이더를 한데 묶어 각각 위상배열 레이더 3개면으로 구성하는 방식이다. SPY-3

X밴드 다기능 레이더는 5조원이 넘는 '꿈의 함정'으로 유명한 줌왈트 (Zumwalt)급 구축함에도 장착돼 있다.

포드급은 첨단 항모인 만큼 가격도 비싸다. 건조비용이 2008년엔 105억달러로 예상됐지만 지난해엔 129억달러까지 늘어났다. 배 한 척에 12조원이 넘는 엄청난 돈이 들어간 것이다. 미 상원 존 매케인(John McCain) 군사위원장은 포드급의 문제를 지적하며 '미국 최고의 돈 낭비'라는 보고서를 발간하기도 했다. 미국은 총 10척의 포드급을 건조해 니미츠급을 대체할 계획이다.

중국의 집요한 항모 굴기

– 《주간조선》, 2017년 1월 9일

중국 항모 랴오닝함.

약 16년 전인 2001년 11월 우크라이나에서 건조 중이던 구소련의 쿠즈네초프(Kuznetsov)급 항공모함 '바랴그(Varyag)'가 예인선에 이끌려 6시간가량 터키 이스탄불 인근 다다넬스 해협을 지났다. 바랴그는 구소련이 미국 항모 전단에 맞서 우크라이나에서 의욕적으로 건조하다 소련 해체로 건조가 중단된 채 소유권이 우크라이나에 넘어간 비운의 함정이었다. 당시 공정률은 67%였지만 우크라이나는 이를 운용할 능력이 없어 매각을 추진했다.

항모 보유를 탐내온 중국은 홍콩 여행사를 내세워 해상공원을 만들겠다며 바랴그의 매입을 추진했다. 하지만 이는 미국 등의 견제를 피하기 위한 속임수였다. 이 위장 회사의 대주주는 전직 중국 인민해방군 제독이었고, 항모 구매를 주도한 것은 중국 해군의 아버지로 불리는 류화칭(劉華淸)이었다. 류화칭은 1980년대 미국의 아·태지역 영향력에 맞서 도련선(섬과 섬을 사슬처럼 연결한 것) 전략을 내세운 것으로 유명하다.

1998년 중국은 경매 끝에 2,000만달러의 헐값에 바랴그를 구매하는데 성공했다. 그러나 바랴그를 중국에 가져오는 길은 난관의 연속이었다. 다다넬스, 보스포러스 해협 항행권을 손에 쥔 터키는 절대로 항모의 통과를 허용할 수 없다고 공언했다. 수에즈 운하를 관리하는 이집트도 마찬가지였다. 중국은 터키에 엄청난 경제적 혜택을 제시한 뒤에야 해협 통과를 승인받았다. 하지만 터키는 중국 정부가 10억달러의 보증금을 준비하고 16척의 예인선으로 견인토록 하는 등 20개에 달하는 까다로운 조건을 제시해 중국 정부를 애먹였다.

바랴그는 터키 통과에는 성공했지만 수에즈 통과는 이집트가 끝내 반대해 성사되지 못했다. 바랴그는 결국 그리스~스페인~카나리아제도 ~희망봉~싱가포르를 거치는 2만8,000km의 대장정을 마친 뒤 2002년 2월에야 중국 다롄항에 도착했다.

바랴그는 다롄항에 정박된 상태에서 여러 해 동안 별다른 변화가 없어 실제로 해상공원을 만들려는 것 아니냐는 관측을 낳기도 했다. 하지만 2005년 이후 내외부 시설 개선 및 도색작업이 점진적으로 이뤄져 진수가 됐고 예상보다는 빨리 2012년 9월 실전배치가 이뤄졌다.

중국의 이런 항모 보유 추진은 1980년대 중반부터 가시적으로 나타나기 시작했다. 1985년 호주로부터 구입한 퇴역 항모 멜버른(Melbourne)이 그 출발점이다. 멜버른은 영국에서 건조되다 중단된 것을 호주가 구입해 사용하다 1983년 퇴역한 함정이었다. 중국선박공업사가 140만달러에 고철로 구입했지만 1994년까지 해체되지 않고 무려 9년간 중국 해군에 의해 철저하게 조사와 연구가 진행됐다. 해군 조사는 특히 항모용 증기 캐터펄트(사출기)에 집중돼 멜버른을 해체할 때도 증기 캐터펄트는 따로 보관했다고 한다. 캐터펄트는 항모의 짧은 활주로에서 함재기가 미사일·폭탄을 탑재하고도 제대로 이륙할 수 있도록 도와주는 필수장비다.

퇴역 항모 구입해 9년간 조사 연구

1990년대에 들어 구소련이 무너지면서 고철로 판매된 키예프(Kiev)급 항모 중 키예프와 민스크(Minsk)를 해상 카지노용 등으로 구매하기도 했다. 프랑스는 퇴역하는 클레망소(Clemenceau)급 항모를 중국에 제안했지만 완전한 기술이전에 대한 이견으로 성사되지 못했다.

중국의 항모 보유 및 운용과 관련해 많은 전문가들을 놀라게 하고 있는 것이 실전적 항모 운용 속도가 예상보다 빠르다는 점이다. 2012년 랴오닝함이 실전배치될 때만 해도 전문가들은 중국이 4~5년 뒤에야

라오닝함에서 발진 준비 중인 함재기 J-15 전투기들.

함재기를 제대로 운용하고, 그로부터 다시 몇 년이 더 지나야 항모가
100% 운용될 것으로 전망했다. 하지만 예상보다 빠른 2013~2014년
함재 전투기 J-15(젠-15) 모습이 공개되기 시작했다.

　2016년 12월에는 라오닝함과 '중국판 이지스함'으로 불리는 신형
구축함 등으로 구성된 항모 전단이 서해는 물론 동중국해, 서태평양에
서 훈련을 해 한·미·일 3국을 긴장시켰다. 라오닝함은 함대공미사일
을 쏘고 J-15 전투기가 공대함미사일을 발사하는 등 실전 훈련을 과시
했다. 중국 항모전단의 서해와 원양에서의 훈련은 처음이다. 중국 항모
전단은 라오닝함 외에 정저우(鄭州)함 등 미사일 구축함 3척, 옌타이(煙
台)함 등 미사일 호위함 3척, 종합 보급함 가오요후(高郵湖)함 등 모두 8
척으로 구성됐다.

　라오닝함의 작전반경은 함재기 성능 등을 감안할 때 800km 안팎으

건조 중인 중국 신형 항모와 신형 구축함 등으로 구성된 중국 항모 전단 상상도.

로 추정된다. 이는 중국 항모 전단이 서해에 배치될 경우 서해상에선 우리 함정이나 항공기가 작전하기 어렵게 된다는 의미다.

함재기인 J-15는 러시아의 SU-33 전투기를 개량한 것으로, 사거리 가 250km 이상인 초음속 공대함 순항미사일 YJ-12를 장착할 수 있어 미 항모 전단은 물론 일본 이지스함 등에도 위협적 존재가 될 수 있다.

물론 세계 최강 미국의 대형 항모(니미츠급)에 비하면 중국 항모는 아직 뒤떨어지는 부분들이 많다. 랴오닝함은 만재 배수량이 6만7,500t인 반면 미 니미츠급 항모는 10만t이 넘는다. 전투력과 직결되는 함재기 숫자는 랴오닝함이 J-15 24대 등 36대 수준이지만 미 니미츠급은 조기경보기와 전자전기를 포함해 85대 안팎이다. 그나마 현재 랴오닝함이 운용 중인 J-15는 20대에 훨씬 못 미치는 상태다. 작전반경도 미 니미츠급은 랴오닝함보다 넓은 1,000여km에 달한다.

중국은 2016년 말 다롄에서 건조 중인 첫 국산항모 '001A'함(제2항모)의 주요 선체 조립을 끝낸 상태이며 상하이 인근에서 이보다 큰 제3항모도 건조 중이다. 제2항모는 랴오닝함과 비슷한 형태이지만 함재기는 다소 많을 것으로 예상된다. 랴오닝함과 제2항모는 갑판 앞부분이 솟아오른 '스키 점프' 갑판이지만 제3항모는 미국 항모처럼 캐터펄트를 장착한 평갑판 형태의 진일보한 항모일 것으로 예상되고 있다. 군 소식통은 "중국은 2020년대 중반까지 최소 3척의 항모를 보유할 것으로 예상된다"며 "중국 항모는 우리에게도 잠재적 위협이 되는 만큼 초음속 대함 크루즈미사일이나 핵추진 공격용 잠수함 등의 대응수단을 마련해야 할 것"이라고 말했다.

일(日) 대북 정보력 놀랍네!

– 《주간조선》, 2016년 11월 7일

일본 P-1 해상초계기.

'일본이 우리에게 실제로 도움이 될 만한 북한 정보를 갖고 있을까? 우리가 일방적으로 일본에 북한 정보를 제공하는 것은 아닌가?'

우리 정부가 최근 한·일 군사정보보호협정(GSOMIA) 체결 논의에 본격 착수함에 따라 일각에서 제기되는 의문이다. 우리나라가 대북 정보수집 면에서 일본에 비해 인적·물적 역량이 강하지 않겠느냐는 상식에 기반한 얘기다.

 하지만 정부와 군 당국, 전문가들은 일본의 대북 정보수집 능력을 결코 가볍게 봐선 안 된다고 강조한다. 양국 간에 정보보호협정이 체결되면 일본의 방대한 정보수집 자산들이 보유한 대북 정보 중 일정 부분을 받을 수 있다는 설명이다. 우선 관심을 끄는 것이 정찰위성과 통신감청 시설을 통한 정보다. 일본은 전자광학 카메라를 장착한 광학위성 4기와 전천후 감시 레이더(SAR)를 장착한 레이더위성 2기 등 정찰위성 6기가량을 운용하고 있다.

 신형 광학위성의 해상도는 30cm급으로, 우리 정찰위성(아리랑위성·55~70cm급)보다 정교한 북한 사진을 찍을 수 있다. 해상도 30cm는 수백km 상공에서 30cm 크기의 물체를 식별할 수 있다는 얘기다. 광학위성은 구름이 끼어 있는 등 날씨가 좋지 않을 때는 목표물 사진을 찍을 수 없다는 게 한계다. 반면 SAR를 장착한 레이더위성은 구름이 끼어 있거나 악천후에도 영변 핵시설 등의 사진을 찍을 수 있다.

 일본은 이런 정찰위성을 10기까지 늘릴 계획이다. 정찰위성 숫자가 늘어난다는 것은 그만큼 자주 북한 지역 상공을 지나며 사진을 찍을 수 있다는 의미다. 정찰위성은 보통 지상 수백km 상공 궤도를 돌기 때문에 북한 지역 상공에 24시간 떠 있을 수는 없다. 사각시간대가 있다는 얘기다. 보통 하루에 몇 차례씩 북한 상공을 지나면서 사진을 찍는다. 우리나라는 아리랑위성(다목적 실용위성)이 정찰위성 임무를 겸하고 있다. SAR 위성은 1개에 불과하고 해상도도 일본 것보다 떨어진다. 정찰위성은 양적·질적인 면에서 일본이 우리보다 우위에 있기 때문에 도

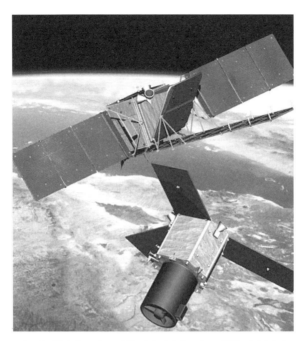

일본의 정찰위성들. 위가 전천후 감시 레이더(SAR)를 장착한 레이더위성.
아래는 전자광학 카메라를 장착한 광학위성.

움을 받을 수 있다는 얘기다. 물론 현재 우리나라는 일본 정찰위성보다
훨씬 해상도가 높은 해상도 10cm 미만급의 미 정찰위성으로부터 정보
를 받고 있지만 이를 일본 정찰위성 정보를 통해 보완할 수 있다는 게
정부 당국의 설명이다.

일본은 우리의 사각지대 통신감청

적의 무선 교신 등을 엿듣는 통신감청은 민감한 정보를 많이 수집할 수
있는 정보의 보고다. 우리나라는 전방 DMZ(비무장지대) 인근 지역과
섬에 여러 개의 통신감청 기지를 운용하며 대북 정보를 수집하고 있다.
우리가 일본보다 가깝기 때문에 통신감청 정보는 우리가 일본보다 우

위에 있다는 게 일반적인 견해다. 하지만 정보 소식통들은 통신감청에 있어서도 일본이 우리보다 비교우위에 있는 부분이 있다고 말한다. 일본 중북부 지역은 남한보다 북쪽에 있어 북한 후방 지역 통신감청이 가능하다는 것이다. 한 소식통은 "전파는 직진하는 특성 때문에 높은 산 뒤쪽은 감청하기 어려워 우리가 남쪽에서 북한 지역을 감청할 수 없는 사각지대가 있다"며 "하지만 북한 후방 지역보다 북쪽에 있는 일본 북측 지역에선 이런 사각지대 감청도 가능하다"고 말했다. 일본의 통신감청 능력은 세계적 수준으로 평가된다. 1983년 사할린 상공에서 구소련 전투기가 대한항공 007기를 격추했음을 가장 먼저 정확하게 파악한 것도 일본 홋카이도에 설치된 통신감청 기지였다. 일본은 EP-3 등 통신감청 항공기도 여러 대 보유하고 있다.

북한의 '북극성' 잠수함 발사 탄도미사일(SLBM) 개발이 급진전을 이룸에 따라 북 잠수함을 추적·감시할 수 있는 일본의 강력한 대잠수함 초계기 전력도 관심 대상이다. 일본은 P-3C 해상초계기 68대를 보유, 미국을 제외하곤 세계에서 가장 많은 P-3C를 보유하고 있다. 현재의 한·미·일 3국 정보공유 약정으로는 일본이 수집한 북 잠수함 정보를 받을 수 없다. 인간정보(휴민트)의 경우 우리가 일본에 비해 월등 우세한 것으로 알려져 있다. 하지만 소식통들은 조총련 등 일본의 대북 인적 네트워크를 무시해선 안 된다고 말한다. 김정은 요리사로 유명한 후지모토 겐지도 일본 사람이다.

정보는 서로 주고받는 게 기본이기 때문에 우리가 수집한 정보도 일본에 제공해야 한다. 일본은 우리가 고위급 탈북자 등을 통해 수집한 인간정보에 관심이 많은 것으로 알려져 있다. 이지스함과 신형 레이더 등 하드웨어 숫자는 일본이 앞서지만 지리적 위치 때문에 북한 탄도미사일이 발사된 직후의 정보수집은 우리가 유리해 이 또한 일본이 기대하는 분야다. 정부 소식통은 "똑같은 위성사진이라도 같은 민족인 우리만이 제대로 해석할 수 있는 북한 움직임이 있기 때문에 일본에 대해 비교우위를 가질 수 있다"며 "우리가 일방적으로 일본 정보를 받기만 해서는 우리가 기대하는 일본 고급정보를 받을 수 없는 게 현실"이라고 말했다.

일본의 주요 대북 정보수집 자산 현황

구 분	현 황
정찰위성	• 6기(광학위성 4기, 레이더위성 2기) • 해상도와 정보의 질 개선 중
탄도미사일 탐지레이더 및 통신감청	• 이지스함 6척(2021년까지 8척으로 증강) • 지상 레이더 기지 11개소(탐지거리 1,000km 이상) • 지상 통신감청 기지, EP-3 등 통신감청 항공기
항공 전력	• 조기경보통제기 E-767 4대, E-2C 13대 • P-1 신형 해상초계기 9대, P-3C 초계기 68대
인간정보	• 조총련, 교도통신 평양지국, 기타(김정은 요리사 등)

한·일 대북 정보 제공 영역 비교

구분	한국	일본
내용	• 탈북자 등 통한 인간정보 • 이지스함, 그린파인 레이더 등 통한 북 미사일 발사 정보 • 위성사진 등 해석 정보 • 통신감청 정보	• 정찰위성 사진 정보 • 통신감청 정보 • 해상초계기 등 통한 북 잠수함 동향 정보 • 조총련 등 통한 인간정보

정부가 2014년 12월 체결한 한·미·일 군사정보공유 약정에도 불구하고 한·일 군사정보보호협정을 다시 추진하는 배경도 주목거리다. 국방부는 현 3국 정보공유 약정으로는 급속히 악화되고 있는 북한 핵·미

사일 위협에 신속하고 효과적인 대응이 어렵다는 점을 강조하고 있다. 현재 3국 약정은 반드시 미국을 통해 한·일 간 정보를 공유하도록 돼 있다. 한·일 간 '직거래'는 불가능하다. 정보공유 대상도 북한 핵·미사일 정보에 국한돼 있다. SLBM을 탑재한 북 잠수함 동향이라든지, 김정은 등 북 정권 수뇌부에 대한 인간정보 등은 일본으로부터 받을 수 없다.

한·일 군사정보보호협정이 체결되면 한·일 간에 '직거래'가 가능하고, 정보교환 대상도 김정은 등 북한 정권 수뇌부 동향을 비롯, 대북 정보 전반으로 확대된다. 이번 재추진에는 미국의 집요한 압박도 상당한 영향을 끼친 것으로 알려졌다. 미국은 이명박 정부 시절에도 한·일 군사정보협정 체결을 우리 정부에 강력히 요구했었고, 이에 따라 2012년 양국 군사정보협정 체결을 추진하다 '밀실 추진' 논란을 빚으며 중단됐었다. 한 소식통은 "한·일 군사정보협정 체결 없이는 북한 핵·미사일 위협에 대한 효과적 대응은 물론 미국의 동북아 전략 구상도 차질을 빚을 수밖에 없다는 게 미 정부 판단"이라고 말했다.

일(日)에 배치되는 영·프 군함

– 《조선일보》, 2019년 1월 5일

2017년 8월 일본을 방문한 메이 영국 총리가 해상자위대를 찾았다. 메이는 최신예 헬기 항모인 이즈모함에도 올랐다. 그녀를 영접한 오노데라 일본 방위상은 "지금의 이즈모함은 러일전쟁 때 일본제국 해군의 기함(旗艦)으로 러시아 함대를 격파했던 군함과 이름이 같다"고 했다. 방위상은 "러일전쟁 당시 영국이 제조해준 이즈모함 덕분에 일본이 승리할 수 있었다"고 덧붙였다.

그러자 메이는 "일본과 영국은 오랜 협력 관계에 있었는데, 방위 문제에서 이제 두 나라는 협력을 강화해나갈 것"이라고 화답했다. 4개월 뒤 오노데라 방위상이 영국 남부 포츠머스 해군 기지를 찾아 영국 최신예 항모인 퀸 엘리자베스(Queen Elizabeth)함에 올랐다. 외국 고위급으론 처음으로 이 배에 오른 오노데라는 "퀸 엘리자베스가 아·태 지역에 전개될 경우 이즈모함과 연합훈련을 하자"고 제안했다.

지난주 메이 총리는 런던에서 아베 일본 총리와 만난 자리에서 "대북 압박을 위해 영국 호위함을 일본 근해에 배치하겠다"고 했다. 다음날 일본·프랑스의 외교·국방장관들이 '2 + 2' 회담을 열고 북한 감시를 위해 해상초계기와 프리깃함으로 구성된 프랑스 함대를 일본에 파견한다고 밝혔다. 영국·프랑스가 일본과 안보 협력을 굳게 하는 것은 대북 제재 감시 등 북핵 저지를 목표로 하고 있다. 이미 캐나다가 해상초계기를 보내 북의 제재 위반을 감시하고 있다.

하지만 그 본질에는 국제정치 역학도 반영돼 있다. 영국의 EU 탈퇴를 뜻하는 '브렉시트(Brexit)'로 유럽에서 한 발 빼게 된 영국은 글로벌 전략 차원에서 미국과의 협력 확대가 필요하다. 미국은 팽창하는 중국을 견제하고 대북 압박을 위해 영국의 도움이 필요하다. 트럼프 취임 초기 북한 폭격론이 논란이 될 때 영국 공군이 일본에서 훈련해 주목을 받은 적도 있다. 프랑스 역시 글로벌 플레이어로서 '본능'을 갖고 있는 나라다. 그런 강대국 입장에서 아·태 지역에서의 군사적 영향력 확대는 필수적일 수 있다.

대북 제재 측면에선 도움이 되는 움직임이지만 모든 것이 일본을 중심으로 이뤄지고 있는 사실은 우리를 불편하게도 한다. 일각에선 110여 년 만의 '제2의 영일(英日)동맹'이라고도 한다. 당시 우리는 세계 최약소국이었고 지금은 GDP 세계 10위권 국가다. 같이 비교하는 것은 어불성설이다. 그렇긴 해도 한반도 주변 안보 정세가 급변하고 있는데 우리는 그저 김정은만 쳐다보고 있는 것은 아닌지 걱정이다.

레이더 논란

–《조선일보》, 2018년 12월 27일

2013년 2월 5일 오노데라 일본 방위상이 긴급 회견을 열었다. "지난달 30일 동중국해에서 중국 소형 구축함이 3km 떨어져 있던 일본 해상자위대 함정을 사격 통제용 레이더로 조준했다"고 했다. 얼마 뒤 일본 언론도 중국군 간부들이 이를 시인했다고 보도했다. 하지만 중국 국방부는 "일본이 레이더 조사(照射) 문제를 조작해서 중국군의 이미지에 먹칠하고 국제사회를 오도한다"며 발끈했다.

2018년 12월 20일 우리 해군 구축함이 동해에서 북한 조난 선박을 구조하는 과정에서 발생한 '일본 초계기 레이더 조준 논란'이 1주일 가까이 이어지고 있다. 한·일 국방부가 벌이는 공방은 5년 전 있었던 중·일 간 레이더 조준 논란을 떠올리게 한다. 오랜 앙숙인 중·일 사이에 빚어졌던 일이 우방인 한·일 사이에 재연되고 있는 셈이다.

한·일 간 핵심 쟁점은 우리 해군 3,500t급 광개토대왕함의 사격 통제 레이더가 일본 최신예 P-1 초계기를 일부러 조준했느냐 여부다. 광개토대왕함에는 목표물 항공기의 개략적 위치를 파악하는 '탐색 레이더'(MW-08)와 목표물 위치를 정밀하게 파악해 미사일을 유도하는 '추적 레이더'(STIR-180) 두 종류가 있다. 우리 국방부와 해군은 탐색 레이더는 가동했지만, 추적 레이더는 켜지 않았다는 입장이다.

그렇다면 어느 한쪽은 거짓말을 하고 있다. 전문가들은 P-1 초계기가 확보한 광개토대왕함 레이더의 주파수를 공개하면 누가 거짓말을 하는지 확인할 수 있다고 한다. 광개토대왕함 탐색 레이더의 주파수는 4~6기가헤르츠(GHz)인데, 추적 레이더 주파수는 8~12기가헤르츠다. 분명한 차이가 난다. 일본 초계기가 실제로 광개토대왕함 위로 지나갔는지를 따지는 '저공비행' 논란도 광개토대왕함이 찍었다는 초계기 사진을 공개하면 끝날 일이다. 종전 같으면 양국 군 당국 간 물밑 대화로 바로 사실을 확인하고 '오해'를 풀 수 있는 사안이다. 그런데 그렇지 않고 공개적으로 설전을 벌이고 있다.

물밑에서 쉽게 사실을 밝히고 재발을 막을 수 있는 문제가 이렇게 확대되는 것이 어쩌면 이번 논란의 본질일지도 모른다. 지금 일본에선 한국을 우방으로 보지 않는 여론이 커지고 있다고 한다. 한국 정부의 반일(反日) 성향은 공지의 사실이다. 양국 정부 모두 상대방을 무시하고 '마음대로 해보라'는 식으로 가다 보면 종착지가 어디일지 알 수 없다. 여기에 트럼프 미 대통령이 6년을 더 재임한다면 한·일 관계를 중재할 나라조차 없어지게 될 것이다.

이지스함 접촉사고 날 뻔한 남중국해···
미(美)·중(中), 이대로 가면 대형 사고

– 《조선일보》, 2018년 1월 18일

2017년 12월 30일 남중국해에서 중국 함정이 미 이지스 구축함에 41m까지 접근하는 사건이 발생했다. 미·중 함정이 이렇게 가까이 접근한 것은 처음이었다. 바다에서 41m 거리는 충돌 직전의 일촉즉발 상황으로 간주한다. 자동차에 비유하면 두 차가 수십cm 이내로 스치듯이 지나가 가까스로 접촉사고를 피한 것과 마찬가지다.

미·중 양국은 이 사건에 대해 서로 날 선 공방을 주고받아 남중국해 긴장의 파고는 더 높아졌다. 특히 미·중 간 무역전쟁이 벌어지고 있는 터여서 더 주목받았다.

미(美)·중(中) 이지스함의 근접 대결

사건은 미 해군 이지스 구축함 디케이터(Decatur)함이 2017년 12월 30일 '항행의 자유' 작전(FONOP) 일환으로 남중국해 스프래틀리(Spratly) 군도(난사군도)의 게이븐(Gaven) 암초 인근 해역을 항해하는 과정에서 일어났다. 중국 해군 소속 뤼양급(級) 구축함 란저우함이 디

남중국해 영유권 분쟁

중국

스프래틀리 군도
(중국명 난사군도)

중국 주장 영유권
남해구단선

베트남

필리핀

발생지점
케이브 암초
인근

말레이시아

미국 이지스 구축함 '디케이터'함

중국판 이지스 구축함 '란저우'함

케이터함 앞 45야드(41m)까지 접근해 해당 해역을 떠날 것을 경고한 것이다. 미군 측은 "남중국해 항행은 어디까지나 국제법상 합법 행위"라고 맞섰지만 중국 함정은 더 공격적인 기동을 했다. 란저우함은 '중국판 이지스함'으로 불려 미(美)·중(中) 이지스함 대결이 벌어진 셈이다.

칼 슈스터(Carl Schuster) 예비역 미 해군 대령은 언론 인터뷰에서 "이런 종류의 근접 조우 때 진로 변경을 하려면 함장에게는 불과 수초의 시간만이 주어진다"며 "함정들이 1,000야드(900여m)만 접근해도 함장들은 매우 긴장하게 된다"고 말했다.

해상에서 선박 간 안전거리는 최소 500야드(450m)다. 하지만 군함의 경우 안전을 위해 2,000야드(1,800m) 이상을 유지한다. 특히 남중국해에서의 충돌을 예방하기 위해 미·중 등 동아시아국 해군은 지난 2014년 서태평양해군심포지엄에서 '해상에서의 우발적 충돌을 방지하기 위한 규칙(CUES)'에 합의했다. 국제해사기구(IMO) 회원국들도 평상시 해상에서의 충돌을 방지하기 위해 '국제해상충돌 예방규칙

(COLREG)'을 제정해 모든 선박에 적용하고 있다.

중국 군사 문제 전문가인 윤석준 한국군사문제연구원 객원연구위원(예비역 해군 대령)은 "41m까지 근접한 것은 중국 함정이 충돌 코스로 들어오니 미 함정이 버티다 급히 충돌 방지 기동을 한 것으로 봐야 한다"며 "중국 함정이 CUES 등을 위반했을 가능성이 매우 크다"고 말했다.

미국이 남중국해에서 항행의 자유 작전을 실시한 것은 2015년 10월 이지스 구축함 라센(Lassen)함 이후 12차례 이상이다. 미국이 중국의 반발에도 이 같은 작전을 지속하는 것은 중국이 남중국해 전체의 80% 해역에 대해 영유권을 주장, 남중국해 해상교통로(SLOC)가 차단될 수 있다는 우려 때문이다. 중국은 9개의 점선으로 남중국해 대부분을 감싸 안은 U자 모양의 선을 긋고 그 안쪽 해역에 대해 영유권을 주장하고 있다. 이른바 구단선(九段線)이다.

남중국해는 세계 해운 물동량의 4분의 1인 연간 5조달러(약 5,600조원)어치가 통과하는 해상 수송로의 전략적 요충지다. 한·일 원유 수입량의 90%, 중국 원유 수입량의 80%가 이 해역을 통과한다.

일본도 남중국해서 첫 항행의 자유 작전

현재 미국은 항행의 자유 작전을 통해 중국 구단선은 국제법적으로 무효라며, 2016년 7월 국제상설중재재판소(PCA)의 결정(중국 9단선 불인정)을 받아들일 것을 중국에 요구하고 있다.

그러나 중국은 미국 항행의 자유 작전을 군사적 위협으로 간주해 미 해군 함정에 점차 감정적 대응을 하면서 양국 간 갈등의 골은 깊어지고 있다. 중국은 올 들어 항모 랴오닝함 등을 동원한 대규모 전투단 무력시위를 비롯, 남중국해에서의 군사적 활동을 강화하고 있다. 2018년 5월엔 중국 공군 H-6K 전략 폭격기가 남중국해 서사군도의 우디섬에서 첫 이착륙 훈련을 실시했다.

2018년 남중국해에서의 중국과 미·동맹국 군사적 긴장 고조 현황	
4~5월	중 해군, 항모 랴오닝함 등 동원 대규모 전투단 시위성 훈련. 남중국해 인공섬 조성, 군사 기지화 지속 추진
5월 30일	중 H-6K 전략폭격기 서사군도 우디섬 이착륙 훈련
6월 18일	중 관영 매체 "중 해군 남중국해서 기뢰 부설 훈련 실시" 보도
8월 31일	중 해군, 남중국해 및 동중국해서 잠수함 수색 및 구조 훈련 실시
8월 31일	영 해군 상륙함 알비온함, 서사군도서 항행의 자유 작전 실시
9월 13일	일 헬기 항모, 잠수함, 구축함 등 남중국해서 첫 '전략적 해양안보작전' 실시
9월 30일	뤼양급 구축함, 미 이지스함 '디케이터'에 41m까지 근접
2018년 초 이후	미 항모 전단, 남중국해 항행의 자유 작전 지속 실시. B-52 폭격기 남중국해 상공 비행의 자유 작전 지속 실시

2018년 6월 중국 관영 매체는 "중국 해군이 남중국해에서 기뢰 부설 훈련을 실시했다"고 보도했다. 군사 전문가들은 이를 미 해군 구축함의 항행의 자유 작전을 차단하겠다는 중국 해군의 의도가 나타난 것으로 풀이하고 있다. 문제는 이에 맞선 대응이 미국은 물론 동맹국까지 확산되는 양상이라는 점이다.

2018년 8월 영국 해군 상륙함 알비온(Albion)함은 일본에서 베트남으로 이동 중 남중국해 서사군도에서 항행의 자유 작전을 폈다. 2018년 9월엔 일본 해상자위대가 남중국해에 처음으로 소류급(級) 잠수함을 보내 인근에 배치돼 있던 최신형 헬기 항모 '가가(加賀)'함(2만7,000t급) 및 구축함과 함께 '전략적 해양 안보 작전'을 실시했다. 일본 방위성은 이를 '일본식 항행의 자유 작전'이라고 발표했다.

이제 남중국해에서의 미·중 갈등은 대만과 러시아 등으로까지 확산되고 있는 모습이다. 미 국방부는 2018년 9월 24일 대만에 대한 대규모 무기 판매를 승인하고, 러시아로부터 SU-35 전투기와 S-400 대공미사일을 수입한 중국 군 중앙군사위원회 장비개발부와 주무부장을 경제 제재 대상으로 지정했다. 이처럼 남중국해 미·중 갈등은 북핵 문제와 함께 동아시아 안보를 가장 크게 위협하는 화약고로 부상하고 있다. 특히 미국과 중국의 양보할 수 없는 패권 경쟁에서 남중국해가 그 최전선에 자리 잡고 있다는 평가다.

남중국해 긴장의 중심엔… 중국이 만든 인공섬 7개

현재 남중국해에서 벌어지고 있는 미·중 갈등의 중심에는 중국이 이 지역에 최근까지 건설했거나 건설 중인 7개의 인공섬이 있다. 중국은 남중국해 영유권을 주장하기 위해 암초와 산호초에 인공섬을 만들었다.

2018년 5월 로이터통신은 중국이 남중국해의 인공섬 3곳에 2,400여명의 병력이 주둔할 수 있는 막사를 건설 중이거나 세웠다고 보도했다. 위성사진 분석 결과 난사군도의 인공섬 피어리 크로스(Fiery Cross) 암초, 수비(Subi) 암초, 미스치프(Mischief) 암초 등에 대규모 병영시설이 들어서는 것으로 나타났다는 것이다. 크로스 암초 인공섬은 길이 3km, 폭 200~300m에 달한다.

로이터는 전문가를 인용해 피어리 크로스 암초와 미스치프 암초에

미국 전략국제문제연구소(CSIS) 산하 아시아해양투명성이니셔티브가 공개한 남중국해 난사군도 '피어리 크로스' 암초의 2018년 9월 초 모습. 활주로 등이 건설돼 있다. 〈사진 출처: 아시아해양투명성이니셔티브〉

2,000명 규모의 육전대(해병대)가 머무는 숙소 건물이 있다고 밝혔다. 이들 인공섬에는 활주로를 비롯, 군사시설과 구조물이 190개나 건설되고 있다. 수비 암초의 경우 미사일 포대와 격납고, 활주로 외에 농구장까지 설치됐다. 미 CNBC도 2018년 5월 중국이 인공섬 피어리 크로스 암초 등에 순항미사일 발사대를 추가로 건설했다고 보도했다. 중국이 남중국해 일원에 순항미사일을 배치한 것은 처음이다.

이에 앞서 중국군은 남중국해 인공섬에 군용 전파 교란 시설을 설치해 미국 항공모함과 함정, 군용기 등의 통신과 레이더 시스템도 방해하고 있다. 중국은 인공섬이 영토라며 주변 12해리(22km)를 영해로 간주하고 있다. 반면 미국은 인공섬은 암초여서 영해 12해리를 수용할 수 없다며 미 함정들이 '항해의 자유' 작전 때 인공섬으로부터 12해리 이내 수역을 여러 차례 항해하기도 했다.

제주 관함식

- 《조선일보》, 2018년 10월 12일

1949년 8월 16일 인천 앞바다에서 대한민국 첫 관함식(觀艦式)이 열렸다. 정부 수립 1주년을 기념하는 자리였다. 소해정 9척이 나온 초라한 행사였다. 손원일 해군 참모총장이 이승만 대통령을 안내해 기함(旗艦)에 올랐고 편대 기동훈련이 시작됐다. 함정이 일렬로 항진하면서 실시한 37mm 함포 사격이 박수를 받았다고 한다.

관함식은 국가원수가 자국 군함의 전투 태세를 점검하는 해상 사열식이다. 1346년 영국왕 에드워드 3세(Edward III)가 템스강 하구에서 프랑스와 벌이는 전쟁에 나가는 함대를 사열한 게 시초라고 한다. 대영제국 절정기인 19세기엔 국력 과시 수단으로 관함식을 이용했다. 요즘에는 여러 나라가 외국 함정까지 초청해 군사 교류와 협력을 다지는 계기로 삼는다.

2005년 영국 남부 포츠머스항에선 '트라팔가르 해전 승리 200주년' 관함식이 열렸다. 32국 함정 168척이 왔다. 엘리자베스 2세(Elizabeth II) 여왕이 주재한 이 관함식은 이번 세기 들어 최대 규모였다. 2009년 중국도 해군 창설 60주년을 맞아 산둥성 칭다오에서 최신예 함정과 원자력 잠수함을 선보이며 관함식을 열었다. 그때 우리도 독도함과 강감찬함을 보냈다. 2017년 4월 시진핑(習近平)은 남중국해에서 지금껏 보지 못한 대규모 해상 열병식을 열었는데, '시황제의 해상 대관식'이라고 했다. 해군 국가 전통이 있는 일본에선 관함식 인기가 대단해 입장권이 웃돈을 받고 팔릴 정도라고 한다.

2018년 10월 11일 제주 해군기지 앞바다에서 문재인 대통령과 군 수뇌부, 국내외 함정 39척이 참가한 국제 관함식이 열렸다. 모두 12국 19척이 왔다. 이제 우리 해군도 세계적 수준에 가까이 와 있다. 그런데 미 7함대 항모 로널드 레이건(Ronald Reagan)함은 다른 함정들과는 달리 관함식 행사가 끝난 뒤에야 제주 기지에 입항했다. 북한 핵·미사일 도발 때마다 한반도 해역으로 출동했던 항공모함이다. 군 당국은 "원래 그럴 계획이었다"고 하지만 해상 반대 시위 때문에 그런 게 아니었는지 찜찜하다. 아직도 제주 기지를 '미국의 침략 기지'라면서 반대하는 세력이 있다. 제주 기지가 없으면 남해 먼바다는 사실상 지킬 수 없다. 제주 기지 건설은 노무현 정부가 결정했는데 민주당은 야당이 되자 반대 시위에 앞장섰다.

'욱일기' 게양 논란 끝에 일본 자위대 함정은 오지 않았고, 중국도 석연치 않은 이유로 막판에 불참을 통보했다. 제주 관함식에서 한국 내부 갈등과 동북아 3국의 풀리지 않는 갈등이라는 불청객도 수면 위로 드러났다.

항모·스텔스기·수퍼미사일…
시진핑·푸틴, 미(美) 겨누는 '3개의 창' 속도전

– 《조선일보》, 2018년 3월 30일

한반도를 둘러싼 동북아 3대 강국의 군비(軍備) 증강 움직임이 뜨겁다. 주인공은 중국·러시아·일본에서 각각 장기 집권 체제를 구축한 최고 지도자들이다.

특히 2000년부터 권좌에 있으면서 2018년 3월 18일 대선에서 압승해 2024년까지 임기를 확보한 푸틴 러시아 대통령과 2018년 3월 17일 헌법 개정으로 장기 집권 가도를 연 시진핑 중국 공산당 총서기가 핵심이다. 두 사람은 첨단 해·공군 무기 개발과 증강 배치로 미국의 세계적 군사 패권(覇權) 지위에 도전하고 있다.

푸틴 대통령은 '강한 러시아 건설'을 기치로 2012년부터 2020년까지 20조루블(약 370조원)을 투입해 군사력 재건을 직접 지휘하고 있다. 시진핑은 '강군몽(强軍夢)'을 내걸고 2018년 공식 국방 예산을 전년 대비 8.1% 늘어난 1조1,289억위안(약 192조8000억원)으로 확정했다. 1996년부터 2015년까지 20년간 중국의 국방비 증가율은 이미 연평균 10%가 넘는다. 6년째 국방비를 계속 늘려온 일본도 2018년 3월 1일 역대 최대 국방 예산(5조1,911억엔·약 51조9,208억원)을 담은 2018년 예산안을 의회에서 통과시켰다.

중(中), 7년 내 항모 6척 확보하며 미(美)에 도전

3대 강국 중 가장 활발한 나라는 중국으로 항공모함(이하 항모)과 핵추진 잠수함, 독자적인 이지스함 등 첨단 해군력 강화를 본격화하고 있다. 미국의 독점적인 서태평양 지역 해상 패권을 최소한 분할하기 위함이다.

항모의 경우 구소련의 항모를 활용한 랴오닝함(6만7,000t급) 취역(2012년)을 시작으로 2017년 4월 중국 첫 국산 항모인 001A형을 진수시켰다. 랴오닝함은 공대함미사일로 무장한 J-15 전투기 등 항공모함용 함재기도 운용한다. 중국은 북·동·남해 함대에 각 2척씩 최대 총 6척의 항모를 2025년 이후까지 보유할 계획인 것으로 알려졌다. 핵추진 항모 건조설도 나온다. 러시아는 랴오닝함과 같은 크기의 항모 1척을 운용하고 있다.

중국과 러시아의 항모는 미국의 초대형 항모에 비해 크기와 위력·운용 능력 면에서 뒤떨어진다. 미국 항모의 배수량은 9만~10만이지만 중·러 항모는 7만t 미만이다. 중국 항모는 최대 50대 미만의 함재기를 싣는데, 미국은 중국 함재기보다 성능이 뛰어난 함재기를 80여대 싣고 있다.

윤석준 한국군사문제연구원 박사는 "작전 지속 능력, 캐터펄트(사출기)를 비롯한 각종 운용 장비 등에서 아직은 총 11척을 보유한 미국 항모 전단이 우위에 있다"고 말했다.

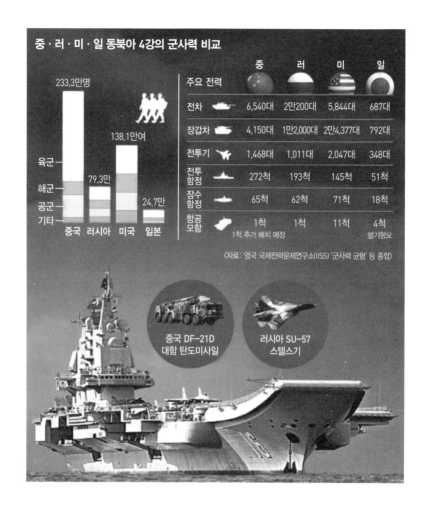

주요 전력		중	러	미	일
전차		6,540대	2만200대	5,844대	687대
장갑차		4,150대	1만2,000대	2만4,377대	792대
전투기		1,468대	1,011대	2,047대	348대
전투함정		272척	193척	145척	51척
잠수함정		65척	62척	71척	18척
항공모함		1척 1척 추가 배치 예정	1척	11척	4척 헬기항모

중·러·미·일 동북아 4강의 군사력 비교

233.3만명

138.1만여

79.3만

24.7만

육군
해군
공군
기타

중국 러시아 미국 일본

〈자료: 영국 국제전략문제연구소(IISS) '군사력 균형' 등 종합〉

중국 DF-21D 대함 탄도미사일

러시아 SU-57 스텔스기

러, 마하 20급 초(超)고속 ICBM 개발 끝내

러시아와 중국은 미국의 미사일 요격망을 뚫을 수 있는 최신 미사일과 극(極)초음속 무기 개발에도 주력한다. 극초음속 무기는 최대속도 마하 5가 넘는 초고속 무기다. 2018년 3월 1일 푸틴 대통령은 6종의 차세대 수퍼 신무기를 전격 공개했다. 이 가운데 RS-26 '아방가르드(Avangard)', RS-28 '사르맛(Sarmat)'은 미국의 MD(미사일 방어)망을 피할 수 있는 ICBM(대륙간탄도미사일)이다. '아방가르드'는 최대속도가 마하 20에 이르며, 미국 MD 요격망을 회피할 수 있는 '극초음속 글라이더(활공체)'로 추정된다. 러시아는 '지르콘(Zircon)' 극초음속 순항미사일(최대속도 마하 8) 등 극초음속 무기 분야에선 미국을 추월한 것으로 분석된다.

중국은 '항모 킬러'로 불리는 DF-21D 대함 탄도미사일을 실전배치했다. 이 미사일은 이지스함의 요격망을 피해 미국 항모를 정확히 타격할 수 있는 능력을 갖추고 있다. 2017년 11월에는 최대속도 마하 10이 넘는 극초음속 글라이더 DF-ZF의 두 차례 시험 발사에 성공했다. 미 국방부는 기존 다층 미사일 방어망과 별도로 이들을 막기 위한 첨단 요격 무기 개발에 최근 착수했다.

중국은 2018년 초 첫 국산 스텔스 전투기 J-20을 실전 배치했다. J-20은 적외선 탐색 추적 장비와 강력한 위상 배열(AESA) 레이더, 최신 전자장비 등을 탑재하고 있다. J-20의 종합적인 성능은 아직 미국 F-22에 미치지 못하지만, 기술 발전 속도는 예상보다 훨씬 빠르다는 분석이다. 중국은 미국 F-35를 닮은 다른 스텔스 전투기 J-31도 개발 중이다.

중(中)의 세계 1위 군사 대국화(大國化)… 한국에 위협

외형상 중국과 러시아·일본의 공식 국방비는 미국과 큰 격차를 보이고 있다. 스톡홀름국제평화연구소(SIPRI)의 2016년도 통계를 보면 그해 미국의 국방비는 6,110억달러인 반면 중·러·일 3국의 국방비 합계는

3,303억달러였다. 3국을 합쳐도 미국의 절반 수준(54%)에 불과한 셈이다. 트럼프 행정부가 2018년 2월 미국 의회에 제출한 2019회계연도 국방 예산은 6,860억달러(약 732조원)에 달한다.

하지만 중국의 경우 숨겨진 국방비가 많아 실제로는 공식 발표 액수보다 훨씬 많은 돈을 국방비로 지출하고 있다는 분석이 유력하다. SIPRI는 "중국의 실제 국방비는 공식 발표액보다 55% 정도 많을 것"이라고 밝혔다. 중국은 군 운영 산업에 대한 보조금과 핵무기 관련 부대 예산 등을 국방 예산 내역에서 빼놓고 있기 때문이다. 시마다 요이치(島田洋一) 일본 후쿠이대 교수는 "중국의 실제 국방비 지출이 공식 국방 예산보다 훨씬 더 많다는 것은 공공연한 비밀"이라며 "중국은 2030년대 후반에 공식 국방비 기준으로 미국을 따라잡을 것"이라고 했다.

신범철 국립외교원 교수는 "중국은 강한 의지로 뭉친 지도자들이 국가 역량을 총동원해 세계 1위 군사 대국화에 나서는 게 인상적"이라며 "예상보다 훨씬 빠른 속도로 군사력의 질(質)과 양(量)을 고도화해 최인접국 한국에도 위협이 되고 있다"고 말했다.

"미·중 전쟁하면 서태평양서 붙을 듯…
미국 GDP 10%, 중국은 35% 감소"

– 《조선일보》, 2018년 3월 30일

그레이엄 앨리슨(Graham Allison) 하버드대 케네디스쿨 전 학장은 최근 저서 『예정된 전쟁(Destined for War)』에서 "신흥 세력이 지배 세력을 위협할 때 가장 치닫기 쉬운 결과가 전쟁이라는 '투키디데스의 함정' 때문에 지금 미국과 중국은 어느 쪽도 원치 않는 전쟁을 향해 다가가고 있다"고 지적했다. 그는 최근 500년 동안 이런 상황이 16번 발생해 12번이 전쟁으로 귀결됐다고 밝혔다.

피터 W. 싱어(Peter W. Singer) 미국 국방부 자문위원과 오거스트 콜(August Cole) 전(前) 《월스트리트저널(WSJ)》 군사 전문기자가 미·중 전쟁을 소재로 쓴 소설 『유령 함대(Ghost Fleet)』도 관심을 모은다. 『유령 함대』에서 미군은 중국군의 우주·사이버 공격에 고전을 면치 못한다. 항공모함과 핵추진 잠수함들을 비롯해 하와이 진주만(灣)에 주둔해 있는 미국 태평양 함대는 궤멸된다.

많은 전문가는 미·중 간에 실제 전쟁이 발발할 경우 서태평양을 중심으로 재래식 전쟁 가능성이 크다고 본다. 그러나 전쟁으로 미국도 큰 피해를 보겠으나 중국은 아직 미국의 적수(敵手)가 못 된다는 분석이 많다.

미국 랜드(RAND)연구소는 2016년 '중국과의 전쟁' 보고서에서 "미·중 전쟁에서 아무도 승자는 없을 것이지만 피해는 중국이 더 많이 입게 될 것"이라고 밝혔다. 이 보고서는 미·중이 전쟁에 돌입할 가능성 있는 5개 상황을 꼽았다. 중국과 일본이 동중국해 센카쿠 열도를 놓고 무력 충돌을 벌일 때 미국이 미·일 동맹에 따라 전쟁에 개입하는 경우, 중국이 필리핀·베트남과 남중국해 해양 영토 분쟁에서 조급하게 압박하는 경우, 북한 붕괴 시 북한에 군사 개입을 하는 과정에서 미·중이 조정에 실패할 경우 등이다.

1년간의 격렬한 전쟁 시 중국의 GDP는 25~35% 감소하는 반면, 미국은 5~10% 감소에 그쳐 중국의 피해가 더 치명적일 것으로 분석됐다.

CHAPTER 3
·
한·미관계
관련
핫이슈

미(美) 요구 방위비 분담금 50억달러의 내막

– 《주간조선》, 2019년 11월 18일

로버트 에이브럼스 주한미군사령관은 2019년 11월 12일 취임 1주년 기자간담회에서 한국 측이 방위비 분담금을 올려야 한다고 압박했다. 〈사진 출처: Public Domain〉

"그 돈(방위비 분담금)은 다시 한국 경제와 한국인에게 돌아가지 나에게 오지 않습니다."

2019년 11월 12일 로버트 에이브럼스(Robert Abrams) 한·미연합 사령관(주한미군사령관)은 평택 험프리스(Humphreys) 주한미군 기지에서 열린 내외신 기자간담회에서 한국 측이 방위비 분담금을 올려야한다고 압박하며 이같이 말했다. 그는 주한미군에 고용된 한국인 직원 9,200명의 급여 중 약 75%가 방위비 분담금에서 나온다며 "한국 납세자의 돈으로 한국인의 급여를 지불하는 것"이라고 말했다. 방위비 분담금 항목 중 군수지원 비용에 대해서는 "주한미군의 군수 또는 새로운 시설 건설을 지원하기 위해 한국 정부가 한국인에게 지급하는 돈"이라고도 했다. 그는 또 "해리 해리스 주한 미국대사가 최근 '한국 정부는 (방위비 분담금을) 더 낼 능력이 있고 더 내야 한다'고 말했는데 나도 동의한다"고 밝혔다.

50억달러면 2019년의 5배

미국 측이 최근 방위비 분담금 협상에서 2020년 방위비 분담금으로 2019년 분담금(1조389억원)의 약 5배에 달하는 47억~50억달러에 달하는 비용을 제시한 것으로 알려지면서 논란이 커지고 있다. 하지만 에이브럼스 사령관의 발언에는 미국 측의 방위비 분담금 인상에 대한 본심이 담겨 있다는 지적이다. 미국 측은 방위비 분담금이 고스란히 미국에 갖다 바치는 돈이 아니라 대부분은 한국 정부와 국민들에게 되돌아가는 것이니 많이 올려줘도 되지 않느냐는 생각을 하고 있다는 것이다. 실제로 에이브럼스 사령관 외에도 여러 미국 측 인사들이 우리 측과의 협상에서 같은 주장을 편 것으로 알려졌다.

미국 측이 최근 협상에서 제시한 분담금 액수가 정확히 확인되지는 않고 있지만 대략 47억달러 이상 50억달러 미만 수준인 것으로 추정된다. 50억달러일 경우 약 5조7,900억원으로 2019년 분담금의 5배가 넘는 규모다. 인상 요구액이 상식을 벗어나는 엄청난 규모여서 그 인상 내역에 대해 온갖 추측이 난무하고 있다. 괌 등에 배치된 미 전략폭격기 등 전략자산 출동·유지비용은 물론 한반도 유사시 미 증원전력 유지비용, 호르무즈해협 등 중동, 아·태 지역에서의 미 작전비용까지 포함됐다는 보도가 나오기도 했다.

제임스 드하트(James DeHart) 미 방위비 분담금 협상 수석대표를 만났던 윤상현 국회 외교통일위원장은 언론 인터뷰를 통해 "미국은 (이번 협상에서 방위비를) 주한미군 주둔비용 외에 한반도 주변의 전력자산이나 기타 전력, 미사일, 정찰력 등 모든 것을 총괄하는 개념으로 보고 있다"고 말했다. 윤 위원장이 말한 '한반도 주변의 전력자산'은 미군이 괌이나 오키나와 등 미군기지에 배치한 전력을 말한다. F-22 스텔스전투기와 RC-135 전략정찰기 등 미 공군 전력, 미 해병대 원정부대 등이 해당될 수 있다. 이들은 한반도 유사시 증원전력으로 한반도에 배치되는 전력들이다. B-52 등 전략폭격기, 핵추진 잠수함, 항공모함 등 이른바 전략자산도 미 증원전력의 핵심 요소다. 윤 위원장이 거론한 정찰력은 미국이 북한을 감시하는 정찰위성과 주한미군 기지에 배치돼 있는 U-2 정찰기 등 대북 감시전력, 사드(고고도미사일방어체계) 등 미사일 방어전력 비용까지 포함될 수 있다는 지적이다.

정부 당국자 및 소식통들은 미국 측의 요구사항에 대해 부풀려 알려진 점이 많다면서도 방위비 분담금에 대한 미국 측의 계산법, 접근법에 근본적인 변화가 생겼다고 말한다. 미국이 종전에는 주한미군의 주둔과 직접 관련된 돈만 청구해온 반면 이제는 '주한미군 주둔 + 한국 방어(방위)와 직접 연관되는 비용'을 요구하고 있다는 것이다. '한국 방어와 직접 연관되는 비용'을 확대해석할 경우 한반도 위기 시 수시로 출동하는 미 항모전단과 전략폭격기 등 전략자산 전개비용도 포함될 수 있다.

하지만 정부 당국자들은 미국 측이 전략자산 전개비용이나 유사시 지원전력 비용, 호르무즈해협 작전비용 등은 요구하지 않았다고 밝혔다. 다른 소식통들도 같은 내용을 전하고 있다. 그러면 전략자산 전개비용 등도 빠졌는데 어떻게 50억달러에 육박하는 액수가 나왔을까?

소식통들은 우선 주한미군 순환배치 부대 비용이 추가됐다고 전한다. 주한 미 지상군의 유일한 보병부대는 2사단 예하 1개 여단이다. 이 1개 여단이 종전엔 붙박이 부대였지만 여러 해 전부터 9개월마다 미 본토 부대가 교대로 배치되는 순환배치 형태로 바뀌었다. 전차 등 장비는 그대로 두고 병력만 왔다갔다 하는 형태다. 올해엔 신형 전차 등으로 장비가 업그레이드됐다. 이 부대의 훈련·이동 비용 등이 방위비 분담금에 포함됐다는 것이다. 미군은 주한 미 공군기지에 F-16 등 전투기 대대를 종종 순환배치하기도 한다. 매일 1차례 이상 떠 북한을 정찰하는 오산기지의 U-2 정찰기 등 정찰 비용, 경북 성주기지에 배치된 사드 포대와 주한미군 기지의 패트리엇 포대 비용 등도 적지 않은 액수일 것으로 추정된다.

'실비 정산' 방식 제안

미국의 새로운 계산법과 관련해 주목할 만한 것은 전체 방위비 분담금 액수와는 별개로 한반도 안보를 위해 제공하는 일부 자원의 금전적 대가를 건별로 한국에 청구해 받는 '실비 정산(reimburse expenses)' 방식을 제안한 것으로 알려진 점이다. 그동안 방위비 분담금 특별협정에 근거해 받아온 인건비·군사건설비·군수지원비 약 10억달러 외에 한반도 안보와 직결되는 군사 활동·유지비 등을 '플러스 알파(α)'로 한국에 요구하겠다는 것이다. 미국 측은 최근 협상에서 '치른 대가를 돌려받는다'는 뜻인 '리임버스(reimburse: 보상)' 개념을 한국 측에 설명한 것으로 알려졌다. 미국이 한국 방어를 위해 동맹으로서 많이 기여하고 있으니, 그중 일부를 한국이 금전으로 보상해줘야 한다는 것이다. 그런 맥락에서 미국 측은 순환배치 비용뿐 아니라 일부 한·미 연합훈련 비용, 주한미군에서 근무하는 미국인 군무원과 가족 지원 비용도 일부 분담해달라고 요구한 것으로 알려졌다.

미국 측은 정말 내년에 방위비 분담금으로 50억달러에 가까운 돈을 다 받아내려는 것일까? 소식통들은 그렇지 않다고 말한다. 최근 미 합참의장이나 주한미군사령관 등 군 고위층까지 나서 방위비 분담금을 압박하고 있지만 이는 방위비 분담금에 초강경 입장인 도널드 트럼프 대통령을 의식해 이뤄지는 측면이 많다는 것이다. 한 소식통은 "미 협상팀도 한국 측이 내년에 그렇게 많은 돈을 한꺼번에 올려줄 수 없다는 것을 잘 알고 있다"며 "최근 제시된 수치가 최종적인 게 아니라는 얘기를 비공식적으로 전하는 것으로 안다"고 말했다. 이 소식통은 또 "미국 측에 현재와 같은 액수와 접근방식은 한국 국민과 국회를 설득할 수 없다는 메시지를 꾸준히 전하면서 당당하게 협상할 필요가 있다"고 말했다.

3대 한·미 연합훈련 중단의 진짜 문제들

– 《주간조선》, 2019년 3월 11일

2009년 한·미 연합훈련인 을지프리덤가디언에 참가한 미 해군 7함대 기함 블루리지(USS Blue Ridge) 함 승조원들의 모습. 〈사진 출처: Public Domain〉

북한 내 핵시설 사찰 요구가 거셌던 1992년 1월 한·미 양국은 '팀스 피리트(Team Spirit)' 훈련 중단을 발표했다. 팀스피리트는 한때 서방세계 최대의 야외 기동훈련으로 불릴 만큼 대규모 연합훈련이었고, 그만큼 북한이 강력 반발해왔던 존재였다. 당시 한·미 양국은 대화 국면 조성을 위해 이 같은 결정을 내렸다. 그해 같은 달 북한은 국제원자력기구(IAEA)의 핵시설 사찰을 수용한다는 '핵안전 협정'에 서명하고 핵확산금지조약(NPT)에도 가입했다.

하지만 한·미 양국은 1년 뒤인 1993년 1월 팀스피리트 훈련을 다시 실시한다고 발표했다. 북한이 영변 핵시설에 대한 추가 사찰 요구를 거부하는 등 비협조적으로 나왔기 때문이다. 같은 해 3월 1991년보다는 축소된 규모로 팀스피리트 훈련이 재개됐고, 훈련 기간 중 북한은 NPT 탈퇴를 선언했다. 1차 핵위기였다.

줄다리기 끝에 북한이 1994년 2월 IAEA 핵사찰을 수용하기로 하자 한·미 양국은 그해 3월 다시 팀스피리트 훈련 중단을 발표했다. "IAEA 사찰이 성공적으로 완료되고 남북한 특사 교환을 통해 핵문제 해결을 위한 실질적인 협의가 이뤄진다는 전제 아래 올해 팀스피리트 훈련을 실시하지 않기로 했다"는 조건부 중단이었다. 그해 10월 미국과 북한이 스위스 제네바에서 기본 합의문(Agreed Framework)을 체결하면서 한·미 양국의 팀스피리트 훈련은 폐지 수순에 들어갔다.

한·미는 팀스피리트 훈련 때보다 축소된 병력과 장비로 RSOI(전시증원연습)라는 연습을 실시키로 했다. 이는 전면전이 발생할 경우 대규모 미 증원전력이 한반도에 배치되는 상황에 대비한 훈련이었다. 상륙훈련 등 대규모 야외 기동훈련은 '독수리 훈련(Foal Eagle)'에 통합됐다. 독수리 훈련은 원래 북한 특수부대의 후방침투에 대비한 것이었는데 확대된 것이다. 군 소식통은 "당시 팀스피리트가 폐지됐지만 RSOI 와 독수리 훈련에 통폐합돼 실제 훈련 축소는 거의 없었다고 볼 수 있다"고 말했다.

2002년부터는 독수리 훈련이 RSOI와 통합돼 실시됐다. 2008년부터 RSOI의 명칭이 '키리졸브(Key Resolve)' 연습으로 변경됐고, 연습 성격과 규모도 확대됐다.

1992년과 1994년의 팀스피리트 훈련 중단은 '정치적인 목적으로 대규모 군사훈련을 중단하는 것이 과연 맞는가' 하는 논란을 초래했는데, 최근 1990년대 초와 비슷한 논란이 재연되고 있다. 정부와 군 당국이 키리졸브 연습과 독수리 훈련 폐지에 이어 을지프리덤(UFG) 연습 폐지 계획을 밝혔기 때문이다. 이른바 3대 한·미 연합훈련이 모두 폐지되는 전례 없는 상황에 처한 것이다.

군 당국은 대신 "한·미 연합 방위태세에 문제가 없도록 대체 훈련이나 보완책을 마련토록 했다"고 밝히고 있다. 키리졸브 연습의 경우 '동맹' 연습으로 명칭을 바꿔 2019년 3월 4일부터 12일까지 실시했다. 연습 기간이 종전 2주에서 줄어든 것이다. 연습 성격도 종전 '반격' 부분이 빠지고 방어 위주로 실시된 것으로 알려졌다. 독수리 훈련은 연대급 이상은 한·미 양국군이 각자, 대대급 이하는 양국군 연합훈련으로 실시키로 했다. 이에 따라 매년 연대~여단급 이상으로 실시되던 대규모 연합 상륙훈련(쌍용훈련)도 대대급 이하로 축소됐다. 더구나 올해엔 한국군 단독으로 실시될 것으로 전해졌다.

UFG의 경우 정부 부처들의 전시 대비 훈련인 '을지연습'과 한·미 연합 군사훈련인 '프리덤가디언'이 분리된다. 우선 을지연습을 떼어내 한국군 단독 지휘소 연습인 '태극연습'과 통합하여 '을지태극연습'으로 2019년 5월 실시키로 했다. 적 공격에 대비한 군사훈련 외에 테러, 대규모 재난 대응 등을 포함하는 포괄적 안보 개념을 적용하는 연습이 될 것이라고 한다.

병력과 장비 기동 없이 실시되는 지휘소 연습인 '프리덤가디언'은 한·미 간 협의를 통해 명칭을 바꿔 하반기 시행을 검토 중이다.

전문가들은 현재의 연합훈련 중단 상황이 1990년대 초의 일시적 훈련 중단과는 근본적으로 달라 심각한 문제가 있다고 지적한다. 1990년대 초엔 훈련 중단이 한시적이었고 바뀐 훈련이 실효성이 있었지만 지금은 다르다는 것이다.

비핵화 협상이 장기화돼 현 상황이 지속될 가능성이 높은 데다 도널드 트럼프 미 대통령이 돈 문제를 따지며 워낙 한·미 연합훈련에 부정적이어서 대규모 훈련이 부활할 가능성이 희박해졌다는 것이다. 한 전직 한미연합사 부사령관(예비역 육군대장)은 "지금 본질적인 문제 중의 하나는 트럼프 대통령은 원래 그렇다 치더라도 우리 정부가 적극적으로 훈련 중단에 반대하며 매달리기라도 해야 하는데 오히려 내심 반기는 듯한 기류가 있다는 것"이라고 말했다. 이 예비역 장성은 "훈련 안 하는 군대는 필요가 없다며 군대의 존립 자체를 위협하는 상황이 올 수 있는, 남북 군사합의 이상으로 심각한 사안"이라고 말했다.

또 한·미 동맹이 훈련도 하지 않는 허울뿐인 군사 동맹으로 전락하는 것 아니냐는 우려도 커지고 있다. 한 소식통은 "지금과 같은 상황이 지속될 경우 한·미 동맹은 사실상 형해화(形骸化)할 것"이라며 "대규모 훈련 중단이 계속되면 주한미군 주둔 근거까지 흔들릴 것"이라고 밝혔다. 대한민국수호예비역 장성단도 성명서를 통해 "훈련 없는 연합 방위 태세는 허수아비 동맹"이라는 입장을 밝혔다. 군 당국이 밝힌 지휘소 연습이나 대대급 이하 연합훈련으로 종전처럼 실전 상황에 대비한 훈련을 제대로 하기 어렵다는 점, 키리졸브 및 UFG 폐지로 대규모 미 증원군 한반도 전개를 상정한 훈련이 사실상 불가능해졌다는 점도 중요한 문제점으로 꼽힌다.

미국 의회에서도 한·미 연합 군사훈련 중단 결정에 대해 우려의 목소리가 쏟아지고 있다. 상원 군사위 민주당 간사인 잭 리드(Jack Reed) 의원은 자유아시아방송(RFA)에 "한·미 연합훈련 중단은 실제 위기 시에 훈련 부족으로 중대한 문제가 될 수 있다"며 "몇 달간은 큰 문제가 되지 않을 수 있지만 그 기간 이상으로 (훈련 중단이) 연장되면 문제가 일어날 것"이라고 했다. 로저 위커(Roger Wicker) 공화당 상원의원도 "트럼프 대통령의 한·미 연합 군사훈련 중단 결정은 실수"라고 했다. 《워싱턴포스트》의 칼럼니스트 헨리 올슨(Henry Olsson)은 "한·미 연합훈련 중단은 북한에 값진 협상 카드를 아무런 대가 없이 준 잘못된 결정"이라고 했다.

대규모 연합훈련 폐지에 따라 전작권(전시 작전통제권) 전환 검증을 위한 연습을 제대로 하기 어려워 전작권 전환이 졸속으로 부실하게 이뤄질 수 있다는 우려도 제기되고 있다.

종전선언이 주한미군·NLL 등에 끼칠 영향

– 《주간조선》, 2018년 6월 11일

2018년 6월 5일 싱가포르에서 열린 제17차 아시아안보회의에 참석한 뒤 워싱턴으로 향하는 비행기 안에서 미 국방장관 제임스 매티스는 주한미군 철수·감축설을 일축했다. 〈사진 출처: Public Domain〉

"우리는 아무 데도 가지 않는다.(We're not going anywhere.)"

제임스 매티스(James Mattis) 미 국방장관이 2018년 6월 5일 싱가포르에서 열린 제17차 아시아안보회의(샹그릴라 대화)에 참석한 뒤 미국 워싱턴으로 향하는 비행기 안에서 미국 기자들과 만나 한 말이다.

북한 비핵화를 둘러싼 협상 정국에서 주한미군 철수·감축설이 계속 제기되자 매티스 장관은 이날 작심한 듯 보기 드물게 높은 강도의 발언을 이어갔다. 그는 "다시 말하겠다. 그것(주한미군 철수)은 (미·북 정상회담의) 논의의 주제조차 아니다"라고 강조했다.

매티스 장관은 "분명히 그들(주한미군)은 안보상 이유로 10년 전에 있었고, 5년 전에도 있었고, 올해도 있는 것"이라며 "지금으로부터 5년 후, 10년 후에 변화가 생긴다면 검토해볼 수 있을지 모르지만 그것은 민주국가 한국과 미국 사이의 일"이라고 잘라 말했다. 그는 "나는 진짜로 이 이야기(주한미군 감축설)가 어디서 나오는 건지 모르겠다. 국방부 기자실에 갈 때마다 이 질문을 받는데 진짜로 얘기가 나온 적이 없다"고 거듭 강조하기도 했다.

앞서 그는 아시아안보회의 기간 중 "(주한미군은) 북한과 전혀 관계없는 별개의 문제"라며 "북한과의 정상회담에서 주한미군은 협상 대상이 아니다"라고 밝힌 바 있다.

매티스 장관이 이런 이례적인 발언을 하게 된 결정적 계기를 제공한 건 도널드 트럼프 미 대통령이다. 트럼프 대통령은 2018년 6월 1일 백악관에서 김영철 북한 노동당 부위원장과 만난 직후 "한국전쟁 종전 문제에 대해 논의했다. 미·북 회담에서 종전에 대한 무언가가 나올 수도 있다"며 처음으로 종전선언 가능성을 언급했다. 트럼프 대통령은 특히 "김 부위원장이 주한미군 규모에 관해 물어봤느냐"는 질문을 받고 즉답을 피하면서도 "우리는 거의 모든 것에 관해 이야기했다. 우리는 많은 것에 관해 얘기했다"고 답변, 주한미군 문제도 논의됐음을 시사해 타오

르던 주한미군 감축설에 기름을 부었다.'

종전선언은 1953년 7월 27일 정전협정 체결 이후 현재 정전(휴전) 상태인 한반도의 상황을 완전히 전쟁을 끝내는 상태로 만들자는 것이다. 법적 구속력을 갖고 정전협정을 대체할 평화협정 체결에 앞서 적대관계를 해소하는 정치적 선언이라는 게 청와대 측 설명이다.

사실 이런 종전선언이나 평화협정 체결이 이뤄지더라도 주한미군은 별개의 사안으로 계속 주둔할 수 있다. 주한미군은 1953년 7월 체결된 정전협정이 아니라 그로부터 3개월 뒤 체결된 한·미상호방위조약을 근거로 한반도에 주둔하고 있기 때문이다. 상호방위조약 제4조는 "상호 합의에 의해 미합중국의 육군, 해군과 공군을 대한민국의 영토 내와 그 부근에 배치하는 권리를 대한민국은 허여(許與)한다"며 주둔 근거를 명시하고 있다. 하지만 여기에 '북한의 위협에 대처하기 위해서'라는 등의 표현은 없다. 한·미상호방위조약은 오히려 '태평양 지역에 있어서의 무력공격' 등을 언급하며 북한보다 광범위한 위협에 대응한 것임을 강조하고 있다. 북한의 위협이 사라져도 주한미군이 주둔할 명분이 있다는 얘기다.

2018년 5월 문정인 청와대 통일외교안보특보의 "평화협정이 체결되면 주한미군 주둔을 정당화하기 어려울 것"이라는 기고문이 파문을 일으키자 문재인 대통령을 비롯한 정부 고위 관계자들이 "평화협정과 주한미군은 별개다. 주한미군은 계속 주둔한다"고 강조한 것도 이 때문이다.

문제는 트럼프 대통령이 철저히 '비즈니스' 입장에서 주한미군을 바라보고 있어 북한과 거래 대상으로 삼을 가능성이 있다는 점이다. 그는 미국이 한국과의 관계에서 "무역에서 돈 잃고 군사에서도 돈 잃는다"고 보고 있어 기회가 되면 주한미군을 감축하거나 철수하고 싶어하는 입장인 것으로 알려졌다. 때문에 종전선언이 이뤄진 뒤 평화협정 체결이 본격 추진되면 현재까지 미 정부의 공식 부인에도 불구하고 주한미군 문제가 수면 위로 올라올 가능성이 적지 않다는 전망이다.

한·미연합사령부는 종전선언과 무관

주한 유엔군사령부(UNC)의 경우는 한반도 정전협정 유지 및 관리를 책임지고 있기 때문에 종전선언과 직접 관련이 있다. 유엔군사령부는 미국·영국·호주·캐나다 등 6·25전쟁 참전 16개국 군대와 한국군으로 구성돼 있다. 사령관은 주한미군사령관(한·미연합사령관)이 겸한다.

정전협정이 평화협정으로 대체되면 유엔사는 존립 근거가 약해져 유엔 또는 유엔사를 실질적으로 운용 중인 미군이 이를 해체하거나 다른 역할의 기구로 바꾸는 방안을 결정해야 한다. 하지만 종전선언, 특히 평화협정이 체결되면 유엔사가 자동으로 해체되는 것으로 알고 있는 사람들이 적지 않은데 실제로는 그렇지 않다는 게 전문가들의 지적이다.

남북 군사실무회담 수석대표를 역임한 문상균 전 국방부 대변인은 "종전선언 시 평화협정 전까지 DMZ(비무장지대) 관리 등을 유엔사 대신 남북한이 맡을 경우 잠정협정을 새로 체결해야 하는 등 문제가 매우 복잡해지기 때문에 유엔사가 당분간 정전협정 유지 책임을 계속 맡는 것이 바람직하다"고 말했다. 또 평화협정이 체결되면 유엔사는 평시엔 한반도 평화체제를 관리하고, 유사시엔 유엔 참전국(16개국)의 전력제공 창구 역할을 하도록 성격을 바꿔 존속시킬 필요성도 제기된다. 유엔사를 완전히 없애버리면 한반도 유사시 미 증원전력이 들어오는 '창구'인 주일 유엔사 후방기지(미군기지) 7곳의 역할이 대폭 축소될 것으로 우려되기 때문이다.

반면 한·미연합사령부는 한국군과 미군의 연합 지휘기구이기 때문에 종전선언과 무관하게 존속될 수 있다. 한·미 양국은 종전선언과 별개로 전작권(전시작전통제권)의 한국군 전환을 추진 중이다. 2018년 중 연합사를 대체할 새 지휘기구(미래 한·미연합군사령부)의 형태와 전작권 전환 시기가 결정될 가능성이 높다는 분석이다.

종전선언 시 가장 복잡한 문제가 야기될 대상 중의 하나는 서해 NLL(북방한계선)로 꼽힌다. 정전협정 규정상 정전협정을 대체하는 평화협정이 체결될 경우 NLL도 새로운 해상경계선으로 대체돼야 한다. 즉, 종전선언이 이뤄지면 새로운 해상경계선 논의가 남북 간에 시작돼야 한다는 얘기다.

이 과정에서 북한이 새 해상경계선이 결정되기 전까지 NLL을 공식 인정하면 문제는 덜 복잡해진다. 그러나 북한이 종전처럼 NLL을 인정할 수 없다고 버틸 경우 종전선언 이후에도 과거와 같은 NLL 논란과 갈등이 되풀이되면서 문제가 매우 복잡해질 가능성이 크다는 것이다. 북한은 2018년 4월 남북 정상회담 합의문에서 'NLL' 표현을 수용했지만 NLL을 인정한 것인지는 아직 확인되지 않고 있다. 이에 따라 2018년 6월 14일에 열릴 남북 장성급회담에서 북한이 NLL에 대해 어떤 입장을 취할지 초미의 관심사가 되고 있다.

평화협정과 유엔사 해체는 별개다

- 《주간조선》, 2018년 4월 30일

유엔사 후방 기지 중 하나인 일본 요코스카 기지는 한반도 유사시 '약방의 감초'처럼 출동하는 항공모함과 이지스함을 비롯한 미 7함대 소속 함정들의 모항이다. 함정 10여척이 한반도 유사시 48시간 내 출동 태세를 갖추고 있다. 〈사진 출처: Public Domain〉

"많은 사람들이 평화협정이 되면 (주한) 유엔사가 자동해체된다는 인식을 하고 있는데, 이는 달리 봐야 합니다."

2007년 10월 10일 서울 여의도 전경련회관에서 평화재단(이사장 법륜) 주최로 열린 '전환기 한반도, 한국군의 위상과 새로운 역할' 토론회

에서 당시 이상철 국방부 현안안보정책TF장(대령·현 국가안보실 1차장)
은 이렇게 말했다.

당시 이 대령은 "평화체제로 전환되면 유엔사 문제가 핵심 이슈가 될
수 있다"며 "평화협정 시 유엔사가 자동적으로 해체된다는 것은 단편적
인 생각"이라고 밝혔다.

이 대령은 뒤에 준장으로 진급한 후 전역했으며, 문재인 정부에서 국
가안보실 1차장이라는 핵심 요직을 맡고 있다. 최근 남북 정상회담에
이어 미·북 정상회담을 앞두고 현 정전체제를 평화체제로 전환하는 종
전선언과 평화협정 가능성이 거론되면서 주한미군 철수, 유엔사 해체
문제가 거론되고 있다. 특히 좌파 진보진영 일각에선 평화협정이 체결
되면 유엔사는 자동으로 해체되고 주한미군 철수까지 이뤄질 수밖에
없다고 주장하고 있다. 그런데 비록 10여년 전이긴 하지만 현 정부의
요직을 맡고 있는 인사가 그런 좌파 진보진영 기류와 정반대의 입장을
밝혔던 것이다.

당시 이 대령은 이 같은 주장의 근거들을 이렇게 밝혔다. 우선 유엔사
가 단순하게 정전협정을 유지, 관리만 하는 기구가 아니라는 점이다. 그
는 유엔사가 유엔으로부터 처음엔 북한 남침을 격퇴하는 임무를 부여
받았다가, 38선 이북으로 진출하는 문제에 봉착하자 "유엔 총회에서 통
일되고 독립되고 민주화된 한국을 건설하는 임무를 새로이 부여받았
다"는 점을 밝혔다. 유엔사가 정전관리 임무 외에 이 같은 별도의 임무
를 가지고 있기 때문에 "법적으로 따져볼 때도, 정전협정이 평화협정을
대체한다고 해서 유엔사가 전적으로 해체되는 것이 아니다"라고 강조

했다.

특히 "유엔사가 미국의 동북아 전략과 연계되어 있고, 한반도 위기 사태 시 유엔사의 역할 등을 종합적으로 고려해서 생각해야 한다"며 사견임을 전제로 "유엔사는 한반도 전쟁을 억지하는 안전장치로 존속하는 것이 옳다"고 언급하기도 했다.

이상철 차장 외에도 비슷한 입장을 밝힌 전문가들이 있다. 김동명 서울대 국제문제연구소 객원연구원은 2011년 서울대 '통일과 평화' 3집에서 "법리적으로 정전협정 폐기와 유엔사 해체 문제는 별도 사안으로, 정전협정 폐기만으로 유엔사가 해체될 성질은 결코 아니다"라고 밝혔다. 그는 유엔사가 "한반도 정세가 불안정할 경우 미군으로 하여금 즉각 개입할 수 있는 명분도 제공하고 있다"며 "유엔사는 남북한 간 군사적 긴장완화와 공고한 평화체제가 실현될 때까지 존속하는 것이 바람직할 것"이라고 말했다.

주한미군의 경우도 유엔사처럼 정전체제 해체와 무관하다는 지적이다. 김동명 박사는 "주한미군은 6·25전쟁 발발 후 한국의 방위를 위해 유엔군의 일원으로 참전했던 미군과, 한·미 상호방위조약(1953년 10월 1일)에 따라 지금까지 한국에 주둔 중인 미군으로 나눌 수 있다"며 "이는 법적으로 별개이며 따라서 주한미군 문제는 정전체제 해체 문제와 전혀 상관이 없다"고 강조했다.

전문가들은 유엔사가 정전체제 유지, 관리 외에 한반도 유사시 유엔 회원국들의 참전을 유도하는 창구로서 중요한 역할을 해왔다고 말한다. 일본 주일미군 기지에 있는 유엔사 후방 기지가 대표적이다. 이 기지들은 한반도에서 전면전이 났을 때 병력과 무기, 보급물자 등을 지원하는 역할을 한다. 이들은 주한 유엔군사령부 휘하에 있지만 일본에 주둔하고 있어 '유엔사 후방 기지'라고 한다. 유엔사 후방 기지는 요코스카(橫須賀) 기지 외에 오키나와(沖繩) 가데나(嘉手納) 공군 기지, 후텐마(普天間) 해병대 기지 등 7곳이 있다.

유엔사 강화의 이유

요코스카 기지는 한반도 유사시 '약방의 감초'처럼 출동하는 항공모함과 이지스함을 비롯한 미 7함대 소속 함정들의 모항이다. 함정 10여척이 한반도 유사시 48시간 내 출동 태세를 갖추고 있다. 아시아 최대 미 공군기지인 가데나 기지에는 F-15 전투기, E-3 공중조기경보통제기, KC-135 급유기, RC-135 전략정찰기 등 한반도 위기 때마다 등장하는 항공기 120여대가 배치돼 있다. 오키나와 기지엔 한반도 위기 때 가장 먼저 출동해 전쟁을 억제하거나 북한의 공격을 저지하는 미 제3해병원정군도 배치돼 있다. 사세보(佐世保) 기지엔 한반도 유사시에 사용할 수백만 t에 이르는 탄약이 저장돼 있다.

몇 년 전부터 미군이 유엔사를 오히려 강화하고 있는 것도 평화체제 및 전작권(전시 작전통제권) 전환 추진과 관련해 주목할 만하다. 미국은 주한미군과 주일미군을 연계시키고, 한반도 위기 시 다국적군의 휴전선 이북 진출을 위해 유엔사를 유지·강화하려 한다는 것이다. 버웰 B. 벨(Burwell B. Bell) 전 한·미연합사 겸 유엔사령관은 "한반도에서 전쟁이 발발했을 경우, 유엔사를 침략 억제와 전투작전 수행을 지원하는 중요한 사령부로 유지한다는 것"이라고 밝힌 바 있다.

2013년 4월엔 한·미 연합 상륙훈련(쌍용훈련)에 유엔사 회원국인 호주군이 처음으로 참가해 눈길을 끌었다. 당시 호주 육군 소속 1개 소대(18명)가 참가했다. 호주군은 유엔군 자격으로 한·미 해병대의 연합상륙전력을 지원하는 역할을 맡았다. 유엔사 회원국의 전투병력이 한·미 연합 야외기동훈련(FTX)에 참가한 것은 처음이었다. 종전엔 유엔사 소속 16개 회원국 중 영국·프랑스·호주·터키·태국 등 5~7개국은 키리졸브(KR)와 을지프리덤가디언(UFG) 한·미 연합군사훈련에 2~3명의 장교를 옵서버 자격으로 파견했었다. 호주군 전투병력의 한·미 연합훈련 참가에 대해선 전작권 전환 및 평화체제 구축 이후 유엔사의 임무와 조직 확대를 위한 신호탄이라는 분석이 나왔다. 실제로 미국은 2006년 이후 전작권이 전환되면 유엔사가 정전협정 유지 및 관리 임무뿐 아니라 유사시 한·미연합사령부를 대신해 '전력 제공자'로 대북 억지 임무를 수행해야 한다는 입장을 밝혔었다.

주한미군은 그 뒤 한·미 연합훈련에 참가하거나 참관하는 유엔사 회원국들의 숫자를 늘려왔다. 군 소식통은 "미국은 향후 유엔사를 회원국들이 작전계획 수립과 훈련에 적극 참여하는 '다국적연합군'으로 변모시키길 원한다"며 "앞으로 한·미 연합훈련에 더 많은 유엔 회원국의 병력과 장비가 참여할 것으로 본다"고 말했다.

트럼프 시대, 방위비 분담금 얼마나 오를까?

– 《주간조선》, 2016년 11월 21일

2016년 9월 오산기지에 착륙해 일반 공개된 미 B-1 전략폭격기.

"사우디아라비아, 일본, 독일, 한국과 방위비 분담금 협정을 재협상해야
한다. 이들은 부유한 국가이며 미국은 이들 국가에 도움을 요청해야 한
다." "충분한 비용 부담이 없다면 미국은 더는 유럽의 국가들, 아시아의
국가들을 보호하지 않을 것이다."

도널드 트럼프 미 대통령 당선인이 선거운동 기간 중 우리나라 등의
방위비 분담금 증액을 압박하면서 한 말들이다. 트럼프 당선 쇼크가 전

세계를 강타하고 있는 가운데 한반도 안보에 밀려올 태풍에도 관심이 쏠리고 있다. 안보 이슈 가운데엔 전작권(전시작전통제권)의 조기 전환, 주한미군 감축 및 역할 변경, 방위비 분담금 증액, 확정 억제 및 한국 핵무장 등이 포함돼 있다. 하지만 이들 가운데 방위비 분담금 문제에 가장 관심이 쏠리고 있는 듯하다. 더 중대하고 굵직한 이슈들이 있지만 방위비 분담금이 가장 가까운 시일 내 가시화할 가능성이 높기 때문이다.

우리나라의 2016년 방위비 분담금은 9,941억원으로 1조원에 가까운 수준이다. 총 주둔비용의 절반에 육박하는 것으로 평가된다. 우리 정부가 주한미군 방위비 분담금을 공식적으로 부담하기 시작한 것은 그리 오래되지 않았다. 25년 전인 1991년부터다. 1966년 한·미 정부가 체결한 '주한미군 지위협정(SOFA)'을 근거로 '방위비분담 특별협정(SMA)'을 1991년 체결했기 때문이다. 주한미군 지위협정 제5조에 따르면 미국 측은 주한미군 유지 경비를 부담하고 한국 측은 주한미군 주둔에 필요한 시설과 구역을 제공토록 돼 있다.

1991년 1억5,000만달러를 시작으로 방위비 분담금은 매년 2.5~20여% 범위 내에서 늘어왔다. 하지만 1998년 IMF 사태 때는 우리 측의 어려운 경제사정 때문에 일시적으로 줄었다. 2005~2006년엔 주한미군 감축으로 비용이 동결되기도 했다. 2014년부터는 유효기간 5년의 제9차 방위비분담 특별협정 합의사항이 적용되고 있다. 전전(前前)년도 소비자물가지수 인상률을 적용해 매년 인상하되 인상률은 4% 미만으로 하고 있다. 예산 편성 및 결산의 투명성을 강화하기 위해 국회보고도 의무화했다.

방위비 분담금은 인건비, 군사건설비, 군수지원비로 나뉘어 사용되고 있다. 인건비는 주한미군에 근무 중인 한국인 근로자 임금을 지원하는 것으로 총 인건비의 75% 이내에서 제공된다. 군사건설비는 막사·환경 시설 등 주한미군 시설 건축을 지원하는 것이다. 군수지원비는 탄약 저장, 항공기 정비, 철도·차량 수송 지원 등 용역 및 물자 지원을 하는 것이다. 이 중 군사건설비가 45%(2014년)로 가장 비중이 높고, 인건비(37%), 군수지원비(18%) 순이다.

정부는 방위비 분담금의 90% 이상이 우리 주머니로 되돌아온다는 점을 강조해왔다. 인건비는 우리 근로자 임금이기 때문에 100% 국내 경제로 환원된다는 것이다. 군사건설비는 현금으로 지급하는 약 12%의 설계·감리비를 제외하곤 우리 업체가 공사계약, 발주, 공사관리를 하고 있어 집행액의 88%가 우리 경제로 되돌아온다는 설명이다. 군수지원비도 우리 업체가 사업을 시행토록 돼 있어 집행액 100%가 국내 경제에 환원된다는 것이다.

그러면 우리나라의 방위비 분담금은 다른 나라에 비해 어느 정도 수준일까? 전 세계에 주둔 중인 미군에 대한 방위비 분담금은 국가마다 지원 형태와 산정 방식 등에 차이가 많아 획일적으로 비교하기 어려운 게 현실이다. 정부 당국은 대체로 "미군 주둔 비용 중 분담하는 비율을 기준으로 하면 우리는 일본보다는 낮지만 독일 등 나토(북대서양조약기구)보다는 높은 수준"이라고 설명하고 있다. 하지만 분담금 비율을 국내총생산(GDP) 기준으로 따지면 우리가 세계에서 가장 높은 수준이라는 분석도 있다.

(좌) 패트리엇 미사일 수송을 준비 중인 주한 미군 UH-60헬기. (우) 훈련 중인 주한 미군 M1A2 전차.

주한미군 방위비 분담금 구성(2014년 기준)

구분	내용	금액(억원)	비중(%)
인건비	주한미군 한국인 고용원 인건비 지원 (총 인건비의 75% 이내), 전액 현금	3,430	37
군사건설	막사·환경 시설 등 주한미군 시설 지원. 설계·감리비 외 현물 지원.	4,110	45
군수지원	탄약 저장, 항공기 정비, 철도·차량 수송 지원 등 용역, 물자 지원. 전액 현물 지원	1,660	18

한국·일본·독일 방위비 분담 규모

구분	한국	일본	독일
방위비 분담액	7억8,200만달러(8,361억원)	38억1,700만달러(3,741억엔)	5억2,500만달러(약 5,700억원)
GDP 대비 %	0.068%	0.064%	0.016%
주둔 미군 규모	2만8,500명	3만6,700명	5만500명

※ 분담금은 나라의 특성과 주둔 미군의 규모·임무 등에 따라 산정 기준이 다르기 때문에 단순비교는 어려움.
※ 자료: 국회 예산정책처. 한국·일본은 2012년. 독일은 2013년 기준.

　지난 2013년 정부는 미군 총 주둔비용 중 방위비 분담률이 우리는 42%로 절반 이하지만 일본은 대부분을 부담하고 있다고 밝혔다. 하지만 그 뒤 우리 분담 비율이 조금씩 높아져 지금은 50%에 육박하는 상태다. 하지만 미군 주둔비용의 75%를 직접지원비로 지원하는 등 대부분을 직간접 비용으로 부담하고 있는 일본보다는 낮다. 나토 회원국 중 대표적인 미군 주둔 국가인 독일의 분담 비율은 2000년대 초반 30여%

수준이었지만 지금은 30% 미만으로 낮아진 것으로 알려져 있다.

2014년 국회 예산정책처 분석에 따르면 2014년 우리 방위비 분담금(9,200억원)의 GDP 비중은 0.066%로, 일본 0.064%(2012년 기준)보다 높은 것으로 나타났다. 2012년 일본의 방위비 분담금은 4조4,000억원으로 우리보다 규모는 훨씬 컸지만 경제력에 비춰보면 우리가 일본보다 무거운 부담을 졌다는 것이다. 2012년 독일의 방위비 분담금은 6,000억원으로 GDP의 0.016%에 그쳤다.

정부 소식통은 "미국은 그동안 우리와 일본을 비교하며 우리가 주둔 비용의 50% 이상 수준을 부담해야 한다는 점을 부각해왔다"며 "일본이 주일미군 해외훈련 비용까지 부담하는 등 적극적인 동맹비용 부담 차원에서 접근하고 있는 점을 참고하되 카투사 지원 비용 등 그동안 산정 내역에서 빠진 지원 부분도 미측에 부각할 필요가 있다"고 말했다.

전문가들은 대체로 우리가 주한미군 주둔비용의 100%인 2조원까지는 아니더라도 일정 수준 이상의 증액은 불가피할 것으로 보고 있다. 때문에 분담금을 올려주면서 미측에 요구할 것은 정정당당하게 요구해야 한다는 주장도 나온다. 세종연구소가 2016년 11월 10일 개최한 비공개 정책포럼에서 한 참석자는 "방위비 분담금 증액에 대한 반대급부로 미 전략자산 순환배치 보장 등을 떳떳하게 요구해야 한다"고 말했다. 미 항공모함 전단과 전략폭격기 등 전략자산의 한반도 배치 비용은 그동안 전액 미측이 부담해왔다. 미 정부와 군 일각에선 이에 대해 "한국의 경제력이 크게 성장했지만 과거 못살 때처럼 아쉬울 때마다 미군에 손만 벌린다"고 부정적 반응을 보여왔다.

또 방위비 분담금의 경우도 우리가 먼저 조바심을 내며 제기해선 안 된다는 지적도 나온다. 2014년 한·미 합의 내용이 2018년까지 유효한 데다 2019년 이후의 방위비 분담금 내용은 2018년부터 협상하면 되기 때문에 군이 2017년부터 양국이 줄다리기를 하며 한국 내에서 반미감정을 키울 필요가 없다는 것이다.

유엔사 확대를 보는 다른 시각

– 《조선일보》, 2019년 9월 12일

"많은 사람이 평화협정이 되면 (주한) 유엔사가 자동해체된다는 인식을 하고 있는데, 이는 달리 봐야 합니다."

노무현 정부 시절인 지난 2007년 열린 한 토론회에서 당시 이상철 국방부 현안안보정책TF장(대령)은 이렇게 말했다. 문재인 정부 들어 청와대 국가안보실 1차장을 지낸 그는 "평화체제로 전환되면 유엔사 문제가 핵심 이슈가 될 수 있다"며 "평화협정 시 유엔사가 자동적으로 해체된다는 것은 단편적인 생각"이라고 밝혔다. 당시 그는 이 같은 주장의 근거들을 이렇게 밝혔다. 우선 유엔사가 단순하게 정전협정을 유지, 관리만 하는 기구가 아니라는 점이다. 그는 특히 "유엔사가 미국의 동북아 전략과 연계되어 있고, 한반도 위기 사태 시 유엔사의 역할 등을 종합적으로 고려해서 생각해야 한다"며 사견임을 전제로 "유엔사는 한반도 전쟁을 억지하는 안전장치로 존속하는 것이 옳다"고 언급하기도 했다.

2018년부터 올 초까지 잇단 미·북 정상회담으로 종전선언과 평화협정 논의 가능성이 논란이 됐을 때 비록 12년 전의 일이지만 그의 발언

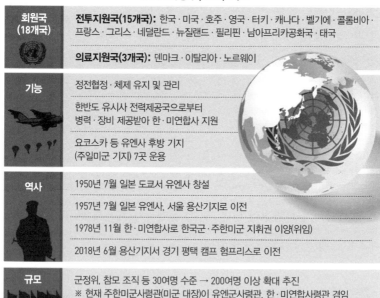

유엔군사령부(UNC) 개요

회원국 (18개국)	**전투지원국(15개국):** 한국·미국·호주·영국·터키·캐나다·벨기에·콜롬비아· 프랑스·그리스·네덜란드·뉴질랜드·필리핀·남아프리카공화국·태국
	의료지원국(3개국): 덴마크·이탈리아·노르웨이
기능	정전협정·체제 유지 및 관리
	한반도 유사시 전력제공국으로부터 병력·장비 제공받아 한·미연합사 지원
	요코스카 등 유엔사 후방 기지 (주일미군 기지) 7곳 운용
역사	1950년 7월 일본 도쿄서 유엔사 창설
	1957년 7월 일본 유엔사, 서울 용산기지로 이전
	1978년 11월 한·미연합사로 한국군·주한미군 지휘권 이양(위임)
	2018년 6월 용산기지서 경기 평택 캠프 험프리스로 이전
규모	군정위, 참모 조직 등 30여명 수준 → 200여명 이상 확대 추진 ※ 현재 주한미군사령관(미군 대장)이 유엔군사령관, 한·미연합사령관 겸임

이 한때 주목을 받았다. 평화협정이 체결되면 당연히 유엔사는 해체돼야 한다는 생각을 갖고 있는 현 정부 일부 핵심 인사들의 입장과 대비되는 측면이 있었기 때문이다.

유엔사(유엔군사령부)는 6·25전쟁 발발 직후인 1950년 7월 일본 도쿄에서 창설돼 1957년 7월 서울 용산기지로 옮겨온 뒤 지금까지 유지되고 있다. 미국·영국·호주와 우리나라 등 6·25전쟁 참전국 중심의 18개 회원국으로 구성돼 있다. 평상시 정전협정·체제를 유지, 관리하는 것이 주 임무다. 하지만 한반도 전면전 시 전력(戰力) 제공국들로부터 병력과 장비를 받아 한·미연합사의 작전을 지원하는 임무도 맡고 있다. 전력 제공국은 6·25전쟁에 참전했던 17개 회원국이다. 현재 유엔군사령관은 주한미군사령관(한·미연합사령관)이 겸직하고 있다.

유엔사 논란은 비핵화 협상이 답보 상태에 빠지면서 수면 아래로 가라앉았지만 최근 유엔사가 다시 주목을 받고 있다. 미국이 유엔사 규모를 100~200명 이상으로 늘리고 독일 등도 회원국에 포함해 확대하려는 움직임을 보이면서다. 미측은 유엔사 인원을 늘리면서 우리 측에도 적극 참여해줄 것을 요청했다고 한다. 특히 지난달 실시된 '후반기 연합지휘소 훈련'에서 미측이 전작권(전시 작전통제권)의 한국군 전환 이후에도 주한미군사령관이 유엔군사령관을 겸하고 있기 때문에 작전 지휘에 개입할 수 있다고 주장, 우리 측과 신경전을 벌인 것으로 알려진 것은 유엔사 논란에 기름을 부었다. 정부와 군 일각에선 미측이 현 정부 임기 내로 예상되는 전작권의 한국군 전환 이후에도 강화된 유엔사를 통해 여전히 전작권을 행사하려는 것 아니냐는 의구심을 갖고 있다. 유엔사 강화가 일본까지 끌어들여 중국에 대응하는 '동북아판(인도태평양판) 나토'를 만들려는 것 아니냐는 시각도 있다. 이 때문에 청와대 등 현정부 일부 핵심 인사들은 미국의 유엔사 강화 움직임에 부정적이고 견제하는 모습까지 보이는 것으로 알려져 있다.

그러면 유엔사 강화가 정말 전작권 전환 추진과 우리 안보에 부정적일까? 전문가들은 미측이 우리를 배제하지 않고 적극적으로 끌어들여 유엔사를 강화하려 하는 데 주목해야 한다고 지적한다. 전직 국방부 고위 관계자는 "과거 미측은 우리에게 '유엔사 강화에 한국 측은 신경 쓰지 말라'는 입장이었다"며 "하지만 이젠 우리보고 참여하라 하니이를 적극적으로 활용해야 한다"고 말했다. 미국은 우리가 반대하더라도 유엔사 강화 계획을 밀고 갈 것이기 때문에 미측의 의도를 알고 필요할 경우 견제를 하기 위해서라도 적극 참여할 필요가 있다는 것이다. 한 예비역 장성은 "전작권이 한국군에 이양된 뒤의 미래연합사(한국군

대장이 사령관)와 강화된 유엔사가 서로 윈-윈(Win-Win)할 수 있는 모델은 얼마든지 만들 수 있다"고 했다. 향후 북한 급변 사태나 위기 사태 시 중국의 개입과 간섭을 견제하기 위한 국제기구로서도 유엔사는 유용한 존재다. 평화협정 체결 이후엔 명칭과 역할을 바꿔 한반도 평화체제 유지 및 지원 기구로 전환될 수도 있다.

가뜩이나 지소미아(GSOMIA: 한·일군사정보보호협정) 파기, 이례적인 주한미군 기지 조기 반환 추진 발표, 방위비 분담금 갈등 등으로 한·미 동맹이 파열음을 내며 위기를 맞고 있는 상황이다. 정부는 유엔사 강화 문제까지 '반미(反美) 전선'에 활용하지 말고 철저하게 진짜 '국익'의 시각에서 접근해야 할 것이다.

미군(美軍) 핵심 1군단 빠지고 방어연습만…
"레알마드리드가 동네축구팀 된 격"

– 《조선일보》, 2019년 3월 14일

"지난해에 비해 전시 증원(戰時 增援), 비(非)전투원 소개 훈련과 관련된 미군의 참여가 크게 줄고 자세도 소극적으로 느껴졌습니다." 2019년 3월 12일 종료된 새 한·미 연합 훈련 '19-1 동맹' 연습에 참가한 한 장교는 13일 이렇게 말했다. '19-1 동맹' 연습은 한반도 전면전에 대비해 매년 실시돼던 키리졸브(KR)를 대체해 올해 2019년에 처음 실시된 것이다. 3월 4일 시작돼 1주일(주말 제외)간 진행됐다. '19-1 동맹' 연습은 키리졸브와 마찬가지로 병력과 장비가 움직이지 않고 컴퓨터 시뮬레이션으로 진행하는 워게임(War Games)인 지휘소 연습(CPX)이다. 이번 연습에는 유사시 대북 반격 작전을 펼 때 미 지상군의 주력인 1군단도 참여하지 않은 것으로 나타났다. 1군단은 주한 미 2사단과 함께 지상 반격 작전을 펴는 핵심 부대다. 이는 방어와 반격 훈련을 함께했던 키리졸브와 달리 이번엔 방어 훈련만 했기 때문이다. 한·미 연합 작전에 밝은 한 예비역 장성은 "이번 연습에선 군사령부급 이하 육군이 훈련 축소에 따른 타격을 가장 많이 입었을 것"이라고 말했다.

한·미 양국은 키리졸브 외에 대규모 야외 기동훈련인 독수리 훈련,

우리 정부와 한·미 양국 군의 전면전 대비 지휘소 연습인 을지프리덤
가디언(UFG) 연습 등 이른바 3대 한·미 연합 훈련을 모두 폐지키로 했
다. 국방부는 3대 훈련 폐지에도 불구하고 대체 훈련 등 보완책을 마련
해 한·미 연합 방위 태세에 문제가 없을 것이라는 입장이다. 최현수 국
방부 대변인은 "한·미는 조정된 연습과 훈련을 통해 공고한 연합 방위
태세를 유지할 것"이라고 밝혔다.

하지만 예비역 장성 등 전문가들은 이 같은 한·미 연합 훈련 폐지 또
는 축소가 "남북 군사 합의 못지않게 심각한 문제가 있는 사안"이라며
문제점들을 지적하고 있다.

① 반격 없는 반쪽짜리 연습

2주간 실시된 종전 키리졸브 연습은 첫 1주간(1부)은 방어, 나머지 1주
간(2부)은 반격 연습 형태로 이뤄졌다. 반격 연습 중엔 한·미 양국 군이
평양 또는 청천강 인근까지 북진해 북한 정권을 무너뜨리고 북 점령 지
역에 대한 안정화(치안 유지) 작전 훈련이 이뤄졌다. 한·미 특수부대를
투입해 김정은 등 북 정권 수뇌부를 제거하는 훈련도 종종 실시됐다.
하지만 이번 연습에 참가했던 한 관계자는 "DMZ(비무장지대) 이북으로
북진하는 훈련은 실시되지 않았다"고 전했다. 한·미 양국 군의 핵심 연
합 작전 계획인 '작계 5015'를 반쪽만 연습한 셈이다.

② 미군 실전 경험 배울 기회 대폭 축소

한국군이 미군으로부터 풍부한 실전 경험을 배울 기회를 잃게 됐다는

것도 문제다. 한 예비역 장성은 "우리는 전쟁 경험이 없지만 연합 훈련을 통해 실전 경험이 풍부한 미군들로부터 국제법적인 문제 등 많은 것을 배운다"고 말했다. 반격 작전 시 DMZ를 돌파할 때라든지, 중국군이 개입할 경우 발생할 수 있는 국제법적인 문제들을 처리하는 법을 배울 수 있었다는 것이다.

을지프리덤가디언 연습 폐지에 따라 우리 정부의 을지 연습과 한·미 양국 군의 프리덤가디언 연습이 분리된 것도 문제라는 지적이다. 종전엔 UFG를 통해 우리 외교부·법무부 등이 유사시 호주·캐나다 등 유엔사 전력(戰力) 제공국들의 참전 문제를 검토할 기회가 있었지만 앞으로는 그런 경험을 할 수 없게 됐다는 것이다. 한·미연합사에서 근무했던 김기호 경기대 정치전문대학원 초빙교수는 "한·미 양국 군은 1~2년 단위로 보직이 바뀌기 때문에 이렇게 몇년간 지나면 연합 작전 능력은 거의 사라지게 될 것"이라며 제대로 된 연합 훈련 경험자의 '소멸'도 우려했다.

③ 대규모 미 증원 전력 훈련 기회 상실

종전 키리졸브 연습에선 5개 항공모함 전단(戰團) 등 대규모 미 증원 전력이 한반도에 전개하는 훈련도 이뤄졌다. 하지만 이번 19-1 동맹 연습에선 종전과 같은 대규모 미 증원 전력 전개가 이뤄지지 않은 것으로 알려졌다. 보통 반격 연습 단계에서 미군이 본격적으로 참여했는데 이번엔 방어 연습에 그쳤기 때문이다. 보통 연대~여단급 이상으로 실시됐던 대규모 연합 상륙 훈련인 쌍용훈련이 폐지되고, 대규모 연합 공군 훈련인 맥스선더, 비질런트 에이스의 폐지가 유력시되는 것도 연합 방

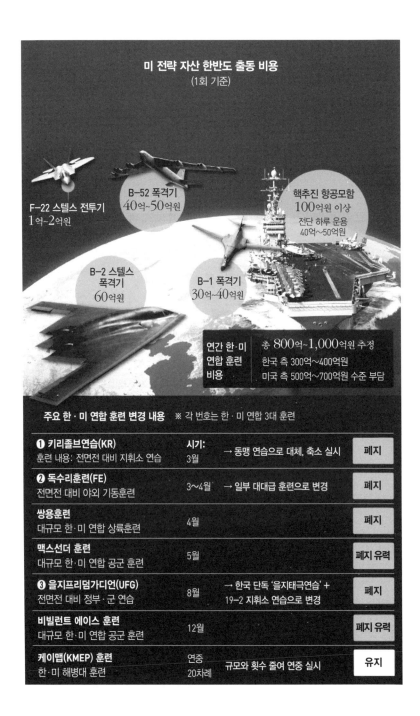

미 전략 자산 한반도 출동 비용
(1회 기준)

F-22 스텔스 전투기
1억~2억원

B-52 폭격기
40억~50억원

핵추진 항공모함
100억원 이상
전단 하루 운용
40억~50억원

B-2 스텔스 폭격기
60억원

B-1 폭격기
30억~40억원

연간 한·미 연합 훈련 비용	총 800억~1,000억원 추정 한국 측 300억~400억원 미국 측 500억~700억원 수준 부담

주요 한·미 연합 훈련 변경 내용   ※ 각 번호는 한·미 연합 3대 훈련

훈련	시기	변경 내용	결정
❶ 키리졸브연습(KR) 훈련 내용: 전면전 대비 지휘소 연습	시기: 3월	→ 동맹 연습으로 대체, 축소 실시	폐지
❷ 독수리훈련(FE) 전면전 대비 야외 기동훈련	3~4월	→ 일부 대대급 훈련으로 변경	폐지
쌍용훈련 대규모 한·미 연합 상륙훈련	4월		폐지
맥스선더 훈련 대규모 한·미 연합 공군 훈련	5월		폐지 유력
❸ 을지프리덤가디언(UFG) 전면전 대비 정부·군 연습	8월	→ 한국 단독 '을지태극연습' + 19-2 지휘소 연습으로 변경	폐지
비빌런트 에이스 훈련 대규모 한·미 연합 공군 훈련	12월		폐지 유력
케이맵(KMEP) 훈련 한·미 해병대 훈련	연중 20차례	규모와 횟수 줄여 연중 실시	유지

위 태세 약화를 초래할 수 있다는 지적이다. 맥스선더나 비질런트 에이스는 전쟁 초기 제공권을 장악하고 700개 이상의 북 주요 표적을 정밀 타격하는 훈련이어서 북한이 가장 두려워하고 예민한 반응을 보여왔던 것이다. 한·미 연합 해병대 훈련은 대대급 이하로 축소됐는데 대대급으로는 실전적인 훈련이 어렵다. 군 소식통은 "연대급 이상은 돼야 합동 화력 연합 훈련 등을 제대로 할 수 있다"고 말했다.

④ 대규모 훈련 중단 장기화, 주한미군 철수·한미동맹 형해화 우려

대규모 한·미 연합 훈련 중단 장기화에 따른 주한미군 감축·철수나 한·미동맹의 형해화(形骸化) 우려도 나온다. 1990년대 초반에도 북핵 협상용으로 팀스피리트 연합 훈련이 일시 중단된 적이 있지만 지금은 그때와는 근본적인 차이가 있고 장기화할 가능성이 크다는 것이다. 임호영 전 한·미연합사 부사령관은 "훈련을 하지 않는 군대는 필요가 없어 훈련 중단은 군대의 존립을 흔드는 일"이라며 "연합 훈련 중단은 주한미군 감축·철수, 나아가 한·미 동맹의 형해화를 초래할 수 있다"고 말했다. 김기호 교수는 "전략, 작전술 차원의 국가급 연합 훈련 폐지로 허울뿐인 한·미 군사 동맹이 됐고, 세계 정상급 프로축구팀인 레알마드리드가 동네 축구팀으로 추락할 상황에 놓였다"고 말했다.

도널드 트럼프 미 대통령은 2019년 2월 말 2차 미·북 정상회담이 결렬된 후 기자회견에서 "(한·미 연합) 군사훈련은 내가 오래전에 포기했다"며 "할 때마다 1억달러의 비용을 초래했기 때문"이라고 했다.

트럼프 대통령은 "대형 폭격기가 괌에서 날아오는 데에도 엄청난 비

키리졸브와 동맹 연습 비교

키리졸브(Key Resolve)		19–1 동맹(Dong Maeong)
지휘소 연습(컴퓨터 워게임)	훈련 성격	지휘소 연습(컴퓨터 워게임)
2주	훈련 기간	1주

– 북전면전 도발에 대한 방어 + 반격 훈련
– 반격 시 평양, 청천강 인근까지 북진해
  북 정권 붕괴
– 북한 점령 지역 안정화 작전,
  북 수뇌부 제거 작전 훈련도 실시
	훈련 내용	– 북 전면전 도발에 대한
		  방어 훈련만 실시
		– DMZ(비무장지대) 이북
		  북진 훈련 미실시

용이 든다"며 "한 장성은 괌의 공군기지에서 폭격기가 출격할 경우 (한반도에) 수백만달러의 폭탄을 투하하고 괌의 공군기지로 돌아가는 데 수억달러가 지출된다고 했다"고도 했다.

하지만 실제 훈련 비용이나 전략폭격기 출동 비용은 트럼프 대통령이 언급한 것보다 훨씬 적게 든다. 트럼프 대통령의 지시로 2018년 8월 중단된 을지프리덤가디언(UFG) 연습의 경우 훈련 비용이 1,400만달러(약 150억원)에 불과한 것으로 나타났다. 이는 미 연간 국방 예산약 7,000억달러의 0.02%에 불과한 수준이다.

UFG와 함께 대표적인 대규모 한·미 연합 훈련이었던 키리졸브·독수리 연습의 경우도 200여억원의 돈이 든 것으로 알려졌다. 최근 5년간을 기준으로 한·미 연합 훈련에 투입된 비용은 연간 800억~1,000억원 수준이다. 그것도 우리 측에서 300억~400억원을 부담해 미측 부담액은 500억~700억원 수준이라고 한다. 이를 트럼프 대통령은 수천억원에 달하는 것처럼 얘기한 것이다.

B-1B 폭격기가 괌에서 출동해 한반도에서 훈련한 뒤 복귀하는 데는 30억~40억원이, B-2 스텔스 폭격기의 한반도 출동에는 60억원의 돈이 드는 것으로 알려져 있다. 핵추진 항모 출동 비용은 100억원, F-22 스텔스 전투기 출동 비용은 1억~2억원 수준인 것으로 전해졌다.

서울 겨냥한 북(北) 핵미사일은
협상 테이블에 없다

- 《조선일보》, 2019년 2월 27일

지난 2017년 8월 26일 아침 강원도 깃대령 일대에서 북한 단거리 발사체 3발이 발사돼 동북 방향 동해상으로 250여km를 날아갔다.

그런데 이 발사체의 정체를 놓고 한·미가 엇갈린 분석을 내놨다. 우리 군은 300mm 개량형 방사포(다연장로켓)로 추정한 반면, 미국은 단거리 탄도미사일로 평가한 것이다.

이 발사체는 뒤에 미사일로 판명됐지만 의문점은 남아 있었다. 당시 발사체는 미사일로 보기엔 비행고도가 너무 낮았기 때문이다. 이 발사체는 40여km의 최대비행고도를 기록했는데, 일반적인 탄도미사일이었다면 70~80km의 최대비행고도를 나타냈어야 했다.

반면 300mm 방사포라 해도 종전 최대사거리(200km)보다 50km나 더 날아간 것도 의문이었다.

이 미스터리는 5개월여 뒤인 2018년 2월 북한군 창군 기념일 열병식에서 어느 정도 풀렸다. 기존 KN-02 '독사' 미사일과는 다른 신형 단거리 탄도미사일들이 처음으로 등장했는데 러시아의 SS-26 '이스칸데르'를 빼닮은 것들이었다.

이스칸데르는 280km를 날아가도 최대비행고도가 50여km에 불과하다고 한다. 변칙적인 요격회피 기동으로 한·미 양국군의 패트리엇 PAC-3 미사일로 요격이 매우 어렵고, 비행고도가 낮아 주한미군의 사드(THAAD: 고고도 미사일 방어체계)로도 요격이 어렵다는 평가다. 480~700kg의 탄두를 달 수 있어 북한이 개발한 핵탄두도 장착할 수 있는 것으로 분석된다.

지금 국내외의 관심은 온통 27~28일 베트남 하노이에서 열리는 2차 미·북 정상회담에 쏠려 있다. 하지만 회담 의제에 이런 신형 단거리 미사일을 비롯한 북 중·단거리 미사일 제거 문제가 포함됐다는 얘기는 들리지 않는다.

외신 보도와 전문가들 분석에 따르면 이번 정상회담은 핵 동결 등 비핵화와 핵무기 운반 수단인 ICBM(대륙간탄도미사일) 폐기에 중점이 두어질 전망이다.

하지만 우리 입장에선 중·단거리 미사일 제거도 핵 폐기와 함께 관철해야 할 과제다. 북한이 보유한 1,000여발의 탄도미사일 중 80% 이상이 스커드(600여발)와 노동(200여발)이다. 스커드(사거리 300~1,000km)는 남한을, 노동(사거리 1,300km)은 일본(주일미군기지)을 주로 겨냥한다. 이 미사일들에 핵탄두를 장착하는 것은 ICBM에 다는 것보다 쉽다. 군 소식통은 "스커드·노동엔 ICBM보다 큰 핵탄두를 달

수 있어 장착이 더 용이하다"고 말했다.

특히 스커드·노동 미사일은 화학무기도 운반할 수 있다. 북한은 김정은 이복형 김정남의 독살에 사용된 것으로 알려진 신경작용제 VX를 비롯, 각종 화학무기 2,500~5,000t을 보유한 세계 3위의 화학무기 강국이다. 군내에서는 북 스커드B·C 미사일의 30~40%가 화학 탄두라는 평가도 있다. 미군 분석에 따르면 스커드B(사거리 300km) 한 발에 560kg의 VX를 탑재해 서울 도심에 투하할 경우 최대 12만명의 인명 피해가 생길 수 있다.

최근 미 싱크탱크인 CSIS(전략국제문제연구소)가 삭간몰, 상남리 등 중·단거리 미사일 기지 문제를 잇따라 제기한 것도 이런 맥락으로 봐야 할 것이다.

문제는 미국에, 특히 한·미 동맹의 가치 인식이 매우 약한 트럼프 대통령에게 북 중·단거리 미사일 제거까지 기대하기 어려운 게 현실이라는 점이다. 목마른 사람이 우물 파야 하듯이 우리가 적극적으로 나설 수밖에 없다. 그러나 현 정부의 행태를 볼 때 핵 동결과 ICBM 폐기 정도를 '완전한 비핵화' 성공으로 포장하지 않을까 우려된다.

완전한 비핵화는 핵 시설·물질·무기·인력의 제거·전환뿐 아니라 운반수단인 미사일 제거까지 포함돼야 한다는 것을 가슴에 새기고 이에 대한 협상도 서둘러야 할 때다.

'무기 세일즈' 정상 외교

– 《조선일보》, 2017년 11월 9일

도널드 트럼프 미국 대통령이 2017년 11월 7일 한·미 정상회담 뒤 공동 기자회견에서 "한국에서 수십억달러에 달하는 미국 무기를 주문할 것"이라고 밝혀 그의 무기 세일즈 외교가 주목을 받고 있다. 그는 "전투기든 미사일이든 미국 것이 가장 훌륭하다"며 "(무기 수출은) 미국에서도 많은 일자리를 창출할 수 있는 부분"이라고 했다. 2006~2015년 10년간 국제 무기 거래 규모는 2,684억달러(1990년 기준가)였다. 미국이 31%로 가장 높았고 러시아가 24%, 독일이 8%였다. 세계 최대 군수업체인 미 록히드마틴은 지난 2014년 374억7,000만달러의 무기 판매를 기록했다.

역대 미국 대통령들 중에 이렇게 미국 무기를 세일즈하고 다닌 사람은 거의 없다. 세계 최강인 미국 무기는 사는 사람이 갑(甲)이 아니라 을(乙)인 경우가 많다. 적과 싸워서 이길 수 있는 무기는 모든 나라가 원하기 때문이다. 그래서 미국 대통령은 무기 세일즈를 할 필요가 크지 않았다. 그런데 트럼프는 예외다. 아마도 세일즈 그 자체의 필요성보다는 미국 유권자들을 향한 홍보적 성격이 더 큰 것 같다.

우리 군은 이미 F-35A 스텔스 전투기를 도입할 예정으로 있다. 개전 초기 공군이 북한에 들어가 거점을 은밀히 타격할 수 있는 것은 스텔스기인 F-35A뿐이다. 미국은 돈 준다고 아무 나라에나 이 전투기를 팔지도 않는다. 이외에 E-8 조인트 스타스(Joint STARS) 지상 감시 정찰기 등이 포함돼 있다고 한다. 이 무기 없이 북핵·미사일에 대처하는 우리 군의 3축 체계는 완성될 수 없다. 모두가 핵심적 구성 장비다. 그러니 트럼프 대통령이 세일즈를 하지 않아도 구매해야 할 무기인 셈이다.

트럼프의 무기 세일즈에 대해 부정적 시각도 많다. '강매'한다는 느낌 때문이다. 유럽의 정상들이 방한했을 때도 자국 무기 구매를 요청한 경우가 적지 않았다. 1980년대 영국 대처 총리가 요청해 구매한 재블린(Javelin) 휴대용 대공미사일은 우리 군에 맞지 않아 뒷말을 낳았다.

다국적 군수업체는 많은 음모론과 영화의 단골 소재가 돼왔다. 미국 군수업체들의 재고품 소모나 신무기 개발·생산을 위해 정치 세력, 군부가 업체와 결탁해 전쟁을 일으킨다는 내용이다. 실제로 걸프전이나 이라크전, 아프가니스탄전에서 토마호크(Tomahawk) 미사일, 합동직격탄(JDAM) 등 여러 미사일·폭탄 제조 업체들이 '특수'를 누렸다. 하지만 전쟁의 원인이 아니라 결과일 뿐이다. 무기 장사를 목적으로 전쟁을 시작하는 대통령은 영화에는 있지만 실제로는 있을까 싶다.

미(美)의 대북 선제타격 3대 징후

– 《주간조선》, 2017년 4월 17일

2016년 11월 경기도 평택의 '캠프 험프리스' 기지에서 주한미군 가족들이 CH–47 시누크 헬기를 이용해 주일미군 기지로 대피훈련을 하고 있다. 〈사진 출처: 주한미군〉

"트럼프 대통령이 우리 몰래 기습적인 대북 선제타격을 지시할 수 있지 않을까?"

최근 우리 사회 일각에서 많은 사람들이 제기하고 있는 의문이다. 미국의 기습적인 시리아 공습 이후 북한에 대한 예방적 선제타격 가능성이 높아지면서 미국이 한국 측에 사전통보 없이 북한을 타격할 가능성에 대한 우려가 나오고 있는 것이다. 우리 정부와 군은 미국이 대북 선제타격을 하려면 우리와 사전협의를 할 수밖에 없다는 입장이지만 미 트럼프 대통령의 예측하기 힘든 성격 등 때문에 그런 상황이 발생할 수도 있지 않느냐는 의구심이 확산되고 있다.

국방부 등 정부는 이에 대해 제도적 안전장치가 있다고 강조한다. 국방부 문상균 대변인은 2017년 4월 11일 브리핑에서 미국의 대북 선제타격 시 우리가 미리 알 수 있는지에 대해 "그것(선제타격)은 한·미 간 긴밀한 공조를 토대로 해서 굳건한 한·미 연합 방위태세하에서 이루어질 것"이라며 "그것이 한·미 동맹의 기본 정신"이라고 말했다. 현재 한·미 동맹 군 통수체계는 양국 대통령·국방장관·합참의장으로 구성된 국가통수·군사지휘기구(NCMA)→한·미안보협의회의(SCM)→한·미군사위원회(MCM)→한·미연합사령부의 계통을 밟도록 돼 있다. 선제타격이 이뤄진다면 양국 대통령·국방장관 등의 사전 협의 및 지시 아래 실행된다는 것이다.

전문가들은 제도적 장치 외에 현실적으로도 미국이 선제타격을 하려면 여러 징후들이 노출될 수밖에 없어 한국 몰래 타격하는 것은 사실상 불가능하다고 말한다. 시리아 폭격 이후 트럼프 대통령이라면 시리아처럼 북한도 기습적으로 때릴 수 있을 것이라는 예상이 많지만 시리아와 북한은 환경이 크게 다르다는 것이다. 우선 확전과 미국인 피해 가능성이 꼽힌다. 시리아의 경우 확전이나 미국인 피해 가능성을 우려할 필요가 없어 마음놓고 때릴 수 있었다. 반면 북한은 그렇지 못하다.

미국의 선제타격에 대해 북한이 전면전 등 확전으로 보복할 가능성은 1994년 영변 핵시설 폭격 검토 때부터 미 정부와 군의 발목을 잡아온 사안이다. 미군 당국의 시뮬레이션(모의실험) 결과 50만~100만가량의 군 및 민간인 피해가 생길 것으로 분석됐다고 한다. 북한은 전면전을 벌이지 않더라도 340문의 장사정포가 수도권을 때릴 수 있고, 800여발에 달하는 스커드·노동 미사일로 남한 전역을 공격할 수도 있다. 이에 대한 대비는 주한미군만으로는 불가능하다. 북한군 장사정포는 우리 육군의 K-9 자주포와 공군 전투기들의 정밀유도폭탄 등으로 타격하도록 돼 있다. 북한 미사일 기지와 이동식 발사대는 미군 전력 외에 우리 군의 현무2 탄도미사일, 현무3 순항미사일, 공군 F-15K 등이 타격해야 한다. 미국이 선제타격을 한다면 대부분의 한국군 부대들도 확전에 대비해 비상에 들어갈 수밖에 없다.

전면전 수준의 확전에 대비하려면 미국은 최소 3개 항공모함 전단과 수백 대의 전투기를 한반도 주변과 주일미군 기지에 파견해야 할 것으로 분석되는데 이 또한 비밀리에 하는 것은 불가능하다.

한·미 연합 작전계획 5015에 따르면 전면전 시 미군은 전쟁 발발 3개월 이내에 69만명의 병력, 5개 항모전단을 포함한 160여척의 함정, 1,600여대의 항공기 등이 한반도에 전개토록 돼 있다. 선제타격 시 이렇게 엄청난 전력을 배치할 수는 없겠지만 현재 한반도 인근에 있는 칼빈슨(Carl Vinson), 로널드 레이건(Ronald Reagan) 등 2개 항모 전단으로는 전면전 대비가 부족하다는 것을 알 수 있다. 20만명이 넘는 한국 내 미국인의 안전은 선제타격 시 트럼프 대통령과 미 정부, 미군이 가장 고민할 수밖에 없는 대목이어서 이들 중 상당수를 일본 등지로 대피시킬 수밖에 없다. 이 또한 우리가 알 수밖에 없는 대목이다.

한·미연합사에 수백 명의 한국군과 미군 장교들이 함께 근무하고 있는 것도 우리가 미군의 은밀한 움직임을 감지할 수 있게 해주는 부분이다. 군의 한 소식통은 "한·미연합사에는 수백 명의 한국군과 미군 장교들이 함께 근무하고 있어 한국군 장교 몰래 미군이 선제타격 준비를 하는 것은 매우 어렵다"며 "최근 주한미군 간부들의 움직임에 촉각을 곤두세우고 있는데 아직 우려할 만한 특이 동향은 없다"고 말했다.

전문가들은 그럼에도 불구하고 트럼프 대통령이 우리와 사전 협의 또는 통보 없이 선제타격을 감행한다면 한·미 동맹은 파탄지경에 이를 것이라고 지적한다. 김열수 성신여대 교수는 "미국이 한국과 협의 없이 제대로 된 전면전 대비도 하지 않고 북한을 선제타격한다는 것은 한·미 동맹 파탄을 전제하지 않고는 불가능한 일"이라고 말했다.

그러면 미국이 진짜 선제타격을 단행할지 알 수 있는 결정적 사전징후들은 무엇일까? 우선 한국 내 미국 민간인들의 대피 움직임이 꼽힌다. 현재 한국 내에는 알려진 것보다 훨씬 많은 미국인이 있는 것으로 파악되고 있다. 정부 소식통은 "현재 한국 내에는 미군 2만8,500명을 포함해 23만명의 미국 국적자가 있는 것으로 안다"고 말했다. 유사시 이들을 대피시키는 작전은 비전투원 소개(NEO) 작전으로 불린다. 주한미군의 비전투원 소개작전 대상은 이보다 많은 30만명이라고 한다. 여기엔 미국 국적자 외에 한반도 유사시 참전할 유엔 회원국인 영국, 호주, 캐나다 등 유엔사 회원국 국민 7만명이 포함돼 있다. 미국 NBC 방송도 한반도 유사시 30만명의 민간인을 대피시키는 것이 미군의 큰 고민이라고 보도했다.

이들은 유사시 대부분 배가 아닌 수송기나 민항기로 긴급 대피하게 된다. 항공기는 배보다 탑승 인원이 훨씬 적기 때문에 시간이 많이 걸릴 수밖에 없다. 군 소식통은 "전면적인 비전투원 소개 작전에는 수주~1개월 이상의 시간이 걸릴 것"이라고 말했다.

두 번째로는 주한미군 기지에 패트리엇 PAC-3와 사드 요격 미사일을 추가배치하는 징후가 꼽힌다. 현재 주한미군에는 64기의 패트리엇 PAC-2·3 미사일이 배치돼 있는데 전면전 시 북한의 미사일 공격을 제대로 방어하기 어렵기 때문에 추가배치가 필요한 것이다. 1994년 영변 핵시설 폭격 검토 때도 패트리엇 미사일이 주한미군에 추가배치됐었다.

세 번째는 북한을 타격하고 전면전에 대비하는 항모전단, 전투기, 폭격기 등 대규모 미군 전력의 한반도 인근 배치다. 현재 한반도 인근 미군 전력 배치는 과거에 비해 강도 높게 이뤄지고 있다. 이는 북한 핵·미사일 시설을 선제타격할 수 있는 수준이지만 전면전에 대비하기에는 아직 부족한 것으로 평가된다.

이들 세 가지 징후가 모두 나타날 경우 미국이 단순히 엄포가 아니라 실제 북한을 선제타격할 가능성이 매우 높아졌다고 볼 수 있다는 게 전문가들의 지적이다.

CHAPTER 4

한국군
관련
핫이슈

'폐지' 신세였던 유럽의 징병제
화려하게 부활한 이유

- 《조선일보》, 2019년 11월 13일

"작년(2013년) 현역 입영자 32만2,000명 중 심리 이상자는 2만6,000여 명, 입대 전 범법자는 524명에 달했습니다."

지난 2014년 8월 육군 고위 관계자는 28사단 윤모 일병 사망 사건 관련 실태 조사 결과를 발표하면서 충격적 수치를 공개했다. 현역 판정 비율이 91%로 높아지면서 종전 공익요원 등으로 분류돼 군에 안 갔던 사람들이 대거 현역으로 입대, 지휘관 입장에선 '시한폭탄'과 같은 관심 병사들이 크게 늘었다는 것이다. 엽기적 가혹행위로 윤 일병을 사망케 한 28사단 사건도 가해자였던 이모 병장은 징병 심리검사 때 심리 이상자로 분류돼 상담을 받았다. 공격성이 강하다는 경고가 있었지만 현역 판정을 받아 입대한 뒤 온 나라를 뒤흔든 사건의 주범이 됐다.

이후 현역 판정률이 80%대로 낮아져 28사단 사건 악몽은 되풀이되지 않고 있다. 하지만 최근 병역 자원 급감에 따라 2020년대 초반 이후 현역 판정률이 다시 90%대로 높아질 것이라는 전망이 나오고 있다. 정부는 2019년 11월 6일 인구 급감 대책을 발표하면서 "상근예비역도 현역으로 복무토록 하겠다"고 밝혔다. 이에 따라 야전 지휘관들의 근심도 커지고 있다. 특히 지난 몇 년간 현역 입대해 복무 중 '현역 복무 부적합' 판정을 받아 전역하는 사람들이 급증하고 있다는 점도 우려스러운 대목이다. 국방부가 국회 국방위 소속 김종대 의원실에 제출한 자료에 따르면 현역 복무 부적합 전역자는 28사단 사건이 발생했던 2014년 3,328명에서 2017년 5,114명, 2018년 6,118명으로 급증했다. 5년 새 두 배 가까이로 늘었다.

모병제 도입 현실적으로 어려움 많아

발등에 불 떨어진 병역 자원 감소, 병력 감축 폭탄에 대처하는 방법은 무엇일까? 최근 정치권 일각에서 모병제를 그 해결책으로 주장해 온라인 등에서 논란이 뜨겁다. 더불어민주당 싱크탱크인 민주연구원은 "2025년부터 징집 대상 인원이 부족해지고 2033년부터는 (목표로 하는) 병력을 유지할 수 없기 때문에 모병제 전환은 필수"라며 "2025년부터 단계적 모병제를 실시하자"고 주장했다. 민주연구원은 병사 월급 300만원 수준의 모병제를 구상하는 것으로 알려졌다.

그동안 모병제는 선거 때마다 이슈가 됐지만 시기상조론이 대세를 이루면서 유야무야됐다. 2019년 11월 11일 여론조사에서도 반대 응답이 52.5%로 찬성(33.3%)보다 19.2% 포인트 높았다. 전면적 모병제 도입이 어려운 이유는 우선 인건비 부담이 크게 늘어난다는 점이 꼽힌다. 2022년 이후 군 병력은 대략 병사 30만명, 장교 및 부사관 등 간부 20만명으로 구성된다. 병사 30만명에게 월급 300만원씩을 준다면 연간 10조8,000억원이 든다. 장교·부사관 등 간부들 월급도 올려줘야 한다.

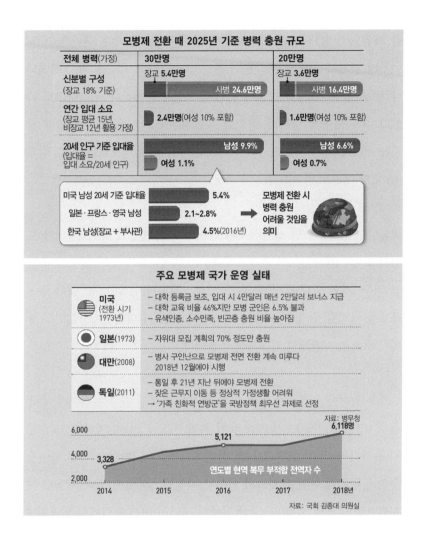

모병제 전환 때 2025년 기준 병력 충원 규모

전체 병력(가정)	30만명	20만명
신분별 구성 (장교 18% 기준)	장교 5.4만명 / 사병 **24.6만명**	장교 3.6만명 / 사병 **16.4만명**
연간 입대 소요 (장교 평균 15년, 비장교 12년 활용 가정)	**2.4만명**(여성 10% 포함)	**1.6만명**(여성 10% 포함)
20세 인구 기준 입대율 (입대율 = 입대 소요/20세 인구)	남성 **9.9%** / 여성 **1.1%**	남성 **6.6%** / 여성 **0.7%**

미국 남성 20세 기준 입대율	**5.4%**
일본·프랑스·영국 남성	**2.1~2.8%**
한국 남성(장교 + 부사관)	**4.5%**(2016년)

➡ 모병제 전환 시 병력 충원 어려울 것임을 의미

주요 모병제 국가 운영 실태

미국
(전환 시기 1973년)
– 대학 등록금 보조, 입대 시 4만달러 매년 2만달러 보너스 지급
– 대학 교육 비율 46%지만 모병 군인은 6.5% 불과
– 유색인종, 소수민족, 빈곤층 충원 비율 높아짐

일본(1973)
– 자위대 모집 계획의 70% 정도만 충원

대만(2008)
– 병사 구인난으로 모병제 전면 전환 계속 미루다
  2018년 12월에야 시행

독일(2011)
– 통일 후 21년 지난 뒤에야 모병제 전환
– 잦은 근무지 이동 등 정상적 가정생활 어려워
  → '가족 친화적 연방군'을 국방정책 최우선 과제로 선정

자료: 병무청

연도별 현역 복무 부적합 전역자 수

2014	2015	2016	2017	2018년
3,328		5,121		6,118명

자료: 국회 김종대 의원실

병무청장 출신 한 전문가는 "최근 논란에서 간과하는 것 중 하나는 모병제 도입 시 간부 월급도 올려줘야 하며 군인연금 부담도 크게 늘어난다는 것"이라며 "추가 예산 부담이 당초 알려진 것보다 훨씬 커질 수 있다"고 말했다.

더욱 큰 현실적 문제는 병력 충원이다. 숫자를 채우기도 어렵고 우수한 자원도 징병제 때보다 적게 군에 들어온다는 것이다. 대만은 2008년부터 단계적 모병제 도입을 추진했지만 지원이 저조해 계속 지연되다 10년 만인 2018년 말에야 전면적 시행에 들어갔다. 우리나라도 마찬가지다. 모병제 병사와 비슷한 유급지원병은 당초 2만5,000명 모집을 목표했지만 지원이 적어 2011년 1만1,000명으로 줄었고 이후 5,500명 이하로 떨어졌다.

국방부 산하기관인 국방연구원 분석에 따르면 2025년 모병제가 도입되고, 총 병력을 30만명(장교 5.4만명 + 사병 24.6만명) 수준으로 유지할 경우 '지원 입대율'이 현재(4.5%)의 2배 이상인 9.9%는 돼야 충원 목표를 달성할 수 있는 것으로 나타났다. 지원 입대율은 20세 인구 중에서 스스로 지원해서 입대하는 비율이다.

가장 심각한 문제는 한반도 안보 환경에 변화가 없다는 점이다. 육군은 2022년 36만5,000명으로 줄어 북한 지상군 110만명의 33% 수준에 불과하게 된다. 모병제가 되면 병력 규모가 50만명 이하로 줄어들 수밖에 없는데 한반도 유사시 벌어질 전쟁의 성격을 감안하면 첨단 무기만으로 대응할 수 없다. 그런 점에서 지난 수년간 유럽에서 벌어지고 있는 징병제 환원 바람은 우리에게 시사하는 바가 많다.

유럽 국가들 잇따라 징병제 재도입

냉전이 끝난 뒤 1990년대 이후 유럽에선 한때 징병제 폐지가 대세였지만 우크라이나(2014년), 리투아니아(2015년)를 시작으로 노르웨이(2016년), 스웨덴(2018년) 등이 다시 도입했다. 2001년 징병제를 폐지했던 프랑스도 완화된 징병제 부활을 추진 중이다. 이런 변화는 2014년 러시아의 크림반도 강제 병합 이후 안보 위기감이 커졌기 때문이다. 우리의 위기감이 이 국가들보다 작다 할 수 없다. 핵·미사일 등 대량살상무기 위협이 고도화되는 등 북한의 위협은 더 커지고 있다.

한국군은 문재인 대통령이 언급한 '한 번도 경험하지 못한 나라'처럼 '한 번도 경험해보지 못한 군대'가 돼가고 있다. 여기에 모병제 논란까지 가세한다면 한국군의 근간이 흔들릴 수 있다. 모병제는 선거용, 당리당략 차원이 아니라 국가 안보를 심각하게 고민하는 차원에서 신중하게 접근해야 한다. 여야 정치인은 물론 군·민간 전문가 등까지 참여해 모병제, 군 복무 기간 등 병역 문제 전반을 중·장기적으로 심층 검토하는 태스크포스 구성도 검토해볼 필요가 있다.

전략무기 3총사로 무장한 공군

- 《주간조선》, 2019년 9월 23일

시험비행 중인 공군 F-35 스텔스기 1호기. 기체에 태극 마크가 선명하다.

2019년 8월 25일 일요일 오후 충북 청주 공군기지에 F-35A 스텔스 전투기 2대가 차례로 내려앉았다. 꼬리날개에 한국 공군용 F-35A 1·2호기를 의미하는 '001' '002' 숫자가 선명하게 적혀 있었다. 이날 F-35A의 청주기지 도착은 올 들어 네 번째였다. 미 록히드마틴사가 만든 F-35 A의 한국 도착은 2019년 3월 29일(5·6호기)을 시작으로 7월 15일(7·8호기), 8월 21일(3·4호기) 각각 이뤄졌다. 지금까지 총 8대가 공군에 도입된 것이다.

하지만 2019년 3월 첫 도착을 제외하곤 언론에 공개되지 않았다. 8대가 도입됐지만 아직까지 전력화 행사도 이뤄지지 않고 있다.* 외형상 이유는 "우리 군의 무기도입 상황을 중계방송하듯이 일일이 공개하지 않아왔다"는 것이었다. 하지만 내면적으로는 북한이 F-35A의 도입에 강력 반발한 것도 큰 영향을 끼쳤다. 이런 태도가 지나친 북 눈치 보기 아니냐는 비판이 거세지자 국방부는 오는 10월 1일 국군의 날 행사 때 F-35A를 처음으로 공개하겠다고 밝혔다. 이번 국군의 날 행사는 처음으로 공군기지(대구)에서 개최된다.

더구나 오는 10월 1일은 공군 창군 70주년을 맞는 날이어서 공군엔 각별한 의미가 있다. 창군 70주년 '생일'에 처음으로 공군기지에서 군 통수권자와 군 수뇌부가 참석한 가운데 국군의 날 행사를 개최하고, 공군의 오랜 꿈이었던 스텔스 전투기를 공개하는 것이다. 1949년 10월 1일 공군이 창군될 때 병력은 1,600여 명, 항공기는 프로펠러 추진 연락기 20여 대에 불과했다. 하지만 건군(1948년) 1년 만에 공군을 창설했다는 것은 매우 이례적인 일이었다. 제2차 세계대전 당시 200만 명 이상의 병력과 수만 대의 항공기를 운용했던 미국도 공군의 독립은 1947년에야 이뤄졌었다.

창군 직후 한 대의 전투기도 없이 6·25전쟁을 맞은 공군은 연락기에서 폭탄을 손으로 투하하며 고전분투했지만, 전쟁 발발 직후 F-51 '머스탱(Mustang)' 전투기를 도입해 '승호리 철교 차단작전' 등 혁혁한

---

* F-35 전력화 행사는 2019년 12월 17일 공군참모총장 주관으로 비공개로 실시됐다.

전공을 세웠다. 그 뒤 변화와 성장을 지속해온 공군은 T-50, KT-1 등 국산 훈련기와 FA-50 국산 경공격기를 전력화해 운용하고 있다. 한국형 전투기 개발도 진행하면서 우리 손으로 만든 국산 항공기로 조국 영공을 수호하는 '대한민국을 지키는 가장 높은 힘'으로 도약하기 위해 노력하고 있다.

특히 창군 70주년을 맞은 올해는 공군엔 오랜 숙원사업이었던 전략무기 3총사가 한꺼번에 도입되거나 전력화가 시작되는, 유례를 찾기 힘든 한 해가 되고 있다. 전략무기 3총사는 F-35A 스텔스기를 비롯, A330 MRTT 공중급유기, 글로벌 호크 장거리 고고도 무인정찰기 등이다. 원래 이들 무기는 2018년부터 순차적으로 들어올 예정이었다. 하지만 계획이 지연되면서 창군 70주년인 올해 2019년 집중되는 모양새가 된 것이다. 공군 관계자는 "원래 창군 70주년에 맞춰 이들 무기를 한꺼번에 도입할 계획은 아니었는데 결과적으로 3대 무기의 도입 또는 전력화 시기가 겹쳐 창군 70주년의 의미를 더하게 됐다"고 전했다.

3종 세트 도입(전력화)의 출발선은 공중급유기가 끊었다. 공군은 2019년 1월 말 김해기지에서 정경두 국방장관 등이 참석한 가운데 A330 MRTT 공중급유기 '시그너스(Cygnus: 백조)' 전력화 행사를 개최했다. 공중급유기는 원래 2018년 11월 김해기지에 도착했는데 준비 기간을 거쳐 이날 전력화 행사를 한 것이다. 총 4대가 도입되는 공중급유기는 유럽 에어버스D&S사 제품이다. 전장 59m, 전폭 60m에 달하는 대형 기체로 적재할 수 있는 최대 연료량은 24만파운드(108t)에 달한다. 공중급유기를 운용하면 전투기가 이륙할 때 연료 탑재량을 줄이고 대신 무장을 더 달 수 있어 전투력은 그만큼 향상된다. 독도·이어도

공군 A330 MRTT 공중급유기.

에서의 작전시간도 1시간가량 늘어날 수 있다. 현재 KF-16 전투기에 연료를 가득 채우면 독도에서 10여분, 이어도에서 5분가량 작전할 수 있다. F-15K도 독도 30여분, 이어도에서 20여분밖에 작전할 수 없다. 하지만 공중급유기에서 연료 공급을 한 차례 받으면 F-15K의 작전시간은 독도 90여분, 이어도 80여분으로 늘어난다.

3종 세트의 2번 타자는 F-35A다. 2019년 연말까지 10여대가 도입되고, 오는 2021년까지 총 40대가 도입될 예정이다. F-35A는 미국은 물론 세계 각국이 도입 중이거나 도입을 추진하고 있는 자타공인 '대세' 스텔스 전투기다. 유사시 북한 방공망을 피해 평양 주석궁이나 핵·미사일 기지 등을 정밀타격할 수 있는 '킬 체인(Kill Chain)'의 핵심 무기다. 적 전파를 교란하는 미니 전자전기, 1,000km 떨어진 미사일 발사도 탐지하는 감시·정찰기 역할도 할 수 있다.

공군은 20대의 F-35A 추가도입을 추진 중이다. 하지만 최근 해군의

글로벌호크 장거리 고고도 무인정찰기.

경항모(대형 강습상륙함) 건조계획이 발표되면서 미묘한 기류가 감지되고 있다. 경항모에 F-35B 스텔스 수직이착륙기 10여대를 탑재할 예정이기 때문이다. 이 F-35B 도입을 해군 예산이 아니라 기존 F-35A 20대 추가도입 예산 중 일부를 돌려 추진할 가능성이 거론되면서 공군이 촉각을 곤두세우고 있다.

3번 타자인 글로벌 호크는 당초 2019년 8월 말 1호기가 도입될 예정이었지만 9월 말까지 이뤄지지 않고 있다. 일각에선 F-35A에 이어 북한의 예민한 반응을 우려해 도입 시기를 늦추고 있는 것 아니냐는 의문을 제기하고 있다. 군의 한 소식통은 "도입 전에 꼼꼼히 점검하다 보니 시간이 더 걸리고 있다"고 했다.*

창군 70주년에 전략무기 3총사를 갖게 됐지만 공군이 갖고 있는 숙

---

* 글로벌 호크 1호기는 2019년 12월 23일 경남 사천기지에 도착했다.

제도 적지 않다. 우선 현재 전투기 전력이 공군이 판단하고 있는 적정 전투기 규모에 못 미치고 노후했거나 성능이 떨어지는 전투기가 많다는 점이다. 공군이 북한은 물론 중국·일본 등 잠재적인 위협국에 대응하기 위해 필요하다고 보는 최소 전투기 규모는 430여대 정도다. 전략적 타격 능력을 발휘할 수 있는 하이(F-35A, F-15K)급 전투기 120여대, 다양한 작전에 투입 가능한 미디엄(KF-16, F-16, F-4)급 전투기 220여대, 지상군 지원에 주로 쓰이는 로(KF-5, F-5, FA-50)급 전투기 90여대 등이다. 하지만 현재 공군이 보유 중인 전투기는 400여대로 공군이 필요로 하는 수량의 93% 수준이다.

외형상 큰 문제가 없는 것 같지만 좀 더 들여다보면 구조적인 문제가 적지 않다. 더불어민주당 민홍철 의원의 2018년 국회 국정감사 자료에 따르면, 2018년 기준으로 공군의 하이급 전투기는 50여대로 공군 적정 보유량의 41.7%, 미디엄급 전투기는 170여대로 적정 보유량의 77.3% 수준에 불과했다. 반면 로급 전투기는 170여대로 적정 보유량의 188.9%에 달했다. 기형적인 구조인 셈이다. KF-X 개발 지연 등에 따라 KF-5와 F-5, F-4 등 노후 전투기들의 퇴역 시기가 늦춰지고 있는 것도 문제다.

한국군의 차세대 무기들

– 《주간조선》, 2019년 8월 26일

국방중기계획 중 대량의 함대지미사일을 탑재하는 합동화력함은 효용성 등과 관련해 논란이 적지 않다. 사진은 합동화력함의 모델이 된 것으로 알려진 미 아스널 십.

"(항모 보유) 필요성에는 공감하지만 예산 문제 등을 종합적으로 검토했을 때 지금 당장 추진하기는 무리가 있습니다."

지난 2012년 10월 당시 김관진 국방장관은 국회 국정감사에서 항모 보유 필요성을 묻는 의원들의 질의에 이렇게 답변했다. 당시 중국 첫 항모 랴오닝함의 J-15 함재기 이착함 성공 등 예상보다 빠른 중국 항모

전력화 등에 따라 우리나라의 항모 보유 필요성에 대한 논란이 일고 있었다. 국회 국방위는 우리 군의 항모 도입 여부에 대한 1억원 규모의 연구 용역 예산을 반영하기도 했다.

항모 보유는 우리 해군의 오랜 꿈이었다. 1996년 독도사태를 계기로 당시 김영삼 대통령의 지시로 극비리에 수립된 '대양해군 건설계획'엔 이지스함, 3,000t급 중잠수함, 대형상륙함(대형수송함) 외에 1만~2만t급 경항모도 포함돼 있었다. 이 대양해군 건설계획은 대부분 실현됐지만 경항모 도입은 계속 장기계획, 즉 언제 실현될지 모르는 '희망사항'으로 남아 있었다. 같은 맥락에서 7년 전에도 국방장관의 이 같은 답변이 나온 것이다.

하지만 이제는 해군의 항모 도입 꿈이 국방부 차원에서 처음으로 공식화하면서 10여년 뒤 실현될 전망이다. 국방부가 2019년 8월 14일 발표한 '2020~2024년 국방중기계획'을 통해서다. 국방중기계획은 향후 5년간 무기개발과 도입, 국방운용 등에 대한 청사진을 담고 있다. 매년 달라지는 예산사정에 따라 실현이 되지 않을 수도 있고 매년 내용이 달라질 수도 있다. 이번엔 총 290조5,000억원(연평균 증가율 7.1%)으로 5년간 예산규모가 잡혔다.

국방부가 이번에 발표한 국방중기계획 보도자료엔 경항모라는 표현은 없다. 국방부는 보도자료에서 "다목적 대형수송함을 추가로 확보함으로써 상륙작전 지원뿐만 아니라 원해 해상기동작전 능력을 획기적으로 개선하게 된다"며 "특히 단거리 이·착륙 전투기의 탑재 능력을 고려하여 국내 건조를 목표로 2020년부터 선행연구를 통해 개념설계에 착

해군 독도급 대형상륙함(대형수송함) 마라도함에 헬기와 수직이착륙기가 탑재된 개념도. 해군에 2030년대 초까지 보유할 경항모(차기 대형상륙함)는 마라도함의 1.5배 이상 크기에 F-35B 스텔스 수직이착륙기도 탑재된다.

수할 계획"이라고 밝혔다. 여기서 대형수송함은 독도함, 마라도함과 같은 대형상륙함을 의미한다. 특히 주목을 받은 것은 '단거리 이·착륙 전투기의 탑재 능력을 고려'라는 표현이 들어 있는 점이다. 단거리 이·착륙 전투기를 탑재하겠다는 것은 수직이착륙 전투기를 탑재하는 경항모를 건조하겠다는 얘기나 마찬가지다. 일본이 이즈모급 헬기항모를 개조해 F-35B 스텔스 수직이착륙기를 탑재하는 경항모를 만들겠다고 밝힌 것과 비슷한 맥락이다.

군 당국은 2020년부터 개념설계에 착수, 2030년대 초반까지는 한국형 경항모를 도입할 계획이다. 한국형 경항모는 당초 호주 캔버라(Canberra)급이나 스페인 후안 카를로스(Juan Carlos)급 다목적 대형상륙함을 모델로 한 것으로 알려졌지만 실제는 이보다 클 수도 있는 것

최근 9년간 국방비 · 방위력개선비 증가율 (단위: %)

연도		국방비 증가율	방위력개선비증가율
이명박 정부 2011~201년	2011	6.2	6.5
	2012	5.0	2.1
	2013	4.2	2.2
박근혜 정부 2014~2017년	2014	4.0	3.9
	2015	4.9	4.8
	2017	4.0	4.8
문재인 정부 2018~2019년	2018	7.0	10.8
	2019	8.2	13.7

으로 전해졌다. 두 함정은 기준 배수량 2만7,000t, 만재배수량 3만t급이다. 3만t급이면 기존 독도함과 마라도함(1만9,000t급)의 1.5배에 달하는 크기다. 한국형 경항모는 길이 250여m로, 일본이 경항모로 개조하려고 하는 이즈모급보다 약간 크다. 신형 대형상륙함은 F-35B 스텔스 수직이착륙기 16대와 해병대 병력 3,000여명, 상륙 장갑차 20대를 탑재할 수 있는 것으로 알려졌다. 일본은 이즈모급 2척을 2023년까지 F-35B 스텔스 전투기 10여대를 탑재하는 경항모로 개조할 계획이다.

이번 중기계획에선 이색적인 존재로 눈길을 끌면서 군사 매니아들을 중심으로 논란의 대상이 되고 있는 사업도 있다. 유사시 북한 등 적 지상 표적을 지원 타격하는 임무를 맡는 '합동화력함' 사업이 대표적이다. 이번에 처음으로 수면 위로 드러난 합동화력함은 한국형 구축함(KDX-Ⅱ급)과 같은 4,000~5,000t급 규모로 국내에서 건조된다. 현무-2 · 3급 함대지 탄도 · 순항미사일 100발 이상을 탑재해 유사시 북 핵 · 미사일 시설, 지휘시설 등에 '미사일의 비'를 퍼붓는 함정이다. 미국의 '아스널

십(Arsenal Ship)'을 모방한 것으로 알려졌다. 이 함정은 유사시 지상에 배치돼 있는 현무-2·3급 미사일 등 우리 군의 킬 체인 및 대량응징보복 전력이 북한의 기습공격으로 타격을 입었을 경우 육지에서 수백km 떨어진 해상에서 북 목표물들을 타격, 응징보복을 하게 된다.

하지만 유사시 이 함정이 4,000~5,000t급 크기로 북한의 각종 공격을 방어하고 강력한 타격을 가할 수 있는 무기와 장비들을 다 실을 수 있을지 의문을 제기하는 시각도 있다. 한 소식통은 "북한이 대함 탄도 미사일 개발에 성공할 경우 합동화력함의 생존성은 큰 위협을 받게 된다"며 "미국도 '아스널 십' 건조를 포기했는데 우리만 시대에 뒤떨어진 개념의 함정을 만드는 것 아니냐는 우려가 있다"고 말했다.

유사시 북 수뇌부 제거 임무를 맡은 특전사 특임여단(일명 참수작전부대)의 전력 확보와 관련된 내용도 발표에서 빠져 이들 부대 사업이 중단 또는 연기된 것 아니냐는 의문도 제기됐다. 하지만 특임여단의 핵심 전력사업인 MH-47급(級) 특수전 헬기, 자폭형 소형 무인기, 다연발 유탄발사기, 야간투시경, 신형 저격총 등의 사업이 이번 중기계획에 포함돼 있는 것으로 나타났다. 이 밖에 무인기를 격추하거나 적 위성을 마비시킬 수 있는 레이저 무기, 북 핵·미사일 지휘통제 시설을 무력화하는 EMP(전자기펄스)탄, 북 전력시스템을 무력화하는 정전탄 등도 주목을 받고 있다.

'안보 붕괴', '무장 해제' 비판을 받아온 정부가 매년 7.1%의 국방비 증액을 전제로 이번 국방중기계획을 짠 배경도 관심을 끈다. 국방부는 특히 '현 정부 임기 내'를 목표로 하고 있는 전작권 전환을 위해 감시

정찰 및 정밀타격 등 한국군 핵심 군사 능력 확보에 역점을 뒀다는 평가가 나온다. 북한판 이스칸데르, 북한판 에이태킴스(ATACMS), 신형 400mm급 대구경 방사포 등 이른바 '신무기 3종' 위협에 대응해 장거리 지대공미사일(L-SAM) 개발 등 하·중층 다층 KAMD(한국형미사일방어) 체계도 구축된다. 군 소식통은 "현 정부가 좌파정부여서 안보를 소홀히 하고 있다는 일각의 인식을 불식시키기 위해 청와대가 오히려 국방비 증액에 적극적이었던 것으로 안다"며 "내년(2020년) 4월 총선 때의 안보 이슈 제기 가능성에 선제적으로 대응한다는 의미도 있을 것"이라고 말했다.

북(北) 신형 미사일이 불 지핀
지상감시정찰기 사업

– 《주간조선》, 2019년 6월 17일

미 노스롭그루먼사는 장거리 고고도 무인정찰기 글로벌호크 블록 40형의 개량형 제시를 검토 중이다.

2017년 11월 트럼프 대통령 방한 때 문재인 대통령이 전략 정찰자산 도입을 언급함에 따라 미국의 '조인트 스타스(Joint STARS)'가 최우선 도입 대상으로 거론되며 주목을 받았다.

　조인트 스타스는 '합동감시 및 목표공격 레이더 체계(Joint Surveillance and Target Attack Radar System)'의 약어다. 공중조기경보통제기(AWACS) 가 항공기 등 공중 목표물을 주로 탐지하는 데 비해, 조인트 스타스는 지상의 목표물을 주 대상으로 한다는 점에서 차이가 있다.

조인트 스타스는 미 노스롭그루먼(Northrop Grumman)사가 보잉 707 여객기를 개조해 만든 E-8C의 별명이다. 기자는 2008년 8월 경기도 평택 오산 미 공군기지에서 한국 기자로는 처음으로 E-8C 내부에 들어가 취재할 기회를 가졌다. 조인트 스타스는 200~500km 범위 내에 있는 차량이나 기지, 미사일 발사대 등 지상 목표물 600~1,000여 개를 탐지, 추적하는 고성능 지상감시 정찰기였다.

비무장지대(DMZ) 인근을 비행하면 북한 평양~원산선 이남 지역은 물론 그 후방 지역의 북한군 움직임까지 소상히 알 수 있다. 조인트 스타스는 1990년대 말 이후 보통 매년 한두 차례 한반도를 찾아 주한미군 등과 훈련을 해왔다. 미군은 총 18대를 보유하고 있는데 상당수가 걸프전, 이라크전, 아프가니스탄전 등 실전에 투입돼 활약했다.

트럼프 대통령 방한 때 급부상했던 조인트 스타스 도입은 그 뒤 수면 아래로 가라앉았다. 하지만 최근 다시 군 안팎의 주목을 받기 시작했다. 북한이 '북한판 이스칸데르'로 불리는 신형 단거리 미사일 시험발사에 성공했기 때문이다.

북한판 이스칸데르는 요격이 매우 어려워 발사 전 조기탐지가 더욱 중요해졌는데 조인트 스타스 같은 지상감시 정찰기가 그런 역할을 할 수 있다.

'한국형 조인트 스타스' 사업은 2019년 1월 발표된 '2019~2023 국방중기계획'에도 '합동이동표적 감시통제기'라는 명칭으로 포함됐다. 전시작전통제권(전작권) 전환에 대비해 2023년까지 1호기를 인도받는 것을 목표로 하는 것으로 알려졌다. 총 예산은 1조~2조원, 도입 대수는 4대 이상이 될 전망이다. 앞서 국방기술품질원의 선행연구가 2018년 말 시작돼 해외 업체들의 관심을 끌고 있다.

'한국형 조인트 스타스' 사업은 당초 노스롭그루먼의 E-8C가 가장 유력한 후보로 알려져 있었다. 하지만 E-8C의 생산이 2005년 이후 중단된 것으로 나타남에 따라 새로운 후보들이 경합을 벌일 것으로 전망된다.

조인트 스타스를 제작한 노스롭그루먼은 지상감시 정찰기의 '원조' 임을 강조하면서 장거리 고고도 무인정찰기 글로벌호크(Global Hawk) 최신형인 블록 40형의 개량형을 제시하는 방안을 검토 중이다. 글로벌호크 블록 40형은 다목적 플랫폼 레이더 기술 탑재 사업(MP-RTIP)을 통해 개발된 능동형 전자주사식(AESA) 레이더 AN/ZPY-2가 장착, 이동 및 고정 표적에 대해 뛰어난 탐지능력을 자랑한다. 체공 시간도 향상돼 최대 30시간까지 비행이 가능하다. AESA 레이더로 오스트레일리아 대륙 면적에 가까운 최대 700만km^{2}의 면적을 탐지할 수 있다.

노스롭그루먼 관계자는 "미군은 차세대 지상감시 정찰기로 글로벌호크와 같은 무인기를 활용하는 추세"라며 "한국도 무인기 기반의 지상감시 정찰기를 도입하는 것이 비용 절감 및 한·미 연합작전의 상호운용성 등에서 유리할 것"이라고 말했다.

노스롭그루먼은 글로벌호크와 함께 기존 조인트 스타스의 개량형을

미 레이시온사는 영국군용 센티넬 R1 정찰기를 개량한 ISTAR-K를 제안할 예정이다.

제시하는 방안도 검토 중인 것으로 알려졌다. 조인트 스타스 개량형이
제시될 경우 보잉 707은 오래전에 생산이 중단됐기 때문에 다른 항공
기를 활용할 가능성이 높은 것으로 알려졌다.

  미 레이시온사도 '아이스타-케이(ISTAR-K)'라는 정찰기를 제시하며
적극적인 사업참여 의사를 밝히고 있다. 아이스타-케이는 대형 비즈니
스 제트기에 HISAR-500 능동형 전자주사식(AESA) 레이더와 다중 스
펙트럼 장거리 광학 장비 등이 장착되는 형태다. 최신 AESA 레이더는
북한판 이스칸데르 등 이동식 미사일 발사대를 추적·감시하는 GMTI
능력이 뛰어난 것으로 알려져 있다. 특히 단순히 정찰기 역할만 하는
것이 아니라 지휘통제의 중추로도 활용될 수 있다. 아이스타-케이는 고
해상도 SAR(합성개구레이더) 영상을 지상군과 대지공격 임무를 맡은 공
군 항공기들에 제공할 수도 있다.

  아이스타-케이는 영국 공군이 도입해 운용 중인 '아스토(ASTOR)' 센
티넬(Sentinel) R1 정찰기를 개량한 것으로 알려져 있다. 센티넬 R1은

'영국판 조인트 스타스'로 조인트 스타스보다는 크기가 작고 성능도 다소 떨어진다. 영국은 총 5대를 도입했는데 지원장비를 포함한 가격이 9억5,400만파운드로 조인트 스타스보다 낮다. 조인트 스타스는 대당 3,600여억원인 것으로 전해졌다.

센티넬 R1은 봄바디어(Bombardier)사의 '글로벌 익스프레스(Global Express)' 비즈니스 제트기에 각종 레이더와 전자장비를 장착한 것이다. 최대 탐지거리가 200km에 달하는 DMRS라 불리는 AESA 레이더를 장착하고 있다. 전천후로 목표를 탐지하는 합성개구레이더 기능과 이동표적 탐지 능력을 모두 갖추고 있다. 12km 이상의 고공에서 운용돼 웬만한 대공미사일로 격추하기 어렵다. 2008년 이후 실전배치돼 아프간전, 프랑스의 말리 작전 등에 실전 투입됐다. 영국은 미국 주도로 운용되는 나토(북대서양조약기구)의 글로벌 호크와 센티넬 R1을 연계 운용하고 있다.

보잉(Boeing)사는 우리 해군도 도입할 예정인 P-8 '포세이돈(Poseidon)' 해상초계기에 AAS로 불리는 연안감시레이더를 탑재한 형을 제안할 계획이다. 연안감시레이더 체계는 항공기에 탈부착이 가능한 지상 및 해상 감시레이더다.

이스라엘 최대의 국영 방산업체인 IAI도 G550 비즈니스 제트기를 개조한 G550 MARS2를 후보 기종으로 제안할 계획이다. G550은 조기경보기, 신호정찰기 등 다양한 특수임무 항공기의 플랫폼(모체)으로 활용되고 있다. IAI사는 G550에 각종 첨단 감시정찰 장비를 탑재해 북 이동식 미사일 발사대 탐지 등 한국군의 요구에 부응할 수 있다는 입장이다.

미 보잉사는 포세이돈 해상초계기에 연안감시레이더를 장착한 모델을 추진 중이다.

이스라엘 최대 방산업체인 IAI사가 제안하려는 G550 MARS2 정찰기.

BAE 시스템스(Systems)도 우리 지상감시 정찰기 사업에 참여할 의향이 있는 것으로 알려졌지만 어떤 기종을 제안할지는 아직 자세히 알려지지 않고 있다.

'전원 몰살'에 눈물 흘리는 부대장…
― 진짜 같은 전투 치르는 세계 최고 육군 과학화전투훈련장

– 《주간조선》, 2019년 4월 8일

육군 장병들이 KCTC 시가지 전투훈련장에서 실전적 훈련을 하고 있는 모습. 〈사진 출처: KCTC〉

2018년 10월 강원도 인제에 있는 육군 과학화전투훈련단(KCTC) 내
전투훈련장. 국방부 출입기자들로 구성된 15명의 취재단과 10명의 북
한군 복장을 한 전문 대항군 '전갈부대' 사이에 모의전투가 시작됐다.
연막탄이 터지며 20여m 떨어진 지형물 뒤에 숨어 서로 총을 난사했다.
30분간의 모의전투 끝에 취재단 전원이 '사망'하며 대항군의 압도적인
승리로 끝났다.

KCTC는 여단급 훈련부대가 입소 뒤 2주 동안 전문 대항군을 상대로 실전 같은 전투를 경험하는 훈련장이다. 실제 실탄을 쏘는 사격 대신 레이저를 쏘는 마일즈(MILES) 장비를 개인화기와 대전차무기, 전차, 자주포 등에 부착해 장병들이 실제와 같은 전장 상황을 경험한다는 게 특징이다. 각종 실탄사격 훈련에 대해 주민들의 민원이 확대되면서 민원 소지를 줄이고 다양한 실전 상황에 걸맞은 훈련을 하기 위해 KCTC가 만들어졌다.

훈련에 참가한 개인·차량 등은 피격되면 전송된 데이터를 바탕으로 경상·중상·사망 또는 파괴 등의 판정을 실시간으로 통보받는다. 병력이나 장비의 상황은 실시간으로 훈련통제본부에서 모니터된다. 훈련장 내에 설치된 기지국 7곳, 지역통신소 6곳, 112km의 광케이블이 '실시간 모니터'를 가능하게 만들어준다. 훈련에 참가한 장병들은 한마디로 '꼼짝 마라' 상황이 되는 것이다. 화생방 상황에서는 9초 안에 방독면을 착용하지 못하면 정화통에 부착된 발신기가 사망 신호를 보낸다.

2002년 4월 창설된 KCTC가 2019년 4월 1일로 창설 17주년을 맞았다. KCTC는 중대급, 대대급, 여단급으로 훈련장에서 훈련할 수 있는 보병부대의 규모를 확대해왔다.

종전 대대급 훈련 시에는 공격과 방어를 실시하는 2개 대대 훈련 규모가 병력 1,400여명에 장비는 200여대였다. 하지만 2018년 6월 여단급으로 확대된 뒤에는 2개 여단 인원 5,000여명과 장비 1,000여대가 훈련을 할 수 있게 됐다. 4~5배가량 규모가 커진 것이다.

특히 우리 KCTC는 규모 면에서 세계 톱(TOP) 3, 질적인 면에선 세계 최고 수준이라는 점이 주목할 만하다. 세계에서 과학화 전투훈련장을 갖고 있는 나라는 13개국이다. 이 중 여단급 과학화 훈련장을 보유한 나라는 미국, 이스라엘, 그리고 우리나라밖에 없다. 독일·영국·스웨덴 등 6개국은 대대급 훈련장을, 일본·호주·프랑스 등 4개국은 중대급 훈련장을 각각 운영하고 있다.

우리나라는 여단급 3개국 내에서 미국·이스라엘도 갖지 못한 첨단 시스템을 구축했다고 한다. KCTC 관계자는 "우리 KCTC는 세계에서 처음으로 곡사화기 자동 모의와 수류탄 모의가 가능하다"며 "공군 ACMI(공중기동훈련) 체계와 연동해 통합화력도 운용할 수 있고, 육군 항공 및 방공무기 교전도 구현할 수 있다"고 말했다. 미군의 경우 곡사화기는 수동 모의만 가능하다는 것이다. 북한군의 경우 우리 같은 과학화 전투훈련장이 없어 KCTC는 북한군에 대해 우리가 절대적 우위를 갖고 있는 몇 안 되는 분야 중의 하나로 꼽힌다.

KCTC 면적은 서울 여의도의 약 41.6배인 3,652만평(120km²)에 달한다. 특히 미래전의 새로운 양상으로 대두되고 있는 도시지역 전투에 대비한 건물지역 훈련장도 새로 만들었다. 2019년 3월 29일 방문한 건물지역 훈련장에는 북한 황해도 모 지역을 그대로 본떠 만든 수십 동의 건물이 있었다.

새로 구축한 갱도진지 훈련장도 KCTC의 새 '명물'이다. 북한 갱도진지(지하시설)는 DMZ(비무장지대) 인근 최전방 지역부터 후방까지 약 1만개에 달해 유사시 우리 군이 반격작전을 펴며 북진할 때 큰 난관이 될 수 있는 존재다. 이 훈련장엔 북 갱도진지와 거의 똑같은 진지들이 만

한·미 과학화 전투훈련체계 비교

구분	한국(KCTC)	미국(NTC·JRTC)
전투훈련 장비	– 무선 운용체계 – 직사화기 및 곡사화기 자동 모의 – 차량·전차 탑승 시 승하차 자동 처리	– 유선 운용체계 – 직사화기 자동, 곡사화기 수동 모의 – 차량·전차 탑승 시 승하차 수동 처리
훈련통제체계	– 전투병력 개인단위 표시 (최대 8,000여개) – 공군 공중기동훈련체계와 연동	– 분대단위 표시(최대 200~300여개) – 공군과 연동 없음 (PC에 의한 반자동 모의)
훈련통제체계	– 훈련장비 지급·회수 자동화 시스템 – 군 자체 정비시설 및 인력 구축	– 장비 수동 지급·회수 수동 재고관리 – 업체 위탁정비

들어져 있어 분대~소대급 이상이 투입돼 실전적인 훈련을 할 수 있다.

이와 함께 공중강습작전 수행을 위한 헬기장과 하천이 많은 한반도 지형을 고려한 도하 훈련장도 구비돼 있다.

마일즈 장비 등 훈련 장비의 성능도 계속 개량되고 있고, 종류도 48종으로 다양해졌다. 107·122mm 방사포, SA-7 휴대용 대공미사일, 급조폭발물(IED) 등 다양한 북한군 무기도 모사할 수 있게 됐다.

KCTC 강점 중 하나는 '전갈부대'로 유명한 강력한 전문대항군 부대를 보유하고 있다는 점이다. 전갈부대는 전투복도 북한군 복장을 입는 등 북한군을 완벽에 가깝게 모사할 수 있는 것으로 평가된다. 북한 육군식 편제를 갖추고 북한군의 전략·전술을 구사한다. 부대 슬로건을 "적보다 강한 적"으로 할 만큼 교육과 훈련량이 상당하다.

과학화 전투훈련을 통해 훈련비용을 크게 절감할 수 있다는 것도 장점이다. 실사격 훈련을 하면 연간 1,025억원의 돈이 드는데 과학화 훈련을 하면 91억원으로 10분의 1 이하로 줄어든다는 것이다.

하지만 비용 절감보다 더 큰 효과는 이른바 '했다 치고'식 훈련을 하지 않는다는 점이다. 산을 몇 개를 넘어야 하는 악조건과 여름 및 겨울 작전환경 등을 모두 경험할 수 있다. 훈련 참가 장병들이 어디에 있는지 실시간으로 훈련 통제본부에서 모니터할 수 있기 때문에 보름에 달하는 훈련 기간 내내 한눈을 팔 수 없다. 전우들이 자신의 앞에서 실제 죽어나가 '영현 백'에 실려 나가는 모습을 보고 충격을 받는 경우도 많다. 대대나 연대 본부가 적의 포격에 몰살되는 상황에 처해 눈물을 흘린 대대장, 연대장들도 있다.

KCTC는 2019년에 2월 28사단 돌풍연대를 시작으로 8개 부대 2만 4,000여명의 훈련을 진행할 계획이다. 5월과 8월에는 중·소대급 병력이 참여하는 한·미 연합훈련도 예정돼 있다. 6월에는 합동성 강화 차원에서 육군 5사단 1개 연대와 해병 1사단 1개 대대가 동시에 참가해 훈련하기로 했다.

KCTC는 현재의 세계 최고 수준에 안주하지 않고 4차 산업혁명 기술 등을 접목하는 차세대 훈련 시스템을 개발, 구축할 계획이다.

문원식 KCTC 단장(준장·학군 27기)은 "북한군 장비 등 실기동 모의가 제한되는 부분들을 극복하기 위한 가상현실(VR)과 증강현실(AR)의 활용, 빅데이터 플랫폼 구축을 통한 유의미한 데이터 생산 등 핵심가치 구현을 위한 5개 과제를 선정해 추진 중"이라고 말했다.

날개 단 해병대 상륙공격헬기 도입 시동

― 《주간조선》, 2019년 2월 25일

해병대 상륙공격헬기 후보기종 중의 하나인 미 보잉사 AH-64E 아파치 가디언 공격헬기.

61년 전인 1958년 3월 1일 O-1(L-19) 관측기 6대, U-6(L-20) 관측기 2대 등으로 구성된 해병대 제1상륙사단 항공 관측대가 창설됐다. 해병대가 6·25전쟁을 겪으면서 항공 전력의 필요성을 절감한 것이 계기가 됐다. 항공대가 포함된 상륙사단 창설을 계획한 해병대는 조종사 등 항공 인력을 양성하며 항공대 창설 기반을 다져나갔다.

해병대 항공부대는 한국군 사상 처음으로 해외파병 항공부대로 베트남전에 참전하기도 했다. 1965년 10월부터 1971년 12월까지 약 6년간 정찰, 함포 유도, 전단 살포, 지휘통제기 임무 등을 수행했다. 약 450여회 1,537시간의 비행 기록을 남겼다.

1971년 5월에는 사령부 직할 항공대를 창설하면서 전력을 증강했다. 해병대 항공대는 항공기 23대, 항공인력 125명 규모로 커졌다. 하지만 1973년 해병대 사령부가 해체되면서 해병대 항공부대는 해군으로 통합됐다. 그 뒤에도 해병대 항공 전력 보유와 상륙작전에 특화된 상륙기동헬기 도입 필요성이 계속 제기됐다. 해병대는 2008년 항공대 조종사를 재탄생시키며 항공부대 재창설을 위한 준비를 시작했다.

2018년 국산 기동헬기 '수리온'을 개조한 상륙기동헬기 '마린온' 전력화는 그만큼 해병대엔 상징적인 의미가 큰 것이었다. 45년 만에 다시 날개를 단 것이기 때문이다.

2018년 7월 마린온 추락사고로 헬기 비행이 중단되기도 했지만 해병대는 마린온 36대를 전력화한다는 계획이다. 여기에 상륙공격헬기를 추가해 오는 2021년쯤 해병대 항공단을 출범시키는 게 해병대의 목표다. 해병대 항공단은 2개의 상륙기동헬기 대대와 1개의 상륙공격헬기 대대로 구성된다. 상륙공격헬기는 총 24대가 도입될 예정이다. 해병대가 항공단 창설에 집착하는 것은 기존의 느린 상륙정과 상륙돌격장갑차 등만으로는 현대전의 필수요소인 신속한 입체적 상륙작전이 불가능하기 때문이다.

해병대는 상륙기동헬기가 상륙공격헬기와 함께 운용돼야 안전하고 완전한 작전이 가능하다는 입장이다. 상륙공격헬기는 우선 상륙작전 시 상륙기동헬기를 엄호해 공중 돌격부대가 안전하게 작전할 수 있도록 해준다. 상륙 후 지상작전을 펼 때는 적 기갑·기계화 부대를 공격하는 역할도 한다. 군 소식통은 "특히 현재 해병대가 방어하고 있는 서북도서에서는 유사시 적 기습에 대응해 해상 사격과 부속도서 화력 지원 등 주야간 해상 운용이 가능한 수단으로 상륙공격헬기가 매우 중요하다"고 말했다.

2019년 1월 국방기술품질원에선 상륙공격헬기 사업 추진과 관련해 의미 있는 움직임이 있었다. 방위사업청에서 국방기술품질원에 이 사업에 대한 선행연구조사 분석을 의뢰하면서 비용분석 입찰 공고가 이뤄진 것이다. 이번 비용분석은 상륙공격헬기의 효율적인 획득을 위해 적정 총 사업비용 등을 추정하고 검증하기 위한 것이다. 총 사업비용은 8,000억~1조원가량이 될 것으로 추정된다.

군 당국은 이 선행연구가 이뤄진 뒤 2019년 상반기 중 상륙공격헬기를 외국에서 사올지, 아니면 수리온 개조형 등 국내 개발할지 등을 결정하는 사업추진 기본전략을 수립할 계획이다. 공격헬기를 국내 개발할 경우 외국에서 도입하는 경우에 비해 2~3년 이상의 시간이 더 걸릴 것으로 예상된다.

국방기술품질원의 상륙공격헬기 사업 선행연구에는 국내외 업체 다섯 곳이 정보를 제공한 것으로 알려졌다. 미국의 대표적인 헬기 제작업체인 벨(Bell), 보잉(Boeing), 시콜스키(Sikorsky)사 등 3개사, 터키항공

해병대 상륙공격헬기 후보기종 중의 하나인 미 벨사 AH-1Z 바이퍼 공격헬기.

우주산업, KAI(한국항공우주산업) 등이다.

후보 기종도 공격헬기 및 무장헬기 5개인 것으로 전해졌다. 본격적인 공격헬기로는 미 해병대가 사용 중인 벨사의 AH-1Z '바이퍼(Viper)', 우리 육군도 운용 중인 보잉사의 AH-64E '아파치 가디언(Apache Guardian)', 터키군이 사용 중인 T-129 등이 포함됐다.

기동헬기에 무장을 장착한 무장헬기로는 시콜스키사의 S-70i와 국내 KAI의 마린온이 제안됐다. KAI는 마린온에 소형 무장헬기의 20mm 기관포, 이스라엘제 대전차미사일 등을 장착할 계획인 것으로 전해졌다.

해병대는 무장헬기보다는 본격적인 공격헬기 도입을 선호하는 것으로 알려졌다. 이에 따라 AH-1Z '바이퍼'와 AH-64E '아파치 가디언'이 치열한 경합을 벌일 것이라는 관측이 많다.

당초 해병대는 AH-1Z에 더 큰 관심을 갖고 있었다고 한다. AH-1Z

가 현재 미 해병대의 주력 공격헬기이기 때문이다. 해병대는 다른 군에 비해 미군과의 연합훈련을 많이 하는 편인데 미 해병대와 같은 기종을 운용할 경우 상호 운용성이나 교육훈련 면에서 장점이 있다. 후보 기종 가운데 '해양화(Marinization)'가 가장 잘 돼 있는 공격헬기로 알려진 것도 강점으로 꼽힌다.

해상작전에서 가장 큰 복병은 해수와 염분이다. 이를 극복하기 위해 미 해병대 공격헬기는 헬기 동체에 해수에 견딜 수 있는 방수 및 피막 처리가 적용됐고, 엔진이나 전자장비도 염분을 이겨내기 위한 '해양화' 작업이 이뤄졌다. 안전을 위해 쌍발엔진도 장착했다. 헬기 로터(회전날 개)도 신속하게 접고 펼 수 있도록 했다. 이러한 제작과정 때문에 미 해병대가 운용했던 코브라(Cobra) 공격헬기는 미 육군 코브라와는 완전히 다른 모델이 됐다. 한 소식통은 "해양화는 단지 부식을 방지하는 것이 아니라 일정 기간 동안 항공기가 해상 환경에서 작전을 수행할 수 있는 종합적인 능력을 의미한다"며 "이는 최초 항공기 제작 단계부터 적용돼야 한다"고 지적했다.

AH-1Z 공격헬기는 4개짜리 신형 회전날개와 개량형 엔진을 사용했고, 각종 신형 항공전자 장비와 센서를 장착했다. 종전 '수퍼 코브라(Super Cobra)' 공격헬기에 비해 항속거리는 3배, 탑재 중량은 2배 가까이 증가했다. 최대 16발의 헬파이어(Hellfire) 대전차미사일도 장착할 수 있다. 미 해병대가 110여대를 주문해 현재 70여대를 운용 중인 것으로 알려졌고, 파키스탄·바레인도 이 헬기를 도입하기로 했다.

'아파치 가디언'의 경우 성능 면에서 세계 최강의 공격헬기라는 데엔 전문가들 사이에 이견은 별로 없다. 다만 장시간 해상작전을 위한 '해양화' 문제와 AH-1Z에 비해 높은 가격(운용유지비 등)이 감점 요인으로 꼽힌다. 제작사인 보잉 측은 아파치 가디언도 해양화 성능을 기본적으로 갖추고 있다는 설명이지만 해병대 측은 이에 대해 신중한 입장인 것으로 전해졌다.

정부 소식통은 "'바이퍼' 대 '아파치 가디언' 양강 구도가 예상되는 가운데 해양화 성능과 가격이 중요 변수가 될 전망"이라고 말했다.

육군 워리어 플랫폼 본격 추진
─ 누구나 특등사수!

─ 《주간조선》, 2019년 2월 11일

첨단 전투장구류와 소총 등으로 무장한 육군 워리어 플랫폼 장착 장병들. 2018년 국회 세미나에서 공개된 모습이다. 〈사진 출처: 오병무 한국국방안보포럼 연구위원〉

2018년 말 국방TV 프로그램을 만드는 한 여성 작가가 처음으로 총을 쏴봤는데 가까운 거리는 물론 500m 사격, 야간사격도 '백발백중'의 명중률을 보여 화제가 됐었다.

이 작가는 육군 '워리어 플랫폼(Warrior Platform)'을 입고 사격한 결과 이런 뜻밖의 결과를 얻었다며 놀라워했다. 워리어 플랫폼은 전투복, 방탄복, 방탄모, 수통, 조준경, 소총 등 33종의 신형 전투 피복과 전투 장비로 구성된 육군의 미래 전투체계를 말한다.

워리어 플랫폼은 육군이 2018년 초부터 군 전투력 향상 등을 위해 5대 게임 체인저(Game Changer)의 하나로 적극 추진 중이다. 실제로 육군 시범부대에서 워리어 플랫폼을 착용하고 사격을 한 결과 명중률이 크게 향상된 것으로 나타났다.

2019년 1월 육군 27사단 백호대대의 1일차 사격훈련 결과, 워리어 플랫폼 착용 전과 비교해 특등사수의 비율이 63.4%에서 75%로 올랐다. 특등사수는 13개 표적 중 11발 이상을 맞혀야 한다. 특히 기관총인 K-3에서 소총으로 총기를 바꾸고 처음 사격한 장병도 특등사수가 됐다. 백호대대가 워리어 플랫폼으로 300m 이상 떨어진 표적을 사격하는 실험도 진행한 결과 최대 400m 떨어진 표적까지 명중시킬 수 있는 것으로 확인됐다.

육군에 따르면 실기동 시범운용에서 100m 표적의 경우 4.8%포인트, 200m 표적은 9.3%포인트, 특히 원거리인 250m 표적은 15.4%포인트까지 명중률이 높아졌다. 자유기동 교전훈련에서의 적 살상률도 향상됐다. 워리어 플랫폼 미착용 부대에 대한 공격 시에는 480%로 살상률이 올라갔으며, 방어 시에는 125%, 250m 이상 원거리 표적을 대상으로 한 경우엔 240%까지 상승 효과를 봤다.

또 워리어 플랫폼을 착용하고 '표적식별 후부터 조준사격까지' 소요

시간도 평균 2초가 줄어든 것으로 확인됐다.

2019년 1월 30일 국회 의원회관에선 국회 국방위 김중로 의원(바른미래당)과 육군본부 주최로 이 같은 워리어 플랫폼 발전 로드맵을 공개하고 논의하는 세미나가 열렸다. '개인전투체계, 미래기술을 만나다'라는 주제로 열린 이 세미나에는 300여명의 군 관계자, 전문가들이 참여해 높은 관심을 보여줬다. 김용우 참모총장은 이날 "예측할 수 없을 만큼 빠른 속도로 진화하는 첨단기술을 적극 도입해 도약적으로 전력화해야 한다"면서 "전력화 시스템을 정비하고, 연구 인력을 확보하며, 민·관·군, 산·학·연과의 협력 플랫폼을 구축해나갈 것"이라고 강조했다.

육군이 이날 공개한 로드맵에 따르면 워리어 플랫폼은 1단계(2023년) → 2단계(2025년) → 3단계(2026년 이후)로 나눠 추진된다.

9mm 보통탄도 막는 방탄헬멧

현재 전력화를 추진하고 있는 1단계의 경우 인체공학적이고 성능이 개선된 방탄헬멧, 방탄복, 전투용 장갑, 보호대뿐만 아니라 전투용 안경, 피아식별 적외선장치(IR), 대용량(3L) 식수보관 가방인 카멜백, 응급처치키트, 표적지시기, 조준경, 확대경 등 다양한 구성품이 한 명의 전투원에게 지급된다.

방탄헬멧의 경우 9mm 보통탄도 막을 수 있을 만큼 소재가 강화된다. 4줄 턱끈으로 편의성이 향상된 신형 헬멧은 인체공학적 디자인을 적용해 전투 하중과 피로도를 감소시켰고 목덜미까지 보호할 수 있도록 모양이 바뀐다.

전투용 안경의 경우 동양인의 두상과 얼굴 형상을 고려한 인체공학적 설계로 만들어져 9mm 산탄, 비산물 등으로부터 눈을 보호한다. 청력보호 헤드셋은 총성이나 폭음 등을 최대 30dB(데시벨)(일반 대화 목소리 수준)로 감소시키고 작은 대화 소리는 증폭시키며, 스테레오 방식으로 발성 위치를 판단할 수 있게 한다.

2~3km까지 빔(beam)을 조준할 수 있는 레이저 표적지시기도 적용된다. 고성능 확대경도 보급되는데 이 확대경은 개인화기의 조준경과 함께 사용하면 표적을 3~4배까지 확대해준다.

개인화기에는 개방형 소염기가 장착된다. 소염기는 총구 섬광을 감소시켜 야간전투에서 위치노출을 줄여 생존성을 높인다. K1A 기관단총의 경우 150dB에서 120dB까지 소음이 줄어들어 사수의 청력 보호 역할도 한다.

탄창도 강화된다. 폴리머 계열의 강화플라스틱 재질로 만들어진 '폴리머 탄창'은 충격에 강할 뿐만 아니라 탄창 용수철과 송탄틀 받침 개선을 통한 송탄(탄을 탄약실에 밀어넣음) 불량을 최소화한다.

방탄복의 경우 생존성과 전투효율성 향상을 위한 '신속해체' 기능이 추가될 예정이다. 작전 환경에 따라 모델을 선택할 수 있게 해 방호면적이 넓은 I형, 작전 활동성이 좋은 II형, 신속해체가 가능하면서도 방호력이 우수한 III형 등으로 나뉜다.

육군이 워리어 플랫폼을 적극 추진하는 것은 "이대로 가면 망한다"는 위기의식 때문이다. 우선 2022년까지 병력 11만8,000명이 줄고 복무 기간도 18개월로 줄어든다. 당연히 숙련도 문제가 부각되는데 워리어 플랫폼이 없으면 해결하기 어렵다는 것이다. 분대급 등 북한의 강한 소부대 전투력도 문제다.

북한은 분대당 12명(한국군은 10명)으로 우리보다 숫자가 많고 화력도 RPG-7 대전차 로켓, 저격용 소총 등을 갖춰 우리보다 강한 것으로 평가된다. 워리어 플랫폼 같은 '1당 10'의 전사가 필요해지는 이유다.

병사들의 생존성 향상도 중요한 이유다. 군 장병들의 안전에 대한 군 안팎의 관심이 높아져 생존성 향상도 중요한 과제가 되고 있는 것이다.

하지만 아직 넘어야 산들도 적지 않다. 우선 예산 문제가 제기된다. 현재 육군이 확보한 예산은 오는 2023년까지 5년간(1단계) 총 1,303억원이다. 올해 2019년엔 224억원이 배정됐다. 하지만 이 정도 예산으로 육군 정규사단 장병 중 사단별로 2,500여명 정도만 워리어 플랫폼을 착용할 수 있다. 전체 사단병력(1만2,000여명)의 4분의 1도 안 되는 수준이다.

이를 사단당 6,200여명으로 늘리려면 워리어 플랫폼 1단계 사업 예산이 4,000여억원으로 증액돼야 한다. 여기에 정규 사단 외에 특공부대, 수색부대 등으로 대상을 확대하려면 예산은 6,000억원으로 늘어난

다. 도트사이트(무배율 조준경)만 해도 1개당 40만원 선이고, 야간투시
경(단안)은 개당 400만원이나 하기 때문에 대상 인원이 늘어날수록 예
산은 크게 불어날 수밖에 없다. 이에 대해 일각에선 첨단 전투기나 전
차 같은 무기도 아닌데 예산을 많이 투자할 필요가 있느냐는 주장도 나
온다. 군 소식통은 "흑표 전차 1대에 78억원, F-35전투기 1대에 1,000
억원이나 하는 것을 감안하면 육군 전투력의 가장 기본이자 기초인 워
리어 플랫폼에 5년간 1,300억원만 투자한다는 것은 오히려 적다고 볼
수 있다"고 말했다.

사이판 태풍으로 뜬 공군 대형 수송기

– 《주간조선》, 2018년 11월 12일

A-330MRTT 공중급유기.

2018년 10월 27일 새벽 3시 20분 김해기지에서 공군 C-130H 수송기 1대가 긴급 이륙했다. 태풍 '위투'로 사이판에 고립된 우리 국민들을 국내로 이송하려는 정부 계획을 지원하기 위해서였다.

공군 수송기는 사이판에 도착한 직후 곧바로 임무를 시작했다. 사이판과 괌 공항을 오가며 10월 27일 두 차례에 걸쳐 161명, 이튿날인 28일엔 네 차례에 걸쳐 327명, 29일엔 네 차례에 311명 등 총 799명의 국민을 안전하게 이송하고 긴급 구호물품을 전달했다.

공군 수송기가 사이판에 도착했을 당시 사이판 공항은 태풍으로 인해 공항 기본 시설물뿐 아니라 항행 안전시설이 거의 파괴됐고, 잔해물들이 활주로 주변에 그대로 있는 등 작전을 펼치기엔 최악의 환경이었다. 관제탑의 창문이 파손되고 현지 근무자들이 활주로 옆에 책상을 내놓고 근무를 하는 열악한 상황이었다. 공군 관계자는 "우리 공군 조종사들은 육안에만 의존한 시계비행으로 사이판 공항에 이착륙해야 했다"며 "이후 모든 임무도 관제 지원 없이 진행했다"고 전했다. 등화시설도 파손돼 야간비행이 불가능했고 제한된 시간에만 비행할 수 있었다.

파견 당일 수송기 요원들은 저녁 9시가 돼서야 첫 식사를 했고 그 뒤 임무 기간 동안 빵, 바나나 등으로 비행 중에 끼니를 해결했다고 한다. 공군 수송기는 임무를 성공적으로 마친 뒤 10월 31일 오후 김해기지로 귀환했다.

공군 수송기의 해외 재해재난 긴급구호 지원은 이번이 처음은 아니다. 2018년 10월 8~26일 인도네시아 지진 때 C-130 수송기 2대가 지원작전을 폈다. 2018년 7~8월 라오스댐 붕괴 사건 때는 C-130 수송기 5대가, 2016년 4월 일본 구마모토현 지진 때는 C-130 수송기 2대가 각각 지원작전을 폈다.

하지만 공군 수송기가 이번 사이판 태풍 사태처럼 약 800명에 달하는 우리 국민에 대해 해외에서 구호작전을 편 것은 처음이었다. 문제는 이번에 지원작전을 편 C-130H 수송기의 항속거리가 짧고 탑승인원이 많지 않아 어려움이 있었다는 점이다. C-130H의 항속거리는 3,789km이고, 탑승인원은 92명이다. 신형인 C-130J의 항속거리는

5,250km로 이보다 길지만 공군 보유 규모는 4대에 불과하다.

공군 관계자는 "현 주력 수송기인 C-130은 항속거리 제한으로 임무수행이 제한, 연료보급을 위해 중간기지를 경유해야 해 신속한 긴급구호 지원이 어렵다"고 말했다.

공군은 2018년 10월 공군본부 국정감사에서도 "접전지역에 대한 원거리 신속 전개와 작전수행 능력 확보는 물론 재난구호, 국제평화 유지, 재외국민 보호능력을 갖추기 위해 대형 수송기 도입을 추진할 것"이라고 밝혔었다. 사이판 태풍 사태를 계기로 대형 수송기 도입의 필요성이 입증됐다는 게 공군의 설명이다. 현재 공군의 수송기는 CN-235 20여 대와 C-130H 12대, 신형인 C-130J 4대 등이다.

일각에서는 2018년 11월 12일에 1호기가 우리나라에 도착하는 A-330MRTT 공중급유기를 공군이 활용하면 되지 않느냐는 지적도 나온다.

총 4대가 도입되는 A-330MRTT는 기름 외에 병력과 화물도 수송할 수 있다. 총 301명의 병력과 37.5t의 화물을 나를 수 있다. 웬만한 수송기 뺨치는 능력이다. 하지만 A-330MRTT는 대형 수송기에 비해 몇 가지 단점이 있다. 우선 필요한 활주로 길이가 수송기에 비해 3배에 달한다는 점이다. C-130 이륙거리는 915m이지만 A-330MRTT는 2,755m에 달한다. 또 A-330MRTT는 동체가 위아래로 분리된 형태여서 규격화된 컨테이너 등만 적재할 수 있다. 탑재 가능 화물 높이가 수송기의 절반 수준이다. 대량 환자 수송도 어렵고 공중투하도 불가능하

A-400M 수송기.

다고 한다. 공중투하가 어려울 경우 착륙이 불가능한 지역은 공수 임무를 수행할 수 없게 된다. 군 당국은 그동안 동명부대(레바논), 아크부대(UAE), 한빛부대(남수단) 등 해외파병 때 항공수송 지원도 C-130의 짧은 항속거리 때문에 모두 민항기(전세기)를 이용해왔다는 점에서도 장거리 수송기가 필요하다는 입장이다.

공군은 당초 장거리 수송기로 미군의 주력 수송기인 C-17을 염두에 둬왔다. C-17은 주한미군 사드(고고도미사일방어체계) 수송 등을 위해 오산기지에도 자주 모습을 드러내 우리에게도 친숙한 무기다. 하지만 2015년 이후 생산이 중단돼 현재는 검토 대상에서 사실상 제외된 것으로 알려졌다.

현재 유력한 장거리 수송기 후보는 유럽 에어버스 밀리터리(Airbus Military)사의 A-400M '아틀라스(Atlas)' 수송기다. C-130처럼 4개의 터보프롭 엔진을 장착했지만 탑재량이 C-130의 약 2배(37t)에 이른다. 나토의 주력 수송기로 CH-47 치누크 헬리콥터 1대를 수송할 수 있다. 최대 비행거리는 8,700km이고 완전 무장병력 116명을 태울 수 있다.

군용 수송기와 공중급유기 제원 비교

구분	C-130J(수송기)	A-400M(수송기)	A-330MRTT(급유기)
이륙거리(m)	915	964	2,755
공중투하	가능	가능	불가능
길이(m)	33.8	44	57
탑승인원(명)	92	116	301
탑재화물(t)	19	37	37.5
항속거리(km)	5,250	8,700	1만5,289

A-400M과 관련해 최근 주목을 끄는 소식은 스페인과의 '스와프 딜 (Swap Deal: 맞교환)' 검토설이다. A-400M은 현재 스페인 세비야에서 생산되고 있는데 이 A-400M과 KAI(한국항공우주산업)의 TA-50 초음속훈련기, KT-1 기본훈련기를 맞교환하자는 것이다.

이것이 실현되면 공군 입장에선 장거리 수송기를 확보할 수 있고, KAI 입장에선 수출이 실현돼 모두 '윈-윈'할 수 있게 된다. 특히 2018년 9월 말 17조원 규모의 미 고등훈련기(APT)에서 탈락하는 등 수출에 어려움을 겪고 있는 KAI 입장에선 '가뭄 속의 단비'와 같은 소식이 된다.

KAI가 사업을 수주할 경우 KT-1 최대 34대, TA-50 최대 20대를 스페인에 판매할 수 있을 것으로 전망된다. 스페인은 이에 맞춰 A-400M 수송기 4~6대를 제공할 수 있을 것으로 평가된다.

하지만 방위사업청이나 공군은 아직 이 '스와프 딜'에 대해 신중한 입장이다. 방위사업청 관계자는 "아직 스페인 등으로부터 공식적인 제안을 받은 바 없다"며 "제안을 받더라도 전례가 없는 일이어서 수의계약 문제 등 법규와 제도상 넘어야 할 산들이 많다"고 말했다.

군내에선 2018년 7월 영국 판버러 에어쇼에서 스페인 국방부와 한국 방위사업청 관계자들이 만났을 때 스페인 측이 KT-1, TA-50과 A-400M의 스와프 딜에 관심이 있는지를 한국 측에 질의했던 것이 최근 언론에 보도된 '스와프 딜 검토설'의 진원지로 알려져 있다. 방사청과 공군 안팎에선 이 '스와프 딜'이 실제 실현될지는 두고 봐야 한다는 관측이 많다.

육군의 대변신 백두산 호랑이 4.0이 뜬다

– 《주간조선》, 2018년 10월 29일

육군 '백두산 호랑이 4.0 체계' 개념도. 인공지능(AI)을 활용해 센서와 기동부대, 타격수단을 유기적으로 연결한 지상전투체계다.

"AI(인공지능) 기반의 초연결 지상전투체계(Army TIGER System 4.0)를 구축하여 '첨단과학기술군 육성'에 주력하겠습니다."

2018년 10월 18일 충남 계룡대에서 열린 육군본부 국정감사에서 육군은 초일류 육군으로 변모하겠다며 이 같은 포부를 밝혔다.

육군은 이날 "더 이상 '걷는 보병'에 머무를 수 없는 시대적 요구에 부응하고자 4차 산업혁명의 기술을 효과적으로 접목해 드론봇(드론+로봇) 전투체계, 워리어 플랫폼과 함께 '백두산 호랑이(아미 타이거) 4.0' 체계를 추진하겠다"고 강조했다. 육군은 또 다양한 미래 위협에 유연하게 대응할 수 있도록 모듈형 부대 구조를 갖춘 여단 중심의 전투체계도 정립할 계획이라고 밝혔다.

육군이 이날 밝힌 드론봇, 워리어 플랫폼 등은 2017년부터 육군이 강조해온 '5대 게임 체인저'에 포함된 것이다. 하지만 '백두산 호랑이 4.0'이 공식화된 것은 이번 국정감사 때가 처음이다.

육군이 구상하는 '백두산 호랑이 4.0'의 정식 명칭은 'AI에 기반을 둔 초연결 지상전투체계(The Korea Army TIGER System 4.0)'다. 여기서 '타이거(TIGER)'는 '4차 산업혁명 기술로 뒷받침되는 육군의 혁신(Transformation Innovation of Ground forces Enhanced by the 4th industrial Revolution technology)'의 약어다. 물론 한민족의 기개를 상징하는 호랑이의 의미도 담고 있다.

핵심은 발바닥에 물집이 몇 겹씩 잡히도록 행군을 거듭하며 몸으로 때우던 이른바 '알보병'을 사라지게 하겠다는 것이다. 육군이 5대 게임 체인저에 이어 '백두산 호랑이 4.0'을 다급하게 추진하는 것은 대규모 병력감축과 복무기간 단축, 대체복무제 도입에 이어 남북 평화 무드에 따른 군비통제(군축) 움직임 등 3중, 4중의 쓰나미가 몰려오고 있기 때문이다.

'백두산 호랑이 4.0'은 기동화, 네트워크화, 지능화 등을 3대 핵심요소로 하고 있다. 기동화는 2018년부터 본격 도입 중인 차륜형 장갑차, '한국형 험비'로 불리는 소형 전술차량, K-200 장갑차 등을 보병 분대당 1대씩 배치하는 것이다. 장병들이 이들 차량을 타고 이동해 장시간 행군을 할 필요가 없게 만든다는 것이다. 육군은 차량탑승 이동 시 시속 50km 이상으로, 도보로 이동할 때에 비해 10배 이상 빨라진다고 밝혔다. 단위시간당 작전가능 영역은 속도의 제곱에 비례하기 때문에 속도가 10배 빨라질 경우 작전영역은 100배가 늘어나게 된다. 기동차량은 움직이는 전투진지이자 전투원 전투하중의 한계(30kg)를 극복할 수 있는 수단도 될 수 있다.

특히 육군은 이들 차량에 원격조종사격체계(RCWS)를 장착해 장병들이 안전하게 전투할 수 있도록 할 계획이다. RCWS는 첨단 카메라 등을 장착해 밤낮으로 최대 4km 떨어진 표적을 탐지하고 2km 떨어진 목표물을 정확히 타격할 수 있는 무기다. 미군은 이라크·아프간전에서 시가전, 게릴라전을 거듭하면서 장병들을 적의 공격으로부터 보호하기 위해 전차, 장갑차 등에 RCWS를 대거 장착했다. 하지만 실전 경험이 없는 한국군은 지금까지 이 장비의 도입에 소극적이었다. RCWS 1문당 가격은 2억원 정도다. 육군 관계자는 "경제 규모, 국민정서 등을 감안할 때 각개 전투원이 최대한 생존성을 보장받는 가운데 전투에 임할 수 있도록 해주는 게 시대적 소명"이라며 "백두산 호랑이 체계는 RCWS 등 모든 전투원이 방탄화된 전술차량에 의해 보호받게 될 것"이라고 말했다. '사람이 가장 비싸고 소중한 자원'이라는 인본주의에 눈을 떴다는 것이다. 무인 정찰차량 등 무인 로봇과 드론도 장병들의 생존성을 높여줄 무기다.

네트워크화는 독립적으로 구축된 기존 지휘통제(C4I) 체계를 유기적으로 연결해 통합 지휘망을 구축하는 것이다. 드론봇, 정찰용 무인기 등 감시정찰 자산이 파악한 적에 대한 정보를 지휘소, 기동부대, 타격부대, 지원부대가 공유함으로써 통합 전투력을 발휘할 수 있게 해준다는 것이다.

지능화는 빅데이터와 딥러닝(Deep Learning)을 통해 실시간으로 표적을 분석하고 식별할 수 있게 해준다. 지능화가 실현되면 AI가 적 장비의 화력, 방호력, 이동속도, 방향 등을 분석한 뒤 아군 타격수단과 비교 평가, 시뮬레이션을 통해 가장 우수한 교전 결과를 추천해줘 최상의 전과를 올릴 수 있게 해준다. AI가 모든 경우의 수를 따져 최적의 대응 방안을 지휘관에게 조언하는 데 소요되는 시간은 길어야 3분이다. 육군은 이를 위해 내년부터 교육사령부 예하에 AI 군사협업 센터를 설립, AI의 군사적 활용을 본격화할 예정이다.

2030년까지 4단계 추진

'백두산 호랑이 4.0'은 막대한 예산이 들고 너무 성급하게 추진할 경우 군에 혼란을 초래할 수 있다. 육군은 이를 감안해 오는 2030년까지 4단계에 걸쳐 추진할 계획이다. 전방지역 12개 사단이 주 대상이다. 우선 2021년까지의 1단계에선 부대 유형별로 1개 대대를 기동화해 시범 적용한다. 차륜형 장갑차는 25사단, 소형 전술차량은 12사단이 시범 부대로 지정돼 있다. 육군은 이미 차륜형 장갑차와 소형 전술차량 도입 계획이 추진 중이기 때문에 1단계 추가예산은 340억원가량에 불과하다고 밝혔다. 340억원은 K-2 '흑표' 신형 전차 5대 비용에도 못 미치는 수준이다.

2단계(2023년)에선 부대 유형별 1개 여단으로, 3단계(2025년)에선 축선별 1개 사단으로, 그리고 마지막 4단계에선 전 부대로 확대된다. 육군은 4단계까지의 소요 예산을 1조2,500억원가량으로 추산하고 있다. 차륜형 장갑차, 소형 전술차량 등은 대대당 30여대, 사단당 300여대가 도입될 것으로 알려졌다. 3개 축선(동부·중부·서부)의 3개 사단에 적용할 경우 각 1,000여대의 장갑차량이 필요하다는 얘기다.

육군은 이와 함께 오는 2025년부터 우리 육군의 중심을 사단에서 여단으로 바꾸는 '일대 변신'도 추진한다. 기존 연대전투단(RCT)의 확대판 성격으로, 포병 등 각종 지원부대가 상시 배속되는 것이다. 기존 보병 1개 연대는 3개 대대로 구성되지만 새 여단은 포병 등을 포함해 최대 5개 대대까지 편성된다. 마치 레고 블록을 만들듯이 임무에 따라 공병 등 다양한 대대들을 붙였다 떼어냈다 하는 식이다.

육군 관계자는 "미국은 2015년 3차 상쇄전략을 수립해 4차 산업혁명 핵심기술을 활용·융합한 군사력 고도화를 본격 추진하고 있다"며 "우리 군도 선진국의 이런 흐름을 적극 수용하고 북한뿐 아니라 중국·일본 등 주변국 위협에 대처하기 위해 필사적인 변신을 추진하고 있다"고 전했다.

북한군 떨게 할 신무기 드론봇 뜬다

— 160개 육군 '별'이 뜬 세미나

- 《주간조선》, 2018년 4월 16일

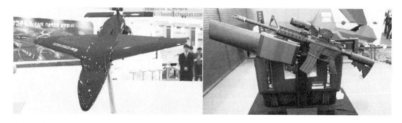

(좌) KAI(한국항공우주산업)의 자폭형 무인기 '데빌 킬러'. (우) 드론을 무력화하는 드론 스나이퍼.

2018년 4월 3일 세종시 세종컨벤션센터(SCC)에 육군 장군 110명이 모여들었다. 김용우 육군 참모총장을 비롯, 대장 5명, 중장 16명, 소장 23명, 준장 66명이 모습을 나타냈다. '드론봇(드론+로봇) 전투발전 컨퍼런스'에 참석하기 위해서였다. 육군 장군들이 이처럼 대거 특정 컨퍼런스에 참석한 것은 유례가 없는 일이다. 110명은 전체 육군 장군 310여 명의 3분의 1이 넘는 35%에 달하는 수준이다.

드론봇은 미래전의 핵심 무기로 꼽히는 드론(무인기)과 로봇의 합성어다. 육군이 북한 핵·미사일 위협과 대규모 병력 감축 등 안보환경 변화에 능동적으로 대응하기 위해 적극 추진 중인 '5대 게임 체인저

(Game Changer)' 중의 하나다. 육군 전체 장군의 3분의 1이 드론봇 컨퍼런스에 참석했다는 것은 육군이 그만큼 드론봇에 사활을 걸고 있다는 사실을 보여주는 것이다. 김용우 육군참모총장은 인사말에서 "드론봇 전투단을 구축하면 병력 감축 시대를 맞아 전투효율성을 높이고 인명피해를 최소화해 작전능력을 획기적으로 높일 수 있을 것"이라고 말했다.

육군 교육사령부는 이날 '드론봇 전투체계 비전 2030'과 드론봇 전투 실험 계획을 처음으로 공개해 눈길을 끌었다. 드론봇 전투체계 비전 2030에는 수십 대의 소형 드론이 일사불란하게 적 목표물에 대해 소형 폭탄을 투하, 파괴하는 '벌떼 공격' 개념이 포함됐다.

이 작전개념에 따르면 실제 적을 타격할 소형 군집 드론과, 이 소형 드론들을 작전 지역까지 싣고 운반할 모체 드론이 함께 개발된다. 공격 방식은 우선 소형 군집 드론을 탑재한 모체 드론이 작전 지역까지 이동한 뒤 모체 드론에서 군집 드론이 분리돼 나와 적 지휘소나 병참선, 방공체계를 타격한다. 그 뒤 군집 드론들이 모체 드론으로 복귀해 기지로 돌아오게 된다. 군집 드론이 자폭형으로 목표물들을 공격할 수도 있다.

군집 드론은 특히 북한의 핵탄두 이동식 미사일 발사대(TEL) 등을 파괴하는 데도 역할을 할 전망이다. 북한의 이동식 발사대가 작전할 것으로 예상되는 지역에서 체공하고 있다가 북 이동식 발사대를 발견하면 곧바로 타격할 수 있기 때문이다.

북한 핵·미사일 위협에 대응하는 기존 '킬 체인(Kill Chain)'은 북 미사일 발사대를 발견한 뒤 탄도·순항 미사일을 발사하거나 전투기가 출격해 정밀유도폭탄으로 때리는 방식이어서 시간이 걸린다. 사거리 300km인 현무-2 탄도미사일은 5~6분가량, 순항미사일인 현무-3 미사일은 20분 이상(사거리 300km 이상 기준)이 걸린다. 전투기는 출격시간 등을 감안하면 더 많은 시간이 필요하다. 북 레이더에 잘 잡히지 않는 초소형 드론은 유사시 북한 영내 미사일 작전 구역 내에서 비행하며 대기할 수 있어 대응 시간을 크게 줄일 수 있다는 것이다.

소형 군집 드론은 크기가 작아 탑재하는 폭탄의 위력은 수류탄 정도로 약하다. 하지만 적군에 상당한 공포심을 주며 위력을 발휘할 수 있다고 한다. 레이더에 잡히지 않고 소리도 거의 들리지 않아 기습적인 공격을 할 수 있기 때문이다. 실제로 ISIS는 민간에서 쓰는 소형 드론에 수류탄 같은 초소형 폭탄 2~4발을 달아 폭격에 활용했다. 폭탄의 위력은 작았지만 상대방은 언제 어디서 폭탄이 떨어질지 몰라 극도의 공포심을 느끼고 작전도 위축됐다고 한다. 북 미사일 이동식 발사대는 장갑이 약해 약한 위력의 폭탄이라도 여러 발을 맞으면 파괴될 수 있다.

육군은 이날 행사에서 올해 내로 초소형 감청 드론, 수류탄 및 액체폭탄 투하용 전투 드론, 자폭 드론, 감시정찰 드론, 화력유도 드론 등 우선 개발할 드론 품목을 선정할 계획이라고 밝혔다. 이르면 내년부터 자폭용, 감시정찰용, 액체폭탄 투하용 드론 등에 대해선 전투 실험에 착수할 것으로 알려졌다. 육군은 미사일이나 자주포 등으로 발사하는 드론도 개발할 계획이다.

이번 컨퍼런스에선 이 같은 육군의 구상을 뒷받침할 국내 방산업체

(좌) 국방과학연구소에서 개발 중인 자율주행 지상 로봇 시연 장면. (우) 폭발물 제거 로봇.

들의 드론과 지상 로봇이 150여점이나 전시됐다. 야외전시장에선 국방
과학연구소에서 개발 중인 자율주행 로봇 2대가 공개석상에서 기동 시
범을 보였다. 세종호수공원에서는 초소형 드론 30여대가 일사불란하게
움직이는 군집비행과 편대비행, 전술비행 등도 선보였다.

실내 전시장에선 KAI(한국항공우주산업), 한화그룹 방산 계열사, LIG
넥스원, 유콘시스템 등 국내 대기업과 중소기업들의 드론과 로봇들이
대거 등장했다. KAI는 수직이착륙무인기, 정찰과 타격이 가능한 즉각
타격형 무인기, 병력 감축에도 전투력 향상이 가능한 유무인기 복합전
투체계를 전시했다. 첫 공개된 신형 600kg급 헬기형 정찰용 수직이착
륙 무인기 NI-600VT는 KAI가 비행제어 등 핵심기술을 독자개발해 적
용한 것이다. 수직이착륙이 가능해 활주로가 필요 없고 적외선 광학 카
메라와 영상 레이더(SAR)도 성능이 뛰어나다고 KAI는 밝혔다. 자폭 타
격형 무인기인 '데빌 킬러' DK-20과 이를 업그레이드한 대형 DK-150
도 등장했다.

유무인기 복합전투체계는 소형 공격헬기 조종사가 임무수행 중 위험
지역에선 정찰을 위해 다수의 무인기를 호출해 원격조종, 정찰임무에
활용할 수 있도록 한 시스템이다.

한화그룹 계열사인 한화지상방산은 다목적 무인차량과 소형 감시경계 로봇인 초견로봇 2종, SG(스마트 수류탄) 로봇, 폭발물 제거 로봇, 급조폭발물 제거 로봇 등 다양한 국방 로봇을 전시했다. 한화시스템은 센서 및 전술정보통신(TICN)·지휘통제 분야 기술 경쟁력을 기반으로 한 드론 및 무인체계를 공개했다. 한화시스템이 전시한 드론 무선 충전 시스템은 무선으로 드론에 전력을 전송하는 기술로 전력공급 문제를 해결해준다. 군 전용망에 원활한 드론 임무수행을 위한 조종통제 데이터 링크와 전술 다기능 단말기도 등장했다.

유도무기 전문업체인 LIG넥스원은 미래 보병 체계의 핵심기술로 꼽히는 근력증강 로봇을 비롯 무인 수상정, 휴대용 감시정찰 로봇 등과 무인기에 장착되는 전자광학(EO) 카메라, 영상 레이더(SAR) 등을 선보였다. 김지찬 LIG넥스원 대표는 "이번 컨퍼런스가 군과 산·학·연 간의 긴밀한 협력을 통해 대한민국 최첨단 무기 체계의 새로운 비전을 만드는 계기가 되길 바란다"고 밝혔다.

CHAPTER 5

방위산업 관련 핫이슈

날개 없이 추락하는 한국 방산(防産)

- 《조선일보》, 2018년 11월 7일

"정부는 변함없는 전력 증강과 방산(防産) 육성을 강조하지만 아직 믿음이 가지 않습니다. 미래가 안갯속 같고 바닥부터 무너지는 소리가 들립니다."

최근 만난 대형 방산업체의 한 고위 임원이 한 말이다. 잇단 남북 정상회담에 따른 대화 무드와 9·19 남북 군사합의 등에 따른 방산업계의 불안감이 드러난다. 이번 군사합의에 따라 당장 DMZ 인근을 감시하는 군단·사단급 이하 무인기(無人機) 사업 등이 직격탄을 맞게 됐다.

현 정부 정책 기조와 남북 관계를 떠나 최근 밝혀진 실적만 봐도 한국 방위산업은 날개 없이 추락하는 모양새다. 산업연구원(KIET)이 2018년 8월 공개한 분석 결과를 보면 국내 방산 10대 기업의 2017년 매출(9조3,000억원)은 2016년에 비해 18% 정도 줄었다. 수출은 1조5,000억원으로 35% 가까이 감소했다. 우리 방산 생산에서 10대 기업이 차지하는 비중은 65%가 넘는다. 그동안 방산 수출을 견인해온 KAI(한국항공우주산업)의 수출은 전년 대비 83% 정도 급감했다. 영업이익률도 바닥이다. 유도(誘導)무기 전문기업인 LIG넥스원의 2017년 영업이익률은 0.24%로 시중은행 1년 정기예금 금리(2%)보다 훨씬 낮다. 한국 방산의 중추인 한화그룹 방산 계열사들도 1.8~3.9%를 기록했다. 모두 우리나라 제조업 평균 영업이익률(8.3%)에도 크게 못 미친다.

한때 수출액 3조3,000억원(30억달러)을 돌파하며 신성장 동력으로 꼽히던 한국 방산이 회생하려면 어떻게 해야 할까? 먼저 성능과 신뢰성은 뒷전이고 무조건 값싼 무기로 결정하는 최저가 입찰제, 지나치게 높은 군의 성능요구 조건, 짧은 연구개발 기간 같은 구조적·제도적 폐해를 고쳐야 한다. 채우석 한국방위산업학회장은 "삼성그룹이 방위산업을 포기한 이유도 이런 문제와 무관치 않다"고 말한다.

검찰과 감사원의 과도한 방산 비리 의혹 수사·감사 관행도 바꾸어야 한다. 2018년 10월 25일 대법원은 해군 해상작전헬기 도입 비리 의혹 등과 관련해 구속 기소된 최윤희 전 합참의장과 정홍용 전 국방과학연구소장 등에게 무죄를 선고했다. 전(前) 정부 시절 사상 최대 규모로 꾸려진 방위사업비리 합동수사단이 구속기소한 8대(大) 방산비리 피고인(34명)의 무죄 선고율은 50%에 달한다. 보통 일반 형사재판에서 구속후 무죄율(2~4%)보다 10~20배 높다. '정치적 동기'에 의한 무리한 수사였다는 방증이다.

전문성과 거리가 먼 감사원 출신들이 최근 연이어 KAI 사장이나 방위사업청장으로 임명된 것도 우려스럽다. 2018년 9월 말 17조원 규모의 미군 고등훈련기(APT) 사업에서 탈락한 KAI에 대해선 수뇌부 인사를 포함한 분위기 쇄신과, 주인을 찾아주는 매각이 이뤄지지 않으면 근본적 개선이 어려울 것이라는 지적이 많다. 두어 달 전 부임한 왕정홍

방사청장(전 감사원 사무총장)이 취임사에서 "내가 바람막이가 돼줄 테니 감사 등에 너무 위축되지 말고 소신껏 일하라"고 말해 직원들의 호평을 받았다는 뒷얘기가 요즘 분위기를 상징적으로 보여준다.

문재인 대통령은 2018년 11월 1일 2019년도 예산안 국회 시정연설에서 "국방연구개발 예산을 늘려 자주국방 능력을 높여 나가겠다"고 했다. 방산은 그 자주국방의 토대이자 핵이다. 방산이 무너져 정찰위성 개발 등이 어려워지면 현 정부 역점 사업 중 하나인 전작권(전시 작전통제권) 전환도 타격을 받는다.

전문가들은 국내 시장(한국군)에만 의존하지 말고 이스라엘처럼 수출에 주력하는 것만이 한국 방산의 살길이라고 말한다. 이를 위해선 정부와 군, 기업, 국회 등의 유기적 협조가 필수적이다. 청와대 방산비서관 신설 같은 정책 방안들이 제시됐지만 현 정부는 별 관심이 없는 듯하다. '방산 붕괴'라는 국가안보 비상사태가 터지기 전에 청와대와 정부의 결단을 촉구한다.

방위산업에 몰아치는 4차 산업혁명

– 《조선일보》, 2019년 3월 22일

2018년 11월 제1회 '육군 드론봇 챌린지'에 등장한 국산 공격 드론.

2019년 3월 15일 오후 여의도 국회 의원회관 소회의실에 정경두 국방장관, 육·해·공군 참모총장, 남세규 국방과학연구소(ADD) 소장 등 군 수뇌부가 속속 들어섰다.

안규백 국회 국방위원장이 주최하고 한국방위사업연구원이 주관한 '4차 산업혁명 시대의 방위산업 발전방향 세미나'에 참석하기 위해서였다. 이렇게 많은 군 수뇌부가 한꺼번에 방산 세미나에 참석한 경우는 매우 드문 일이다. 이날 세미나엔 당초 예상 인원 150여명의 2배가 넘는 관계자들이 몰려들어 세미나장에 들어가지 못하고 되돌아가기도 했다.

2018년 11월 드론 전시회에서 공개된 국산 포병진지 정찰드론.

4차 산업혁명 시대에 따른 방산의 미래를 모색하기 위해 열린 이날 세미나장 입구엔 드론 무력화 장비, VR(가상현실)/AR (증강현실) 훈련장 비 등 국내 중소업체들이 만든 4차 산업혁명 관련 첨단 방산장비들도 전시됐다.

안 위원장은 개회사에서 "방위산업은 4차 산업혁명을 선도하는 마중 물이 돼야 한다"고 강조했다. 정 장관도 축사를 통해 "우리 군은 변화를 주도하면서 미래에 대비하기 위해 4차 산업혁명의 핵심기술을 활용해 강력한 군사력을 건설하고 국방운영의 효율성을 제고해 나가고 있다" 고 밝혔다.

2019년 3월 5일 글로벌 항공방산 중견기업인 휴니드테크놀러지스 (이하 휴니드)는 글로벌 3D 프린팅 대표업체인 독일의 EOS와 함께 인천 송도 휴니드 본사 내에 3D 프린팅 사업을 위한 'AM(Additive Manufacturing: 적층 제조) 기술혁신센터 개소식을 열었다.

3D 프린팅 기술은 제조할 때 형상의 제약이 없고, 경량화와 생산효

국방과학연구소 등이 개발 중인 무인수상정 'M-서처'.

율 향상을 가능하게 해 항공 · 방산 분야에서 그 수요가 크게 늘어나고 있다. 특히 항공 분야에서는 2022년까지 연평균 27%의 성장률을 보이며 30억5,790만 달러(한화 약 3조650억원) 규모로 성장할 것으로 전망된다.

신종석 휴니드 대표이사는 "EOS와의 협력을 시작으로 제조 기업을 넘어 4차 산업혁명의 핵심 기술을 보유한 기술 기업으로 지속 성장하는 것이 목표"라며 "3D 프린팅과 같은 신성장 분야에 대한 투자를 적극적으로 이행, 글로벌 항공시장 내에 입지를 강화하며 경쟁력을 키워 나가겠다"고 포부를 밝혔다.

휴니드가 AM기술혁신센터에 설치한 금속 3D 프린터는 품질관리 기능인 광학 단층촬영 능력(Optical Tomography)을 국내 최초로 보유한 장비다.

국방부, 스마트 국방혁신단 발족

최근 우리 군과 방산에서도 시대적 화두가 되고 있는 4차 산업혁명 기술을 도입하고 활용하려는 움직임이 활발해지고 있다.

군·무기체계와 접목될 4차 산업혁명 기술은 드론(무인기), 로봇, AI (인공지능), 3D 프린팅, 사물인터넷, 사이버 등이 대표적으로 꼽힌다.

국방부는 4차 산업혁명 기술 적용을 위해 '4차 산업혁명 스마트 국방 혁신추진단'을 만들었다. 국방차관을 단장으로 국방운영, 기술기반, 전력체계 등 3개 혁신팀으로 구성돼 30여명의 국·과장급이 참여하고 있다. 방사청도 TF(태스크포스)를 만들어 다각적인 노력을 기울이고 있다.

여기엔 미국·중국·이스라엘 등 선진국 군의 4차 산업혁명 관련 노력들이 자극제가 되고 있다.

한국 4차 산업 기술, 9점 만점에
제조업이 4.5점이라면 방산 분야는 1.9점

− 《조선일보 위클리비즈》, 2018년 9월 4일

"현재 시스템에선 AI 등 도입 어려워…
미국처럼 진화적 개발 개념 받아들여야"

우리나라 방위산업 분야에서 4차 산업혁명은 무인기·로봇 등을 제외하곤 아직 생소한 개념이다. 4차 산업혁명이란 개념이 본격적으로 국내에 소개된 게 2~3년 전이고, 관련 사업은 주로 민간 분야를 중심으로 추진되고 있기 때문이다.

한국산업연구원(KIET)이 2017년 4차 산업혁명 핵심 기술이 방위산업과 제조업에 얼마나 활용되고 있는가를 비교한 결과, 방산은 평균 1.9에 머물러 제조업 평균 4.5에 크게 못 미치는 것으로 나타났다. 9점 척도를 기준으로 1점은 미실행, 3점은 조사 검토 단계, 5점은 계획 수립 단계를 의미한다. 방산은 미실행과 조사 검토 단계 중간 수준에 있다는 얘기다. 장원준 KIET 방위산업연구부 연구위원은 "지금과 같은 방산 시스템 아래선 AI(인공지능) 등 4차 산업혁명 기술의 적극적인 도입이 어렵다"며 "미국처럼 무기 체계의 점진적 개발을 허용하는 진화적

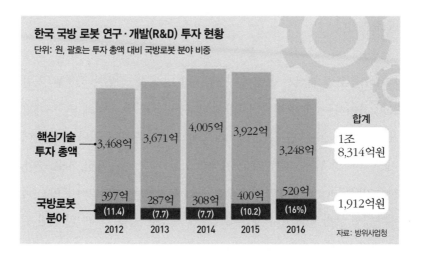

한국 국방 로봇 연구·개발(R&D) 투자 현황
단위: 원, 괄호는 투자 총액 대비 국방로봇 분야 비중

	2012	2013	2014	2015	2016	합계
핵심기술 투자 총액	3,468억	3,671억	4,005억	3,922억	3,248억	1조 8,314억원
국방로봇 분야	397억 (11.4)	287억 (7.7)	308억 (7.7)	400억 (10.2)	520억 (16%)	1,912억원

자료: 방위사업청

개발 개념 등을 받아들여야 한다"고 말했다.

우리나라 방산에서 현재까지 4차 산업혁명 기술을 대표적으로 적용하는 분야는 로봇, 무인기, 사이버 보안 분야다. 국산 무기 개발 총본산인 국방과학연구소(ADD)는 무인 수색 차량, 소형 정찰 로봇, 구난 로봇, 착용형 근력 증강 로봇 등을 개발하고 있다. 무인 수색 차량은 현재 원격·자율주행, 기관총 원격 사격 등이 가능한 상태까지 와있다.

한국항공우주산업(KAI)은 수직이착륙 무인기, 정찰과 타격이 가능한 즉각 타격형 무인기, 대규모 병력 감축에 대비한 유·무인기 복합 전투 체계를 개발하고 있다. 한화지상방산은 다목적 무인 차량, 소형 감시 경계 로봇인 초견로봇, 급조 폭발물 제거 로봇을, LIG넥스원은 무인 수상정과 근력 증강 로봇, 휴대용 감시 정찰 로봇 등을 각각 개발 중이다. 한화시스템은 광주과학기술원과 공동으로 고출력 레이저를 활용해 드론이나 무인기에 무선으로 전력을 전송하는 드론 무선 충전 시스템을 개발하고 있다.

　사이버 보안 분야는 2015년 12월부터 미래부, 국방부, 국정원, 경찰
등이 참여하는 '국가 사이버보안 R&D 추진계획'을 수립해 연구·개발
에 착수했다. 2017년에는 약 1,000억원의 예산을 학습 기반 자가 방어
기술, 지능형 탐지·예측 기술, 차세대 암호 기술, 블록체인, 자율 주차,
사물인터넷(IoT), 바이오 인증 기술 등에 투자했다. 빅데이터 분야는 국
방부에서 국방 빅데이터 시범 체계 구축 사업을 통해 빅데이터 기반 전
장 관리 정보 체계 수립 등 8개 과제를 완료하고, 사이버 위협 빅데이터
분석 체계 수립 등 4개 과제를 수행할 계획이다.

세계 무기시장의 큰손들

– 《주간조선》, 2016년 12월 9일

세계 최대 무기 전시회인 '유로사토리'에 전시된 K-9 자주포.

2015년 12월 우리나라가 세계 무기수입 1위에 올랐다는 외신 보도들이 눈길을 끌었다. 스톡홀름국제평화연구소(SIPRI)와 미 의회 조사국 등에 따르면 2014년 우리나라는 78억달러(약 9조1,500억원)의 무기 구매 계약을 체결해 세계 최대 무기수입국으로 떠올랐다는 것이다. 이 중 미국 수입 무기가 70억달러(약 8조2,000억원)어치로 90%나 차지한 것으로 나타났다.

세계 10대 무기생산 방산업체 현황

순위	업체명	국가	무기판매액(2014년·달러)	직원수(명)
1	록히드마틴	미국	374억7,000만	11만2,000
2	보잉	미국	283억	16만5,500
3	BAE 시스템스	영국	257억3,000만	8만3,400
4	레이시온	미국	213억7,000만	6만1,000
5	노스롭그루먼	미국	196억6,000만	1만1,000
6	제너럴 다이내믹스	미국	186억	9만9,500
7	에어버스 그룹	EU	144억9,000만	13만8,620
8	유나이티드 테크놀러지	미국	130억2,000만	21만1,000
9	핀메카니카	이탈리아	105억4,000만	5만4,380
10	L-3 커뮤니케이션	미국	98억1,000만	4만5,000

※ 세계 100대 무기생산업체에 우리나라는 KAI(한국항공우주산업), LIG넥스원,
　한화테크윈, 한화, 현대위아, 현대로템 등 6개 업체 포함.

　세계 무기 거래 시장에서 우리나라는 항상 상위를 차지하면서 '큰 시장'으로 통해왔다. 스톡홀름국제평화연구소 분석에 따르면 우리나라는 2006~2015년 10년간 무기수입에 있어서 UAE, 호주 등과 함께 공동 4위를 차지한 것으로 나타났다. 10년간 세계 1위는 인도로 세계 전체 무기수입의 11%를 차지했다. 이어 중국이 6%, 사우디아라비아가 4.8%, UAE와 우리나라, 호주가 각각 4%의 비중을 차지한 것으로 분석됐다. 상위 5개국의 무기수입 비중은 30%에 달한다.

　2011~2015년 최근 5년간을 분석해보면 총 153개국이 무기수입을 했는데 상위 5개국은 인도, 사우디아라비아, 중국, UAE, 호주 등으로 이들이 전체 무기수입액의 34%를 차지했다. 지난 5년간 무기수입을 지역별로 살펴보면 아시아와 오세아니아가 46%로 거의 절반을 차지했고 이어 중동이 25%, 유럽이 11%, 미주 지역이 10%, 아프리카가 8%

를 각각 점유했다. 지난 5년간 세계 무기수입 상위 10개국 중 6개국이 우리나라를 포함해 아시아와 오세아니아에 있다.

이 중 인도는 세계 최대의 무기수입국이다. 인도의 2011~2015년 무기수입은 2006~2010년 무기수입에 비해 90%나 증가했다. 경쟁국인 중국이나 파키스탄의 무기수입에 비해 3배에 달하는 규모다. 이는 인도 방산업체들이 상당수 국산 무기 개발에 실패했기 때문이다. 우리나라도 인도에 K-9 자주포 수출이 사실상 결정된 상태이며 함정, 미사일 등 수출도 추진 중이다. 지난 5년간 인도가 수입한 무기 중 70%는 러시아 제여서 절대적인 비중을 차지하고 있다. T-90 전차를 비롯 항공모함, 화포 등이 러시아제이고 순항미사일, 스텔스 전투기 등을 공동 개발했거나 개발 중이다.

14%는 미국, 4.5%는 이스라엘제였다. 지난 5년간 인도가 미국에서 수입한 무기는 2006~2010년에 비해 11배나 증가해 미국이 인도의 신흥 무기수출국으로 부상하고 있지만 당분간은 러시아가 1위 자리를 지킬 전망이다. 인도는 이 때문에 경쟁국인 러시아와 미국의 무기가 공존하는 드문 나라가 됐다.

수입 1위국은 인도, 수출 1위국은 미국

중국은 방위산업 발전에 따라 무기수입 의존도가 낮아지는 추세다. 2000년대 이전까지 중국은 세계 최대 무기수입국이었다. 하지만 지난 5년간 무기수입 규모는 세계 3위다. 대형 수송기와 항공기·함정 엔진, 헬리콥터 등의 핵심 부품은 여전히 수입에 의존하고 있다. 중국의 J-10,

미국 수출형 T50A 훈련기.

2006~2015년 세계 5대 무기수출국 현황

순위	국가	비중(%)
1	미국	31
2	러시아	24
3	독일	8
4	프랑스	6
5	중국	5

2006~2015년 세계 5대 무기수입국 현황

순위	국가	비중(%)
1	인도	11
2	중국	6
3	사우디아라비아	4.8
4	UAE	4
4	한국	4

자료: 스톡홀름국제평화연구소

J-20 스텔스기 등 독자 전투기 개발과 생산에 박차를 가하고 있지만 독자 엔진 개발에는 어려움을 겪고 있는 것으로 알려졌다. 지난 5년간 중국 무기수입 중 30%나 차지한 것이 엔진이다. 중국도 러시아제 무기 비중이 높은데 최근 5년간 전체 무기수입액 중 59%는 러시아, 15%는 프랑스, 15%는 우크라이나였다. 베트남은 2006~2010년 세계 43위의 무기수입국이었지만 최근 5년간은 무기수입이 7배 가까이 늘어나 세계 8위로 껑충 뛰었다. 최근 5년간 무기수입 상위 10개국 중 가장 큰 폭의 증가를 보였다. 러시아제 무기가 93%나 차지했다. 전투기 8대, 고속정 4척, 미사일 장착 잠수함 4척 등이 러시아로부터 도입됐다.

반대로 무기수출의 경우를 살펴보면 미국이 1위 자리를 고수하고 있다. 지난 10년간 국제 무기 거래 규모는 2,684억달러(1990년 불변가)인데 미국이 31%, 러시아가 24%, 독일이 8%, 프랑스가 6%, 중국이 5%를 점유한 것으로 나타났다. 이들 5개국의 수출 비중은 전체 무기 거래 규모의 74%에 달했다. 최근 5년간 무기 거래는 2006~2010년에 비해 15% 늘어난 1,429억달러였다. 항공 분야가 44%를 차지했다. 국가별로는 미국 33%, 러시아 25%, 중국 5.9%, 프랑스 5.6%, 독일 4.7%, 영국 4.5%였다. 특히 독일, 프랑스를 제치고 3위에 오른 중국의 부상이 주목을 받고 있다. 중국은 과거 값싼 재래식 무기수출에 치중했지만 최근엔 고가의 첨단무기 수출에도 나서고 있다.

최근 5년간 미국의 무기수출액은 2006~2010년에 비해 27% 증가했다. 미국의 가장 큰 수출 대상국은 사우디아라비아로 9.7%를 차지했다. 지역별로는 중동이 41%로 가장 비중이 높았고, 아시아와 오세아니아 40%, 유럽 9.9%였다. 미국의 주력 수출무기는 전투기 등 항공기로 59%에 달했다. 여기엔 10개국에 총 640대의 F-35 스텔스 전투기를 수출하는 계약이 포함돼 있다. 우리나라도 2018년부터 총 7조4,000여억원 규모의 F-35 40대를 도입한다. 2011년 미국이 사우디아라비아에 84대의 F-15SG 전투기를 수출키로 한 것은 지난 20년 사이 가장 큰 규모의 미국 무기수출 사례로 꼽힌다.

이들 무기는 세계 100대 방산업체들이 주로 생산한다. 2014년 이들 업체의 무기판매액은 4,010억달러에 달했다. 100대 무기 생산업체 매출액의 80.3%를 미국과 서유럽에 본사를 둔 회사들이 차지했다. 특히 상위 10개 업체는 모두 미국과 서유럽 회사들이다. 2014년 이들 회사가 차지하는 비중은 49.6%로 2013년의 50%에 비해 약간 줄었다. 세계 최대의 방산업체는 미 록히드마틴으로 2014년 374억7,000만달러의 무기 판매를 기록했다. 록히드마틴은 우리나라에서도 차기 전투기(F-X) 3차 사업(F-35 도입)을 비롯, KF-16 성능 개량, 패트리엇 PAC-3 미사일 등 각종 대형 사업을 휩쓸어 '거대한 공룡'으로 자리 잡았다.

놀랍다! 이스라엘 방산기업의 힘
— 이스라엘 최대 방산업체 'IAI'

– 《조선일보 위클리비즈》, 2019년 6월 7일

2019년 2월 21일 이스라엘 최초의 달 탐사선 '베레시트(Beresheet: 히브리어로 창세기)'가 미국 플로리다주 케이프커내버럴(Cape Canaveral) 케네디우주센터(Kennedy Space Center)에서 스페이스X(SpaceX)사의 팰컨(Falcon)9 로켓에 실려 발사됐다. 베레시트는 남아공 태생의 이스라엘 억만장자 기업가 모리스 칸(Morris Kahn) 등의 기부금 1억달러가 투입돼 만들어진 사상 첫 민간 달 탐사선으로 세계의 주목을 받았다. 1억달러는 역대 달 탐사선 중 가장 적은 비용이다. 이 탐사선은 무게 585kg, 폭 2m, 높이 1.5m의 식기세척기 크기로, 역대 달 탐사선 가운데 가장 작은 것이라는 기록도 세웠다. 베냐민 네타냐후(Benjamin Netanyahu) 이스라엘 총리가 텔아비브 인근 관제센터에서 직접 발사 장면을 지켜봤고, 이스라엘 전역에 생방송됐다.

성공적으로 발사된 달 탐사선은 47일 동안 지구를 수차례 회전하면서 달의 중력을 이용해 달에 접근, 2019년 4월 11일 착륙을 시도했지만 마지막 순간에 실패했다.

❶ 지난 2월 미 케이프커내버럴에서 스페이스X 로켓에 탑재돼 발사되는 이스라엘 최초의 달 탐사선 베레시트. ❷ 자폭용 무인기 하롭. ❸ 한국군이 도입해 서북도서 감시 등에 활용하고 있는 헤론 무인 정찰기.

비록 실패했지만 이스라엘 안팎의 관심을 모았다. 이 달 탐사선을 주도적으로 만든 곳이 이스라엘 최대 국영 방산 업체인 IAI(Israel Aerospace Industries)다. 1953년 설립된 IAI는 매출액 58억달러(2017년)에 임직원 1만6,000여명을 거느리고 있다. 항공우주 분야는 물론 지상, 해상, 사이버, 정보·감시·정찰 등 광범위한 분야의 사업을 하고 있다. 고수익 사업으로 각광받고 있는 항공기 MRO(유지정비) 및 개조 사업에서도 세계 시장을 선도하고 있다.

절박감과 실패 두려워 않는 정신

IAI는 세계 방산 100대 기업 중 30위권에 속하지만 혁신의 아이콘으로 통한다. 임직원 중 엔지니어만 6,000여명(37.5%)에 이르고 R&D(연구 개발) 투자액도 지난 7년간 12억달러에 달했다. 이 기업을 계속 혁신하도록 하는 동력은 무엇일까?

2019년 5월 초 이스라엘에서 만난 IAI사 관계자들은 이구동성으로 끊임없는 주변국의 위협과 생존을 위한 절박감이 오늘의 이스라엘과 IAI를 만들었다고 강조했다. 이스라엘을 방문했을 당시 이스라엘과 팔레스타인 무장 세력 간의 교전으로 5월 4~5일 이틀간 팔레스타인 무장 세력이 이스라엘 남부 지역에 로켓탄 700여발을 발사했다. 이스라엘은 요격미사일 '아이언 돔'으로 173발을 격추했지만 30여발이 인구 밀집 지역에 떨어져 4명이 사망했다.

한국군도 도입해 북한 미사일 발사 탐지에 활용하고 있는 그린파인 레이더. 〈사진 출처: IAI〉

2019년 5월 5일 엘타 시스템스(Elta Systems)를 방문했을 때 팔레스타인 무장 세력의 로켓 공격으로 갑자기 공습경보가 울렸다. 당시 점심 식사 중이던 직원들은 차분하게 대피용 방으로 이동해 공습경보가 해제될 때까지 대기했다. 엘타 시스템스 관계자는 "공습경보가 울리면 40초 내에 방공호나 대피용 방으로 신속하게 대피해야 한다"며 "의무적으로 빌딩마다 두께 10cm 이상의 콘크리트로 만들어진 공습 대비용 방을 만들도록 돼 있다"고 말했다. 이날 저녁 엘타사에서 불과 200여m 떨어진 곳에 팔레스타인 로켓이 떨어져 민간인 1명이 사망했다. 적의 공격을 막지 못하면 국민들이 죽거나 다치는 '실전 상황'이 지금도 계속되고 있는 것이다.

실패를 두려워하지 않는 도전정신도 IAI를 혁신 기업으로 만들어주는 요소다. 2019년 4월 첫 달 탐사선이 실패로 끝난 뒤에도 네타냐후 이스라엘 총리가 다시 도전할 의지를 밝히는 등 불굴의 자세를 보인 이스라엘인들의 태도가 이를 상징적으로 보여준다. IAI사 관계자는 "달 탐사선이 비록 실패했지만 우리는 중요한 교훈을 배웠고 이미 제2의 도전 준비에 착수했다"고 말했다.

6개 그룹을 4개 그룹으로 통폐합

IAI는 2018년 12월 말 종전 6개 부문으로 나뉘어 있던 그룹 계열사들을 4개 부문으로 통폐합했다. 무기 시스템이 복잡해지면서 의사 결정과 행동도 통합적이고 복합적으로 이뤄질 필요가 있었기 때문이다. 종전에 IAI는 미사일 우주 부문, 군용기 부문, '베덱'이라고 불리는 MRO 부문, 상용기 부문, 레이더 등을 만드는 엘타 시스템스, 기술 지원 부문 등으로 구성돼 있었다. 이를 항공 그룹, 군용 항공기, 엘타 시스템스, 미사일 및 우주 시스템스 등 4개 부문으로 이합집산했다. 항공 그룹은 항공기 개조 및 MRO, 헬기 · 전투기 등 성능 개량, 비즈니스 제트기 제작, F-35 스텔스전투기 날개 생산 등을 맡고 있다. 군용 항공기 부문은 군용 무인기를 주로 제작한다. 요격미사일 '아이언 돔(Iron Dome)' 레이더로 유명한 엘타 시스템스는 지상 · 해상 · 공중 레이더, 항공전자 장비, 지상감시 정찰기 등 특수 임무 항공기, 사이버전 장비 등을 담당한다. 미사일 및 우주 시스템스는 정찰위성 등 각종 위성과 우주 발사체(SLV), 애로우 2 · 3 등 탄도탄요격미사일, '하피(Harpy)' 등 자폭형 소형 무인기, 항법 및 광학 장비 등을 맡고 있다. 특히 3개 그룹을 하나로 묶은 항공 그룹의 출범은 세계 시장 환경 변화에 능동적으로 대처하려는 IAI의 노력을 상징적으로 보여준다는 평가다.

90개국에 제품 수출

글로벌 기업인 IAI는 지금까지 세계 90개국에 각종 제품을 수출했다. 특히 수출액이 매출액의 80%에 달할 정도로 수출 비중이 높다. 우리나라에도 무

IAI(Israel Aerospace Industries)	
설립	1953년
본사	이스라엘 로드
CEO	님로드 셰퍼
직원	1만6,000명 (연구개발 인력 6,000명)
매출액	58억달러(수출 비중 80%)

※ 매출액 2017년 기준, 이스라엘 최대 방산업체이자 최대 연구 인력 보유 기업

인기, 탄도탄 조기 경보 레이더 등을 수출하는 등 우리 군 및 방산 업체들과도 밀접한 관계를 맺고 있다.

한국카본과의 합작 회사 KAT는 IAI가 역점을 두고 있는 사업이다. KAT는 탄소섬유 등 복합 소재 업체로 널리 알려진 한국카본과 IAI가

절반씩 출자해 2017년 설립한 조인트 벤처다. '팬더(Panther)' 등 하이 브리드 수직이착륙 무인기를 개발하고 있다. 한국항공우주산업(KAI)과 걸프스트림(Gulfstream) G280 항공기에 들어가는 주 날개 공급 계약 (6,000여억원 규모)도 협의 중이다. 국내 모 업체와는 B777 여객기들을 화물기로 개조하는 대규모 사업도 논의 중인 것으로 알려졌다.

IAI는 G550 MARS2를 한국군 지상 감시 정찰기 후보 기종으로 추진 하는 등 한국군 신무기 도입 사업에도 적극 진출할 계획이다. 2기가 한 국군에 수출된 '그린파인(Green Pine)' 탄도탄 조기 경보 레이더는 2기 가 한국에 추가 수출될 예정이다. 그린파인 레이더는 화성-14·15형 ICBM(대륙간탄도미사일) 등 북 탄도미사일 발사를 빠짐없이 잡아내고 있다. 엘타 시스템스는 국방과학연구소(ADD), 한화시스템 등에 한국형 전투기(KF-X) 첨단(AESA) 레이더 개발 지원도 하고 있다.

"사방에서 로켓이 날아오는데
강해지지 않을 수 있나"

– 《조선일보 위클리비즈》, 2019년 6월 7일

님로드 셰퍼(Nimrod Sheffer · 58) IAI 사장 겸 CEO는 이스라엘군에서 36년간 복무한 뒤 2018년 8월부터 IAI를 이끌고 있는 예비역 공군소장이다. 현역 시절 공군 조종사로 29년간 복무하면서 라몬 공군기지 지휘관, 공군 작전참모부장, 이스라엘 공군 사령관 등 요직을 두루 거쳤다.

2018년 3월 IAI 전략 및 연구개발부 부회장으로 입사해 'IAI 2030'이라는 새 성장 전략과 새 5개년 계획(2019~2023년)을 시작했다. 셰퍼 사장을 2019년 5월 6일 이스라엘 텔아비브 IAI 본사에서 인터뷰했다.

님로드 셰퍼(Nimrod Sheffer · 58)

1961	이스라엘 알로님 출생
1979	이스라엘 공군 조종사
1994	텔아비브대 지구물리학과 졸업
2005	하버드대 공공정책학 석사
2018	IAI CEO

IAI 성공의 비결은 무엇이라 생각하는가.

"생존하고자 하는 의지다. 이스라엘에서 4월 말~5월 초는 특별한 시기다. 역사적 전통(사건)과 슬픔을 나누는 시기다. 지난주엔 홀로코스트(2차 대전 유대인 대학살) 기념행사가 있었고 (사흘 뒤인) 5월 9일은 71주년 이스라엘 독립기념일이다.

이스라엘은 1948년 5월 독립 이후 주변국으로부터 끊임없이 생존 위협을 받아왔기 때문에 방어 능력 확보가 가장 중요하다. 최고(의 무기)가 아니면 생존이 어렵다. IAI 임직원 모두가 이를 느끼고 있다. 국가 방어를 위해 최선을 다한다는 마음가짐이 가장 큰 비결이 아닐까 한다."

IAI 매출 중 수출 비중이 80%에 달하는데 한국 방산 기업들도 수출에 사활을 걸고 있다. IAI는 수출 증진을 위해 어떤 노력을 기울이나.

"마케팅팀을 구성해 파트너십 확장을 위해 노력한다. 판매뿐 아니라 기술 이전 등 모든 시장에 대해 파트너십 전략을 강구한다. 한국 기업들도 많은 능력을 갖고 있고 고품질 무기들을 많이 생산할 수 있다. 한국도 노력하면 수출을 2배 이상 늘릴 수 있을 것이다."

IAI는 한국카본과 KAT 합작 회사를 설립하기도 했는데 한국 방산 시장에 대해 어떤 전략을 갖고 있나.

"KAT는 한국 시장에 납품하기 위한 수직이착륙무인기(VTOL UAV)를 개발하고 있다. 이스라엘과 한국의 엔지니어들은 주기적으로 협력하며 더 좋은, 효율적인, 그리고 경쟁력 있는 설루션을 개발하기 위해 노력하고 있다. 한국 시장 외에도 해외시장에 대한 수출을 목표로 하고 있다. 한국에는 혁신적인 회사가 많이 있으며, 양국 회사들의 협력은 시너지를 낸다고 생각한다."

한국 정부나 업계에선 이스라엘 방산을 롤(role) 모델로 생각하고 있다. 한국 정부와 업체를 위한 조언을 해준다면.

"한국과 이스라엘 모두 업계를 선도하는 뛰어난 기술을 가지고 있다. '필요는 창조의 어머니'다. 우리의 기술적 발전은 주변국에 대한 이스라엘의 니즈(needs)에서 우러나온다. 우리는 혁신에 큰 강조를 두고 있다. 이 덕에 우리는 매년 이스라엘에서 가장 많은 또는 둘째로 많은 특허를 내고 있다. 이러한 결과는 R&D에 많은 투자를 하는 데서 나온다. 이는 한국과 아주 유사한 점이라고 생각한다. 마지막으로 제가 드릴 수 있는 충고는 지속적으로 창의적이어야 하며, 실패의 두려움 없이 선진 기술 개발에 나서야 한다는 것이다."

방진회장 14년 조양호의 방산·무기 사랑

- 《주간조선》, 2019년 4월 22일

1970년대 육군 7사단에서 경계근무를 서고 있는 현역 복무 시절의 조양호 회장. 〈사진 출처: 한진그룹〉

"한국 방위산업은 이대로 가면 망합니다!"

2010년 10월 고(故) 조양호 한진그룹 회장을 처음으로 인터뷰했을 때 그는 목소리를 높여 이렇게 말했다. 당시 조 회장의 방산 실태에 대한 심각한 우려와 강도 높은 방산정책 비판에 당황했던 기억이 생생하다.

당시 조 회장은 방위산업진흥회장(방진회장) 자격으로 언론과의 첫 인터뷰를 필자와 했다. 그는 국내 방산의 가장 큰 문제점으로 '물량 부족'을 꼽았다. 조 회장은 "정부가 최소한 생산라인을 유지할 정도의 물량은 줘야 하는데 이게 안 되기 때문에 업체 입장에서는 생산원가가 올라가는 문제가 있다"며 "방산업체들에 대한 정부 지원을 특혜로 봐서는 곤란하다"고 했다.

조 회장과는 그 뒤 2012년 8월, 2018년 3월 등 두 차례 더 인터뷰할 기회를 가졌다. 언론 인터뷰를 꺼려온 조 회장으로선 매우 이례적인 일이었다. 한진그룹 관계자는 "회장님을 세 번 공식 인터뷰한 언론인은 유 기자가 유일하다"고 전했다.

조 회장의 측근들은 그가 매니아 수준으로 항공·무기 분야에 깊은 애정과 관심을 가졌던 것이 이례적인 인터뷰에 영향을 끼친 것 같다고 전했다. 2010년 첫 인터뷰 때 조 회장은 "유 기자 웹사이트(유용원의 군사세계)를 잘 보고 있다"며 사이트에서 활동하고 있는 매니아 고수회원의 필명까지 언급했다. 실제 사이트를 지속적으로 들여다보지 않았다면 할 수 없는 얘기였다. 2018년 3월 마지막 인터뷰 때 조 회장은 마주 앉자마자 "유 기자가 출연하는 '본게임'을 잘 보고 있다"고 했다. 본게임은 국방TV에서 하고 있는 프로그램이어서 무기·군사 매니아가 아니면 잘 보지 않는다. 조 회장은 직접 이 방송을 본 사람만이 할 수 있는 언급을 했다.

세 차례의 인터뷰 도중 조 회장의 항공·무기에 대한 매니아적 수준의 열정에 놀란 적이 여러 차례 있었다. 미국 유명 테크노스릴러 작가인 톰

클랜시(Tom Clancy)의 『붉은 10월(The Hunt for Red October)』 등 무기와 신기술을 다룬 책들을 방위산업진흥회(방진회)에서 번역해낸 것도 조 회장 지시에 따른 것이었다.

조 회장은 평창 동계올림픽 유치위원장 등 대외 활동을 많이 했지만 방진회장으로 방산 육성에 기여해온 것에 큰 자부심과 보람을 느꼈었다고 한다. 2018년 3월 인터뷰도 방진회장에서 물러나기 직전에 한 것이었다. 그는 2004년부터 14년간 방진회장을 맡았다. 그가 방진회장을 맡는 동안 한국 방산은 크게 성장했다. 2004년 4조6,440억원이던 국내 방산 매출액은 2016년 14조8,163억원으로 3배 넘게 늘었다. 같은 기간 방산 수출액은 4억달러에서 32억달러로 8배 증가했다. 171개이던 회원사 수는 2017년 643개사가 됐다.

당시 인터뷰에서 조 회장은 "지난 14년간 방위산업으로 나라에 이바지한다는 '방산보국(防産報國)'의 가치를 내외부에 알리는 데 주력했다"며 "방산기업들이 국가에 기여한다는 자부심을 갖도록 노력했다"고 강조했다.

그는 이어 "이를 위해 방산업체가 생존할 수 있는 환경, 즉 생산물량이 지속적으로 보장될 수 있도록 정부 정책을 개선하는 데 힘을 쏟았다"며 "방위산업을 둘러싼 환경이 급변하는 지금 새로운 인물이 필요하다고 생각해 물러나기로 마음먹었다"고 퇴임의 변을 밝혔다.

당시 인터뷰 때도 조 회장은 우리 방산의 문제점을 강도 높게 지적하며 개선 방향을 제시했다. 그는 "우리 군에선 무기의 요구수준(ROC)을

500MD 헬기를 개량한 '리틀 버드' 앞에서 포즈를 취한 조양호 회장. 〈사진 출처: 한진그룹〉

너무 높게 잡는데 이는 어린이에게 자동차 운전을 요구하는 격"이라고 지적했다. 세계 최강 무기를 만드는 미국도 M-1전차 등 기존 무기체계를 계속 개량하는 '진화적 개발' 방식을 적용하고 있다는 것이다.

조 회장은 "국산화도 중요하지만 모든 것을 다 할 수 없고 선택과 집중을 해야 한다"며 "미국 보잉사 여객기도 엔진 등은 다른 회사가 만든 것을 사용하듯 체계통합 능력이 중요하다"고 말했다. 그가 언급한 '진화적 개발'의 도입 필요성은 군 안팎에서 공감대가 형성돼 현재 방위사업청 등에서도 정책으로 추진하고 있다.

조 회장은 방산비리에 대해서도 "지금까지 드러난 방산비리는 대부분 해외 무기 중개상의 비리였다"며 "개발 과정에서 흔히 생길 수 있는 하자나 시행착오도 비리로 매도된 경우가 많아 안타깝다"고 했다.

조 회장은 미래 항공무기의 주류가 유인기가 아니라 무인기가 될 것으로 보고 대한항공 방산부문에 다양한 무인기 개발을 독려하기도 했다. 사단급 무인기, 수직이착륙이 가능한 틸트로터형 무인기, 중고도 무인기, 500MD 무인헬기 등이 그가 관심을 쏟았던 무인기들이다. 특히 육군에서 운용 중인 기존 500MD 헬기를 무인화한 500MD 무인헬기 개발을 적극 추진했다.

그는 자주국방도 중요하지만 무조건적인 무기 국산화는 바람직하지 않다는 점도 강조하곤 했다. 2010년 인터뷰에서 그는 이렇게 말했다.

"일부에서는 '자주국방' 이야기들을 하는데, 이때까지 전 세계에서 독자적으로 비용이라는 개념 없이 방산물품을 생산한 게 한국과 이스라엘, 스웨덴, 남아프리카공화국 정도밖에 안 된다. 우리는 박정희 대통령 때부터 자주국방을 외쳤고, 이스라엘은 정치적 목적으로, 스웨덴은 중립국가라는 특수성 때문에 독자 개발을 했다. 남아공은 인종차별로 인한 국제적 고립 때문에 독자개발을 하게 됐다. 하지만 스웨덴이나 남아공은 냉전이 끝나고 인종분쟁이 잦아들면서 이 개념이 약화됐다. 우리는 아직도 우리가 모든 걸 만들어야겠다고 생각한다. 이게 문제다. 공동 개발, 공동 생산, 공동 판매 체제로 가야 한다."

KAI(한국항공우주산업) 인수는 조 회장의 오랜 숙원사업이었지만 이루지 못한 일 중의 하나로 꼽힌다. 그는 2012년 인터뷰에서 "비행기를 직접 만들어본 경험이 있는 KAI의 엔지니어와 기능 인력에 강한 매력을 느낀다"고 하는 등 여러 차례 인수의사를 밝혔었다.

    조 회장은 1970년대 초반 최전방 지역과 베트남에서 36개월간 현역 복무를 한 데 대해서도 큰 자부심을 갖고 있었다. 그는 1970년 미국 유학 중 귀국해 군에 입대한 뒤 수많은 계단을 오르내려야 하는 강원도 화천 육군 7사단 수색중대에서 복무했다.

    베트남에도 파병돼 11개월 동안 퀴논에서 근무한 뒤 다시 수색중대로 돌아가 1973년 7월까지 총 36개월간 복무 후 육군 병장으로 전역했다. 조 회장은 "당시 겨울에 엄청나게 쌓인 눈을 치우는 게 너무 힘들었던 기억이 생생해 눈 치우는 기계(7대)를 전방부대에 기증했다"고 했다.

    그는 수년 전부터 6·25전쟁을 다룬 책을 읽는 데에도 푹 빠져 있었다고 한다.《뉴욕타임스(The New York Times)》기자가 쓴 『가장 추운 겨울(The Coldest Winter)』을 읽은 뒤 6·25전쟁 격전장의 하나였던 지평리전투 기념관을 방문했다가 시설이 낡은 것을 보고 리모델링을 위한 모금사업도 벌였다.

    방진회의 한 전직 간부는 "조 회장님이 방진회장으로 재임한 14년간 우리 방산업계는 괄목할 만한 성장을 보여줬다"며 "이는 눈앞의 이익이 아니라 회장님의 국가 전체의 안보를 위한 사명감이 깔려 있었기 때문에 가능했던 일"이라고 말했다.

세계 최초 K-11 복합형 소총 사업의 교훈

- 《주간조선》, 2019년 12월 16일

K-11 복합형 소총 시험 사격 모습.

2019년 12월 4일 정경두 국방부 장관 주재로 열린 제124회 방위사업 추진위원회(방추위)는 최근 열린 회의 중 가장 언론의 주목을 받았다. 한때 세계 최초의 복합형 소총으로 관심을 끌었던 K-11에 대한 사업중단이 결정됐기 때문이다.

방위사업청(방사청)은 "감사원 감사 결과와 사업 추진 과정에서 식별

된 품질과 장병 안전 문제, 국회 시정요구 등을 고려해 사업을 중단하는 것으로 심의 의결했다"고 밝혔다. 이로써 K-11은 2010년 군에 양산물량 일부가 보급된 지 9년 만에 사업이 중단되는 운명을 맞게 됐다. 지금까지 개발 및 양산에는 약 1,000억원이 투입된 것으로 알려져 있다.

방사청은 당초 초도물량(249정)과 2차 양산물량 등을 합쳐 4,178정을 양산키로 업체와 계약을 체결했었다.

K-11 복합형 소총은 여느 소총처럼 5.56mm 총탄 외에 20mm 지능형 공중폭발탄까지 발사할 수 있다는 게 가장 큰 특징이다. 5.56mm 자동소총과 20mm 유탄발사기를 하나로 묶은 무기라고 할 수 있다. 레이저 거리측정기를 이용해 적과의 거리를 측정한 뒤 20mm 공중폭발탄을 발사하면 '몇 m 날아가 터져야 한다'는 정보가 공중폭발탄 속의 칩에 자동으로 입력된다.

정보를 받은 공중폭발탄은 발사된 뒤 적을 향해 날아가면서 전기식 뇌관을 움직이며 회전을 시작한다. 회전 숫자로 거리를 확인, 목표물 상공에 도달하면 공중폭발탄 내부의 센서가 작동해 적의 머리 위에서 터지는 것이다. 시가전에서 벽 뒤에 숨은 적을 공격할 수 있는, 야전 지휘관과 보병들의 오랜 꿈을 실현해준 무기로 관심을 끌었다. 특히 미국도 개발을 추진하다 포기했던 최첨단 소총을 우리나라가 세계에서 처음으로 양산에 들어가 실전배치까지 시작했다는 점에서 각광을 받기도 했다.

하지만 큰 기대를 모았던 K-11은 양산된 뒤에도 문제가 끊이지 않았다. 2010년 6월 처음으로 249정이 생산된 뒤 야전운용 시험 중 결함이 계속 발견돼 '불량' 논란을 빚었다.

2012년 10월엔 육군본부 주관으로 K-11 복합형 소총 사업 야전운용성 확인 사격 중 총기 안에 있던 20mm탄이 폭발하는 사고가 발생했다. 이날 사고로 A일병이 팔과 손등에 파편에 의한 열상 및 찰과상을 입고 입원하기도 했다. 이미 생산됐던 K-11 246정을 전량 리콜해 문제점을 개선토록 한 뒤 양산을 재개했다. 하지만 그 뒤에도 사통장치 균열 등의 결함이 계속 드러나면서 2014년 11월까지 914정만 군에 납품됐다.

2018년 3월에는 사통장치 균열을 개선하기 위한 기술변경 입증시험 중 총기 몸통이 파손되는 현상이 발생했다. 한 자릿수에 불과한 명중률도 도마에 올랐다. 2018년에는 2019년도 관련 예산으로 34억2,500만원이 편성됐다가 연구개발비 33억6,900만원이 국회에서 삭감되면서 사실상 사업이 중단됐다.

국회 국방위는 2019년 3월 K-11 전력화 전 과정에 대해 감사원 감사청구를 했다. 감사에 나선 감사원은 2019년 9월 "방위사업청장, 육군참모총장, 국방과학연구소장 등에게 앞으로 작전운용 성능 등에 못 미치는 무기를 개발하는 일이 없도록 주의를 요구한다"며 "특히 방사청장에게 K-11 소총의 명중률 저조, 사격통제장치 균열 등을 종합적으로 고려해 근본대책을 마련하라"고 통보했다. 이 같은 감사 결과 등을 토대로 방사청이 사업중단을 결정한 것이다.

결과적으로 많은 시간과 돈이 허비됐다는 점에서 K-11 사업중단의 책임소재도 논란거리다. 그동안 설계와 개발을 맡았던 국방과학연구소(ADD)와 사업관리 책임을 맡은 방사청, 양산을 맡았던 업체 간에 책임 공방이 있어왔다. 방사청은 각종 문제 발생에 따른 납기지연에 대해 업체에 일종의 벌금인 지체상금을 부과했다. 업체들은 이에 대해 부당하다며 소송을 제기했다.

현재까지 법원은 업체의 손을 들어주고 있다. 서울고법은 지난 8월 업체 지체상금 30억4,000만원 전액에 대해 지체상금 부과가 부당하다고 선고했다. K-11의 설계 결함으로 납품이 지연된 것이므로 업체 책임이 아니라는 것이다. 이어 대법원은 2019년 11월 방사청의 지체상금 상고 기각 판결을 선고하며 원심을 확정했다. K-11 문제의 핵심이었던 사통장치에 대해 감사원도 군(ADD)에 문제가 있었다고 지적한 것으로 알려졌다. 감사원 감사 결과 레이저 거리측정기, 유효사거리 명중률, 전지폭발 위험성은 연구개발 단계에서 ADD의 개발 잘못으로, 사통장치 균열 원인도 연구개발 시 ADD의 내구성 개발기준 설정 미흡 등 사통장치 설계 문제인 것으로 나타났다는 것이다.

ADD가 47차례에 달하는 설계 변경을 한 것도 ADD에 불리하게 작용한 것으로 전해졌다.

K-11 사업으로 축적된 기술 활용해야

방사청은 이에 대해 사업중단에 대한 책임소재는 앞으로 따져봐야 한다는 입장이다. 방사청 관계자는 "법원 판결은 사업중단에 대한 책임소재가 아니라 이미 납품된 914정의 지체상금에 대한 것"이라며 "앞으로

주야간 조준경 및 사격통제장치

20mm 총열

5.56mm 총열

5.56mm 탄창

20mm 탄창

5.56mm 및 20mm탄

K-11 복합형 소총 구조도

ADD, 업체 등의 의견을 모두 수렴해 책임소재 문제를 논의할 것"이라고 말했다. 업계 일각에선 ADD나 방사청이 업체에 일부 책임을 미루려는 것 아니냐는 우려도 나온다.

책임소재 문제와 함께 K-11 개발 과정에서 축적된 기술 활용 등 교훈을 살리는 것이 더 중요하다는 지적도 나온다. K-11과 비슷한 소총을 우리보다 먼저 개발했다가 포기한 미군 사례가 좋은 모델이 될 수 있다는 것이다. 미군은 K-11과 비슷한 XM-29를 개발했지만 1정당 3만달러를 상회하는 높은 가격, 10kg이 넘는 무게 등 때문에 실전배치를 포기했다. 대신 XM-29의 20mm 공중폭발탄 발사기만 떼내 25mm로 화력을 강화한 XM-25를 개발, 아프가니스탄전 등 실전에 시험 투입했다. 하지만 6.36kg에 달하는 무게와 1정당 2만5,000~3만달러에 달하는 가격, 뇌관 폭발 사고 등으로 2018년 7월 개발이 중단됐다. 하지만 미군은 차세대 소총 개발에, XM-29 및 XM-25 개발 과정에서 축적된 첨단 사통장치 기술 등을 활용하는 계획을 추진 중이다.

우리나라의 경우 ADD가 2015~2017년 종전 K-11의 문제점을 보완한 개량형 K-11을 개발했는데, 감사원 감사에서는 이미 도입된 초도양산형 모델만을 대상으로 시험이 이뤄졌다고 한다. 정홍용 전 국방과학연구소장은 "개량형 K-11을 갖고 평가하고 발전시켰어야 하는데 사업을 무조건 중단시키면 K-2 '흑표' 전차 파워팩·장거리 레이더 사업처럼 그동안 투자한 돈은 매몰비용으로 날아가는 것"이라며 "미래 역량 활용도 막아버린다면 방산비리보다 더 나쁜 일이 될 것"이라고 말했다. 특히 K-11에 대해 인도, UAE, 사우디아라비아 등에서 구매에 관심을 보여왔기 때문에 방산수출 증대를 위해서도 K-11 기술을 사장시켜서는 안 된다는 평가도 나온다.

탄약 50년,
표적 찾아가고 영상 보내오고 파편 안 튀고…

– 《조선일보 위클리비즈》, 2018년 12월 28일

세계 30여개국에 각종 탄약 수출, 2008년 국내 방산(방위산업) 업체로는 처음으로 방산수출 1억달러 돌파, 2006~2010년 5년 연속 국내 방산수출 1위 기록…. 부동의 세계 제1위 소전(素錢) 제조업체로 유명한 풍산이 갖고 있는 기록이다. 소전은 주화에 도안이나 액면가, 발행연도 등이 새겨지지 않은 원형(原型) 상태의 동전이다. 1968년 창립된 풍산이 2018년 창립 50주년을 맞았다. 풍산의 사업은 원래 구리를 판판하게 펴는 신동(伸銅)산업으로 시작됐다. 방산에 진출한 것은 1973년 안강종합탄약공장을 준공하면서부터다.

탄약 기술 활용해 차 · 항공 부품 생산

현재 풍산의 민수(신동) 대 방산 비중은 65 대 35. 2017년 매출액 2조 2,573억원 중 신동 분야는 1조4,207억원, 방산 분야는 8,366억원이었다. 풍산은 1970년대 자주국방이 적극 추진되던 시절, 각종 총포탄의 국산화와 대량 생산을 통해 자주국방과 군 전력 증강에 기여했다. 풍산은 권총탄에서부터 대공포탄, 박격포탄, 곡사포탄 등 모든 종류의 탄약을 생산하는 종합 탄약기업이다. 추진화약 기초연료부터 완성탄에 이르기까지 탄약 생산 전 과정이 수직 계열화돼 있다. 풍산은 탄체(彈體) 단조 기술을 기반으로 로드휠을 비롯, 자동차, 기계, 항공우주 등 각종 산업용 단조품도 생산한다. 군용탄과는 별도로 수렵용, 경기용 스포츠탄을 개발, 미국 등에도 수출하고 있다. 완성탄 수출을 넘어서 탄약을 제작하는 플랜트 수출과 탄약 공장 업그레이드 사업 비중도 빠르게 커

풍산이 개발한 최신형 활공유도 곡사포탄.
〈사진 출처: 풍산〉

지고 있다. 방산업체로서 풍산의 성가(聲價)는 수출 분야에서 잘 나타나고 있다. 10년 전인 2008년 국내 방산업체로는 처음으로 방산수출 1억 달러를 기록했다. 10여년 전엔 5년 연속 국내 방산수출 1위를 기록하기도 했다. 2017년엔 방산 총매출액의 38%인 3,200여억원을 수출했다. 연평균 방산수출 신장률은 14%에 달했다.

수출 국가와 수출 품목도 10년 전에 비해 훨씬 다양해졌다. 2007년엔 17개국에 874억원어치를 수출했지만 2017년엔 32개국에 3,208억원을 수출했다. 수출 국가는 2배, 수출액은 4배 가까이 늘어난 것이다. 수출 대상 국가도 아시아, 북미 지역 중심에서 중동, 아시아, 북미, 유럽, 오세아니아 등 세계 전 지역으로 넓어졌다. 수출 품목도 10년 전엔 소(小)구경탄과 부품류 위주였지만 지금은 소구경탄, 대공탄, 박격포탄, 곡사포탄, 전차탄, 함포탄 등 모든 탄약류로 확대됐다.

통신 기능 갖추고 항법 장치 단 첨단 포탄

1973년 방산업체 지정 이후 지속적인 연구개발(R&D), 생산설비 자동화를 위한 시설 투자, 지속적인 품질 및 원가 혁신을 통한 최고 품질 및 가격 경쟁력 확보 등도 풍산 성공의 요인이 됐다. 방산업체로는 처음으로 도입한 종합생산보전활동(TPM: Total Productive Management)도 풍산의 자랑거리다. TPM은 사람과 설비, 시스템의 체질을 바꾸고 업무 환경을 개선함으로써 품질 혁신, 생산성 향상, 원가 절감을 달성하는 방법이다. 풍산 관계자는 "TPM은 전국 품질분임조 경진대회에서 풍산이 최우수상을 비롯한 다양한 상을 휩쓰는 비결이기도 하다"고 말했다.

풍산 연구 개발의 중심에는 지난 2011년 문을 연 풍산기술연구원이 있다. 이곳에선 기존 제품의 성능 개량 외에 4차 산업혁명 기술을 반영한 첨단 탄약 개발에 주력하고 있다. 신소재 첨단 탄약으로는 안정성과 친환경성을 가진 '프랜저블(frangible) 탄약'이 대표적이다. 프랜저블 탄약은 말 그대로 부서지기 쉬운 것이 장점이다. 탄

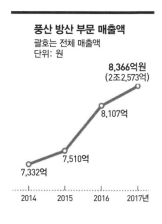

풍산 방산 부문 매출액
괄호는 전체 매출액
단위: 원

8,366억원
(2조2,573억)

8,107억

7,510억

7,332억

2014 2015 2016 2017년

방산 부문 내수·수출 추이
단위: 원

	내수	수출
2014	5,313억원	2,018억
2015	5,263억	2,247억
2016	5,171억	2,936억
2017	5,158억	3,208억

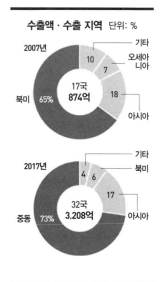

수출액·수출 지역 단위: %

2007년
17국 874억
북미 65%
기타 10
오세아니아 7
아시아 18

2017년
32국 3,208억
중동 73%
기타 4
북미 6
아시아 17

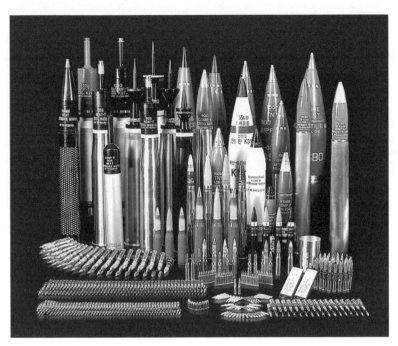

풍산이 생산 중인 각종 총탄 및 포탄들. 〈사진 출처: 풍산〉

자(彈子)가 목표물에 맞은 뒤 그 파편이 다른 데로 튀지 않고 분말 형태로 산산이 부서지도록 설계됐고 납을 사용하지 않는다. 의도하지 않은 인명 피해를 예방하고 토양 오염도 유발하지 않을 수 있는 것이다. 풍산이 현재 개발 중인 대표적 첨단 탄약으로는 '관측탄'이 있다. 이 탄약은 K-9 자주포 등 155mm 곡사포에서 발사된 뒤 적 진지 상공에서 관측 장비를 분리해 실시간으로 표적을 살펴보면서 정보를 아군에게 전달한다. 이를 통해 아군이 좀 더 정확한 사격을 하고 적 피해에 대한 평가도할 수 있게 해준다. 시험사격까지 마친 상태다. 풍산은 산악 지역을 극복하고 영상 정보를 보낼 수 있는 중계탄 등 후속 연구를 진행 중이다.

'활공유도 곡사포탄'도 풍산이 역점을 두고 있는 신제품이다. 보조날

개와 위성·관성항법장치를 달아 사거리가 크게 늘어난 것은 물론 정확도도 크게 높아졌다. 부정확했던 포탄이 정확한 미사일처럼 바뀌는 것이다.

세계 소전(素錢) 교역량 절반 이상 공급

소전 사업은 우리나라가 세계시장을 선도하는 대표적인 수출 주력 품목으로 풍산이 자랑하는 분야다. 세계 소전 교역량의 절반 이상을 점유해 세계 1위 자리를 고수하고 있다.

풍산이 소전사업에 뛰어든 것은 1970년 한국조폐공사로부터 주화용 소전 제조업체로 지정되면서부터다. 1973년 처음으로 대만에 소전을 수출한 이래 세계 70여개국 이상에 소전을 수출했다. 지난 2007년엔 미국 새 1달러짜리 소전도 풍산이 만들게 돼 화제가 됐었다.

풍산이 해외 시장에 수출하는 소전은 바이메탈, 클래드, 노르딕골드, 황동 등 50여종에 달한다. 일반 주화용 소전과는 별개로 기념주화용 귀금속 소전 생산 설비를 갖추고 올림픽 기념주화 등 국내외 각종 행사용 귀금속 소전을 공급하고 있다. 풍산 관계자는 "미국 현지법인 PMX도 미국 달러 동전용 소전 소재뿐 아니라 각국의 주화 발행에 활발히 참여하고 있다"고 말했다.

국가에 봉사, 고객과는 소통

풍산 방산 분야의 괄목할 만한 성과에는 창업주인 고(故) 류찬우 회장의 경영 철학이 큰 영향을 끼쳤다. 고 류 회장은 "진정한 기업인이라면 국가를 위해 꼭 해야만 하는 일에 매진해야 한다"는 사업보국(事業報國)의 정신을 강조했다고 한다. 풍산 관계자는 "자주국방에 기여한다는 사업보국의 일념으로 기업의 발전을 통해 국가와 사회에 공헌하고 책임을 다하기 위해 노력해왔다"고 말했다.

풍산 50년	
1968년	풍산금속공업주식회사 창립
1969년	국내 최초 현대식 신동 공장인 부평 공장 준공
1970년	경제 공업화 5대 핵심 업체 지정
1973년	안강 종합탄약 공장 준공, 방위산업 진출
1980년	온산 공장 준공, 신동 제품 연산 15만t 체제 구축 수출 1억달러 돌파, 수출 억불탑 수상
1982년	육군 조병창 인수, 동래 공장 운영
1984년	PMC102, 미국 특허 획득
1988년	증권거래소 상장, 기업공개
1989년	주식회사 풍산으로 상호 변경
1996년	PMC102 제조 기술, 미국·독일에 수출
2004년	제1회 국방품질대상 금상
2006년	5억불 수출탑 수상
2007년	7억불 수출탑 수상
2011년	대전 풍산기술연구원 준공, 9억불 수출탑 수상
2015년	안강 사업장 국가품질경영상 대통령 표창
2018년	창립 50주년(10월)

풍산이 '5C'로 불리는 도전, 창의, 변화, 확인, 소통 등 5개 핵심 가치를 바탕으로 고객과 소통하며 신뢰를 쌓아온 것도 강점이다. 협력과 상생도 풍산이 중시하는 가치다. 서애 류성용 기념사업회, 독립기념관 건립 후원, 다문화가정 지원, 전쟁기념관 전사자 명비 기증, 프레지던츠 컵 후원 등의 문화체육진흥 활동, 병산교육재단 등 교육장학 사업, 소년소녀가장 돕기 등 지역사회 봉사활동과 협력업체를 통한 동반성장펀드 조성 등의 활동을 지속해왔다. 류진 회장과 미국 부시 대통령 가문과의 오랜 인연은 한·미 동맹에 있어 민간 외교관 역할도 톡톡히 하고 있다. 류 회장은 최근 아버지 부시 대통령 장례식에도 참석했다.

76년 입사한 풍산맨
"미래전(未來戰) 대비 탄약 개발 중"

– 《조선일보 위클리비즈》, 2018년 12월 28일

박우동 풍산 대표이사 사장(67)은 풍산 방산 분야에서 잔뼈가 굵은 대표적인 풍산맨이다. 1976년 입사해 풍산 방산기술연구소장, 풍산 안강·부산사업장 통합 대표, 풍산 방산총괄 대표를 거쳐 2017년 방산 출신으로는 처음으로 민수와 방산을 아우르는 풍산 사장에 취임했다. 박 사장으로부터 풍산의 미래 비전 등에 대한 얘기를 들어봤다.

박우동

1973년	영남대 화공과 졸업
1976년	풍산금속공업 안강 공장
2001년	풍산 방산기술 연구소장
2008년	풍산 안강·부산사업장 통합 대표
2011년	풍산 방산 총괄 대표 (수석 부사장)
2017년	풍산 사장
2018년	풍산 대표이사 사장

풍산만이 갖는 강점은 무엇이라고 보는가?

"풍산은 탄약의 원소재부터 최종 제품 생산까지 '일관 생산 체제'를 바탕으로 철저한 품질을 지향하면서 경쟁력 있는 가격, 차질없는 생산과 정확한 납기를 지켜나가고 있다. 탄약은 많은 부품으로 구성돼 그 부품들의 품질과 공급의 안정성이 보장돼야 한다. 풍산의 생산 체제는 대량 생산뿐만 아니라 소량 다품종 탄약의 수요에도 즉시 대응할 수 있다."

방산업체 최초로 도입한 종합생산보전활동(TPM)에 대한 자부심이 큰 것 같은데.

"TPM은 전 직원이 본인의 업무 외에 교육과 연구까지 해야 하므로 시행 초기엔 노조의 저항도 있었다. 하지만 이제는 TPM을 통해 기업의 물량이 늘어나고, 직원들은 잔업으로 수입이 증대되며, 노동 환경도 스스로 개선할 수 있다는 장점 때문에 큰 환영을 받고 있다. TPM은 지속적인 매출 성장과 수출 확대의 원동력이다."

기존 탄약 분야 이외에 4차 산업혁명 기술 분야 등 신사업 진출 계획은 없는가?

"정보통신 기술의 발전에 따라 탄약 분야에서도 기술 고도화, 지능화에 대한 연구가 활발히 진행 중이다. 탄약에 활용할 수 있는 위치 정보, 위성 항법 기술, 영상 정보를 통한 정밀도 향상 등 정보통신 기술과 접목된 탄약의 개발이 앞으로도 기대되고 있다. 현재 개발 중인 대표적인 첨단 탄약은 '관측탄'이다. 또 위성·관성 항법 장치를 활용해 155mm 곡사포와 127mm 함포의 획기적인 사거리 증대와 정확도 향상, 우회 타격을 가능케 할 '활공유도 곡사포탄' 등 미래 전장을 주도할 탄약 개발이 이뤄지고 있다."

앞으로 50년에 대한 구상은?

"풍산이 100년 기업으로 도약하기 위해선 모든 사업 분야에서 1등 제품을 만들어낼 수 있는 글로벌 일류 기업으로 성장해 나가야 한다. 시장을 창조하고 선도하는 기업이 돼야 한다. 이를 위해 시장점유율이나 제품, 매출 같은 외형적 측면뿐만 아니라 풍산이 세계 최고라 여길 수 있는 무형의 가치도 함께 만들어 나갈 계획이다. 높은 제품 품질과 적정한 수출 비중, 안정적 노사 관계 등 지난 50년간 닦아온 탄탄한 기반을 바탕으로 세계 일류 기업을 만들어 가겠다.”

'소리 없는 하늘의 암살자' 홀로 대서양을 건너다
─ 군용 무인기 세계 최강자 미 '제너럴 아토믹스 ASI'

─ 《조선일보 위클리비즈》, 2018년 11월 2일

#1.

2018년 7월 11일 미국 공군 신형 무인기 MQ-9B가 영국 페어퍼드 (Fairford) 공군기지에 착륙했다. 전날 미국 노스다코타주 그랜드 포크 스(Grand Forks) 공군기지를 이륙한 지 24시간 2분여 만이다. 중고도 무인기로는 사상 처음으로 대서양 횡단 비행에 성공한 것이다. MQ-9B 는 인공위성들을 통해 원격 조종으로 비행하긴 했지만 이착륙은 자동으 로 이뤄졌다. 이 무인기가 대서양을 횡단 비행했다는 소식은 세계 최대 에어쇼 중 하나인 영국 판버러 에어쇼에서 뜨거운 화제를 불러일으켰다.

#2.

2018년 5월 일본 이키섬(壱岐島)에선 미국제 무인기 '가디언(Guardian)' 시험 비행이 3주간 이뤄졌다. 가디언은 미군이 이라크 · 아프간전에서 활약한 무인기 '프레데터(Predator)'를 해양 감시용 등 민간용(상용)으 로 개량한 것이다. 일본에서 처음으로 이뤄진 이 시험 비행엔 이키시와 국토교통성, 방위성 당국자들이 참가해 해양 조사, 선박 식별 등의 성능을 점검했다. 일본은 가디언의 도입을 적극 검토 중이다.

#3.

2018년 2월 주한미군은 최신형 무인 정찰·공격기인 '그레이 이글(Gray Eagle)(MQ-1C)' 중대 창설식을 했다고 발표했다. 군산 공군기지에서 내년 4월에 완전한 작전 운용에 들어갈 그레이 이글은 주한미군의 아파치(Apache) 공격헬기와 함께 합동작전을 벌일 경우 '유무인 복합체계(MUM-T)' 운용이 가능하다. 그레이 이글은 주한미군에 첫 배치된 중고도 무인 공격기로 유사시 미사일·폭탄을 장착하고 북 목표물을 정밀 타격할 수 있다.

제너럴 아토믹스의 최신형 스텔스 무인공격기 '어벤저'.

이라크·아프간 실전에서 맹활약

2018년 들어 국내외에서 관심을 끈 무인기 MQ-9B와 가디언, 그레이 이글은 모두 미국 제너럴 아토믹스 ASI(General Atomics-Aeronautical Systems, Inc) 제품이다. 제너럴 아토믹스 ASI는 원자력 에너지, 전자 및 전자기장, 광학, 레이더 및 무인기 전문 업체인 제너럴 아토믹스의 계열사다. 제너럴 아토믹스는 원래 1955년 제너럴 다이내믹스(General Dynamics)의 계열사로

제너럴 아토믹스 ASI	
설립	1992년
본사	미 샌디에이고
직원	9,231명
매출액	연 30억달러
수출국	영국, 이탈리아, 프랑스, 네덜란드, 스페인, 터키, 이라크, UAE
특징	세계 군용 무인기 시장 75~80% 점유 (중고도 무인기 기준)

설립된 원자력 산업체다. 우리가 1959년과 1969년 각각 도입한 트리가마크(TRIGA Mark) 2 · 3 연구용 원자로도 이 회사 제품이다.

1992년 설립된 제너럴 아토믹스 ASI가 세계적인 무인기 업체로 부상한 것은 이라크전과 아프가니스탄전에서 활약한 MQ-1 '프레데터', MQ-9 '리퍼(Reaper)'가 결정적 계기가 됐다. 프레데터와 리퍼는 정찰 감시는 물론 알카에다와 탈레반 지도자들을 정밀 타격, '하늘의 암살자'로도 이름을 날렸다.

제너럴 아토믹스 ASI의 외형상 성적표만 봐도 세계 군용 무인기 시장에서 차지하는 위상을 알 수 있다. 1992년 이후 2018년 9월 말까지 26년간 전 세계에 판매된 이 회사 무인기는 851대에 달한다. 무인기 지상 통제 시스템은 307대 이상이 판매됐다. 프레데터, 리퍼, 그레이 이글, 어벤저(Avenger) 등 총 23개 모델이 개발됐다. 이 무인기들의 총 누적 비행시간은 531만 시간. 이 중 이라크, 아프간 등 실전에 투입된 시간이 90%나 된다. 지금 어느 순간이든 전 세계 하늘에 떠 있는 이 회사 무인기가 70대에 육박한다. 제너럴 아토믹스 ASI의 주 고객은 미군. 그

러나 영국, 이탈리아, 프랑스, 네덜란드, 스페인, 터키, 이라크, UAE 등에 수출됐고 일본 수출도 성사 직전 단계다.

하지만 제너럴 아토믹스 ASI의 규모와 비중에 비해 베일에 가려져 있는 부분도 적지 않다. 기업의 가장 기본적인 통계인 매출액이 대표적인 예다. 회사의 공식 매출액은 인터넷이나 보고서 등을 통해 확인할 수 없다. 회사에 직접 문의했지만 끝내 답변을 들을 수 없었다. 이 회사 소식에 정통한 한 전문가는 "가족 기업인 데다 비상장 기업이기 때문에 공개되지 않은 부분들이 있다"며 "지난해(2017년) 매출액은 30억달러 안팎이었던 것으로 안다"고 말했다. 세계 중고도 군용 무인기 시장에서 제너럴 아토믹스 ASI 제품의 점유율은 75~80%에 이르는 것으로 알려져 있다.

운용비, 유인 항공기의 10분의 1

아직까지도 일부가 베일에 가려져 있는 기업이 단시일 내에 세계 군용 무인기 시장의 최강자가 된 비결은 뭘까? GA-ASI의 대표 상품인 MQ-9 '리퍼'의 경우 세 가지 요인이 꼽힌다. 리퍼는 13.5km 상공에서 최대 35시간 하늘에 떠 있을 수 있는 중고도 무인기다. 미 공군에서만 230대 이상을 구매해 운용 중이다.

첫째 요인은 유인 항공기에 비해 저렴한 운용 비용이다. 리퍼의 시간당 운용 비용은 미 공군 유인 항공기 중 가장 적은 것의 10분의 1에 불과하다.

리퍼 무인공격기.

프레데터 개량형 무인기.

둘째는 신뢰성. 리퍼는 세계에서 가장 신뢰할 수 있는 무인기로 꼽힌다. 전 세계 어느 지역이라도, 어떤 열악한 운영 환경일지라도 90% 이상의 가동률을 자랑한다. 이는 필요할 때 해당 부품을 즉각 정비 또는 교체할 수 있는 군수 지원 시스템이 구축돼 있기 때문에 가능한 일이다. 그만큼 운용 유지비도 적게 든다.

셋째는 시스템의 상호 운용성. 네트워크 연결을 통해 리퍼의 현 위치 정보와 감시 정찰 영상을 아군과 유기적으로 공유할 수 있다. 이를 통

프레데터 무인기.

해 경쟁 제품보다 나은 신속한 판단, 정밀 공격 능력 및 높은 임무 성공률을 보장할 수 있는 것이다.

AI 활용… 민간용 무인기 확대

제너럴 아토믹스 ASI는 신형 무인기 개발을 선도하기 위해 연구개발(R&D)에 집중 투자하고 있다. 이 회사 관계자는 "보통 수익의 3분의 1 이상을 (연구개발 등에) 투자하고 있다"고 말했다.

제너럴 아토믹스 ASI는 이에 그치지 않고 다양한 혁신 프로젝트도 추진 중이다. '헤레시(Heresy)'로 불리는 프로젝트가 대표적이다. 그동안의 운용 노하우와 첨단 기술을 접목시켜 무인기 비용을 감소시키고 작전 등 운용 효율성을 높이기 위한 것이다. 4차 산업혁명의 주역인 AI(인공지능) 기술이 적극 활용된다. 회사 관계자는 "최고의 AI 업체와 제휴해 리퍼, 그레이 이글 무인기 등의 정보 감시 데이터를 사용한 '헤레시' 개발을 하고 있다"고 말했다. '헤레시' 프로젝트의 하나인 MMC(다중임무컨트롤러)를 통하면 한 사람이 무인기 여러 대를 안전하게 제어할 수 있다. 또 '메티스'라는 정보수집관리 시스템도 개발했다. 메티스 사용자는 우버 택시를 요청하듯이 무인기 출동을 요청할 수 있다. 무인기로 수집된 정보는 인스타그램처럼 사용자들에게 손쉽게 배포된다.

제너럴 아토믹스 ASI는 민간용 무인기 수요가 꾸준히 늘어남에 따라 민간용(상용) 무인기 개발에도 주력하고 있다. 실전에서 성능이 검증된 기존 군용 무인기를 민간용으로 개조해 활용하는 것이다. 군용 무인기의 민간 응용 분야를 크게 6개로 나눠 민간용 시장 진출을 추진하고 있다. 쓰나미·허리케인 등 대형 재난 관리, 과학 연구용 인프라 시설 보호, 해적으로부터의 각종 해상 운송 보호, 유전 관찰 등 환경보호 감시, 불법 조업 어선 감시 등이 여기에 포함된다. 제너럴 아토믹스 ASI 관계자는 "무인기 1대에 다양한 센서를 바꿔 장착할 수 있어 여러 가지 형태의 임무를 수행할 수 있는 게 강점"이라고 말했다.

"최신형 '그레이 이글 ER' 아파치 헬기와 찰떡 궁합 한·미 연합군 막강해질 것"
— 한국계 미국인 조셉 송 부사장

– 《조선일보 위클리비즈》, 2018년 11월 2일

조셉 송 제너럴 아토믹스 ASI 부사장은 한국계 미국인이다. 미 공군사관학교와 버클리대를 마치고 보잉사에서 18년간 근무했다. 2000년대 초반 보잉코리아에서 일하면서 한국군 공군 차기 전투기 사업(F-15K), 공중조기경보통제기 사업(E-737) 등 굵직한 사업을 잇달아 따내 한국계로는 최고위직인 부사장(아태지역 사업개발 담당)까지 지냈다. 2015년 제너럴 아토믹스 ASI로 옮긴 뒤 국제전략담당 부사장으로 일본 등 세계 시장 공략을 위해 뛰고 있다. 최근 방한한 그를 만나 무인기 특징과 사업 전략 등에 대해 들어봤다.

제너럴 아토믹스 ASI는 프레데터 시리즈로 유명한데 실전에서의 활약이 도움이 된 것 아닌가?

"'MQ-9(리퍼)'과 '그레이 이글'은 실전에서 괄목할 만한 역할을 함으로써 대단한 영향을 미쳤다. 정밀타격 무장, 고화질 센서와 통신 장비를 사용함으로써, 아군을 보호하고 동시에 지속적으로 적을 압박했다.

조셉 송 제너럴 아토믹스 ASI 부사장. 〈사진 출처: 유용원〉

이 무인기들은 아프간과 이라크에서 더욱 발전된 형태로 근접항공지원 (CAS, Close Air Support)의 공습 방식을 사용했다. 8개 이상 정밀타격 무기를 탑재하고 적이 듣지도 보지도 못하는 상태로 40시간 이상 체공한다. 적군은 무인기가 근처에 왔는지조차 예측할 수 없다. 미군은 적이 매복하는 걸 조기 탐지하기 위해 무인기를 사용하기도 했고, 민간인 사상자를 최소화하기 위해 정밀무기로 공격 임무를 수행했다."

신형 무인기들은 구형 제품에 비해 뭐가 발전했는가?

"가장 최신 모델은 그레이 이글 ER, 어벤저 ER, MQ-9B 등이다. 이들은 이전 모델보다 체공 시간이 증가했다. 그레이 이글 ER과 MQ-9B 등은 모두 체공 시간이 40시간 이상으로 늘어났다. 탑재된 감시정찰용 센서와 무기도 더욱 발전했다. MQ-9B는 상용(민수용)으로도 사용할 수 있다."

한국도 다양한 군용 무인기를 개발했거나 개발 중인데 한국 시장 진출 전략은?

"최신형인 그레이 이글 ER을 주한미군에 배치하면 한·미 연합훈련에서 한국군과 주한미군의 상호 작전 운용 능력뿐 아니라 군수 지원에도 장점이 생길 것이다. 한·미 연합군은 유·무인 복합체계(MUM-T)를 활용해 훈련부터 실제 임무까지 협력이 가능하다. 그레이 이글 ER을 한국 육군 아파치 공격헬기와 함께 운용하면 아파치 헬기의 생존 및 임무 성공 확률도 극대화할 수 있다."

FA-18 3대 날아와
소형 무인기 103대를 날려보내더니…

– 《조선일보 위클리비즈》, 2018년 9월 4일

2016년 10월 미 캘리포니아주 차이나레이크(China Lake) 시험 비행장 상공. FA-18 수퍼 호넷 전투기 3대가 비행하다 소형 무인기 103대를 투하했다. '퍼딕스(Perdix)'라 불리는 길이 16.5cm에 날개 길이 30cm, 무게 290g에 불과한 초소형 무인기였다. 미 MIT대 링컨 연구실에서 개발한 제품이다. 퍼딕스는 지상 통제소 조작 없이도 알아서 편대 비행을 제어하는 등 첨단 기술을 선보였다. 이 정도 대규모 무인기들이 자율 군집 비행을 한 건 처음이었다. 이들은 '두뇌'로 불리는 중앙처리장치 명령 체계를 공유하면서 그룹별로 무인기 수를 변경하고 다른 무인기들과 상황에 따라 비행 상태를 조절하는 능력을 지닌 것으로 알려졌다. 본격적인 AI(인공지능) 무인기 시대를 알린 셈이다.

미 해군도 군집 무인기 외에 무인 군집 함정을 연구하고 있다. 위험도가 높은 해협 등을 통과할 때는 무인 보트를 대량으로 운용한다는 발상이다. 미 해군은 2014년 8월 미국 버지니아주에서 무인 보트 13척을 동원해 함정 호위 시험을 했다. 미 해병대는 상륙전에 사용할 무인 군집 상륙돌격장갑차, 미 육군은 자율주행 차량 여러 대로 이뤄지는 지상

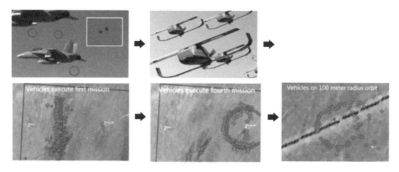

FA-18 수퍼 호넷 전투기에서 나와 함께 비행하는 소형 무인기 '퍼딕스'(왼쪽 위·아래). 퍼딕스가 군집 비행을 통해 방향을 바꿔가며 임무를 수행하는 모습을 레이더가 촬영한 장면(오른쪽). 〈사진 출처: 미 공군 유튜브〉

군집 로봇을 시험하고 있다.

중국도 미국 다음으로 가장 활발하게 군집 드론·로봇 기술을 연구하고 있다. 2018년 5월에는 무인 보트 56척을 군집으로 운용하는 시험에 성공했다. 미국보다 큰 규모의 무인 보트 운용 능력을 보여준 것이다. 대형 스텔스 무인기 '리젠(利劍)'도 개발을 마치고 시험 비행에 성공한 상태다.

이처럼 AI 군집 드론과 로봇 등은 미래 전장 승패를 좌우하는 '게임 체인저(game changer)' 중 하나로 꼽히고 있다. 세계 국방 방산 분야에도 드론, 로봇, AI 등 4차 산업혁명 기술 바람이 몰아치고 있는 것이다. 3D 프린터로 전투기 엔진 부품, 권총 등을 만들었다는 것은 더 이상 뉴스가 아니다. 조병완 한양대 교수는 "인공지능은 DMZ(비무장지대) 철책선이나 해안 감시 무인화, 머신러닝을 바탕으로 전투 장비 재고품과 부속품 관리, 맞춤형 진료·질병 예방, 복잡한 전투 상황에서 신속 정확한 전술 전개 등 국방 분야에서 다양하게 활용할 수 있다"고 말했다. 한

국산업연구원이 2017년 말 펴낸 '4차 산업혁명에 대응한 방위산업의 경쟁력 강화 전략'에 따르면 4차 산업혁명 시대 도래에 따라 세계 방산 제품에서는 기존 무기 체계의 스마트(Smart)화, 스핀온(Spin-on)화, 디지털 플랫폼(Platform)화, 서비스화 등 특징이 나타나고 있다. 이런 변화는 특히 미국과 이스라엘이 선도하고 있다.

① 기존 무기 체계 스마트화

미국은 여러 해 전부터 다양한 정찰 활동, 지뢰 제거, 공격과 타격 등 역할을 인간 대신 무인 무기들이 수행하는 연구를 진행하고 실전 시험도 해왔다. 미국은 오는 2025년쯤 전장에서 인간 대신 로봇이 전투를 수행하는 걸 목표로 하고 있다. 이미 미 사이버네틱스(Psibernetix)사가 개발한 인공지능 무인 전투기 '알파(ALPHA)'는 미 공군 베테랑 교관과 모의 공중전에서 완승을 거둬 화제가 됐다. 알파는 인간보다 250배나 빠르게 계산하고 분석하는 인공지능을 갖고 있다. 인간보다 훨씬 신속하게 반응하고 정확하게 타격할 수 있다.

세계 4위 방산 기업 미 레이시온(Raytheon)은 인공지능 탑재형 무인기 '코요테(Coyote)'를 시험하고 있다. 미 해군이 2020년대 중반쯤 도입할 코요테 무인기는 대당 1만5,000달러로, 여느 군용 무인기보다 싸다. 미군은 코요테 무인기 30대 이상을 동시에 발사해 적군의 미사일 등을 유도, 소진시키는 '벌떼형 공격'을 구상하고 있다. 미국과 이스라엘은 무기 개발 때 AI, 센서 등 급속도로 발전하는 4차 산업혁명 기술을 활용하기 위해 '진화적 개발 방식'도 확대하고 있다. 개발 목표를 고정해 놓은 게 아니라 기술 변화 등에 따라 융통성 있게 바꿀 수 있도록 하

(사진 왼쪽)미 해군이 시험 중인 무인 군집 함정. 위험도가 높은 해협 등을 통과할 때 전함 호위용으로 활용한다는 구상이다. (오른쪽)미래 병사 전투복과 무기. 〈사진 출처: 미 해군·미 육군〉

는 내용이다.

② 4차 산업혁명 기술 전 부문 적용

상용화된 민간 기술을 국방 분야에 활용하는 것을 '스핀 온(Spin-on)' 이라 한다. 반대로 국방 기술을 민간 부문에 활용하는 것은 '스핀 오프 (Spin-off)'라 불린다. 민간 부문의 4차 산업혁명 기술들이 국방 분야 에 적용되는 스핀 온 현상이 가속화하고 있다. 미 DARPA(방위고등연 구계획국)는 매년 기술경진대회 '챌린지(Challenge)'를 열고, 국방 기 술에 대한 민간 관심을 촉진해 기술 개발을 유도하고 있다. DARPA는 2004~2007년 자율주행 자동차 기술, 2015년엔 로봇, 2016년엔 인공 지능을 활용한 사이버 해킹 및 보안 기술 분야에 대한 대회를 각각 열 었다. 자체 기술로 '메시웜(Meshworm)'이라 불리는 벌레형 정찰 로봇 을 개발 중이며, 미 육군은 국립로봇공학연구센터 도움을 받아 '크루셔 (Crusher)'라 불리는 전투 로봇을 연구하고 있다.

F-35 등 현재 5세대 스텔스 전투기를 뛰어넘는 6세대 전투기들도 4

차 산업혁명과 관련해 주목을 받는 무기다. 6세대 전투기는 스텔스 성능 외에 인공지능, 레이저·마이크로웨이브와 같은 지향성(指向性) 에너지 무기 등을 탑재한 게 특징이다. 미 정부는 2015년 8월 실리콘밸리 내 4차 산업혁명 관련 업체 수백 곳에서 보유한 기술을 국방 분야에 접목하기 위해 '국방혁신실험사업단'을 설립하기도 했다.

이스라엘은 국경 방호 로봇 '가디엄(Guardium)'을 이미 실전에 투입하고 있고, IAI, 엘빗 시스템즈 등 방산 업체들이 군용 무인기 수출 시장에서 강자로 군림하고 있다.

③ 방산 시스템의 디지털 플랫폼화

빅데이터 기반의 '방산 디지털 플랫폼' 구축이 초기 단계에 접어든 것도 주목을 받고 있다. GE는 군용기를 비롯, 항공기 분야 디지털 플랫폼인 '프레딕스(Predix)' 시스템을 구축하고 있다. 각종 센서, 정찰 장비 등을 활용, 적 동태 정보를 수집·분석함으로써 지휘관이 신속하고 정확하게 결단을 내릴 수 있게 돕는 역할이다.

④ 방산 서비스 분야 신시장 창출

디지털 플랫폼을 통한 딥 러닝과 빅 데이터 분석을 기반으로 하는 성과 기반군수(PBL, Performance Based

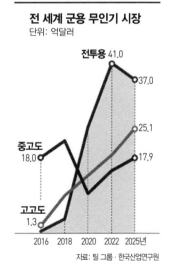

전 세계 군용 무인기 시장
단위: 억달러

전투용 41.0
37.0
25.1
중고도 18.0
17.9
고고도 1.3

2016 2018 2020 2022 2025년

자료: 틸 그룹·한국산업연구원

Logistics), MRO(Maintenance, Repair and Operation: 정비유지) 사업 등 방산 분야 서비스 시장도 커질 전망이다. 전에는 정비용 부품을 미리 사고 남으면 재고로 관리했다. 하지만 수요 예측이 곤잘 틀려 예산을 낭비하는 사례가 많았다. 하지만 앞으론 인공지능과 빅데이터 도움으로 부품이 언제, 얼마 정도 필요한지 예측할 수 있어 필요 없는 부품을 잔뜩 사들여 남는 바람에 허비하던 예산을 다른 분야에 쓸 수 있게 된다. 효율적인 예산 운용이 가능해지는 것이다.

"군용기에 상용기 시스템 도입하자 값↓ 성능↑"
— 스탠리 A. 딜 보잉 BGS 사장

— 《조선일보 위클리비즈》, 2018년 8월 18일

2018년 7월 16~22일 열린 영국 판버러 에어쇼에서 보잉은 1,500여 참가 업체 중 가장 큰 수준의 독립 전시관을 운영했다. 프랑스 에어버스, 영국 BAE 등 2~3개 업체만이 유럽 업체의 자존심을 내세우며 보잉에 버금가는 규모의 전시관을 선보였을 뿐이다.

첫날인 16일부터 보잉의 '샬레(chalet)'에는 세계 각국 항공우주 업체, 군과 정부 관계자들로 문전성시였다. 샬레는 원래 방갈로보다 작은 열대지방 숙박 시설을 뜻하는데, 에어쇼 현장에선 주요 참가 업체별로 각종 미팅과 식사를 할 수 있게 만든 독립 건물을 통칭하는 말로 쓰였다.

보잉 샬레에서 만난 스탠리 A. 딜(Deal) 보잉 BGS 사장은 행사 기간 내내 30분 단위로 세계 주요 업체와 군 담당자들을 만나느라 여념이 없었다. 보잉 BGS(Boeing Global Service)는 지난 2016년 11월 종전 보잉 상용 항공 서비스와 보잉 군용기, 우주·안보 부문 글로벌 서비스, 지원 사업부 핵심 역량을 통합해 출범한 거대 조직이다.

보잉의 AH-64 '아파치' 공격헬기   보잉의 F-15 전투기

스탠리 A. 딜(Deal)

1986	2006	2010	2011	2014	2016
일리노이대 항공우주학과 졸업. 보잉 입사(C-17 군용기 프로그램 엔지니어)	보잉 상용기 아·태 지역 부사장	보잉 상용기 협력사관리 부사장	보잉 상용기 공급망 관리·운영 부사장	보잉 상용 항공 서비스 수석 부사장	보잉 글로벌 서비스 CEO

딜 사장은 1986년 보잉에 입사한 뒤 아·태 지역 세일즈 부사장, 보잉 상용 항공 서비스 부문 수석 부사장 등을 거쳐 2016년 보잉 BGS 출범 이후 사장을 맡고 있다. 2014~2015년 보잉 상용 항공 서비스 부문에서 최대 실적을 달성하기도 했다. 그에게 보잉 BGS 출범 배경과 사업 전망, 한국 시장 참여 계획 등에 대해 물어봤다.

군사 · 민간 통합해 시너지 효과

보잉이 2016년 상용과 군용(군수) 분야를 합쳐 보잉 글로벌 서비스를 출범시킨 이유는?

"상용기와 군용기가 서로 다른 용도(목적)이긴 하지만 항공기 시장이란 큰 그림 속에선 협업할 수 있는 요소가 많다. 굳이 나눠서 운영하기보다 합쳐서 '원 스톱 숍(one stop shop)' 개념으로 글로벌 서비스를 추진하면 운영비를 줄일 수 있다. 보잉 글로벌 서비스는 2017년 7월 1일부터 업무를 시작했는데 1년 만인 판버러 에어쇼에서 27억달러에 달하는 서비스 수주·계약을 확보했다. 시너지 효과가 나타나고 있는 것이다."

상용기와 군수 제품에 대한 서비스는 어떻게 다른가? 예컨대 군용기는 임무 중 비행기에 가해지는 스트레스 강도가 상용기보다 높아 서비스가 더 까다로운 것으로 알려져 있다.

"요구 조건과 임무 수행 환경이 다르긴 하지만 항공기 수명 주기를 따져 전체 비용을 계산했을 때 결국 구매 비용은 30%에 불과하고 70%가 유지 비용이다. 상용기와 군용기 모두 어떻게 유지를 잘하는가가 관심사인 셈이다. 그런 의미에서 보잉은 상용기와 군용기 부문의 전문성을 호환하면서 활용해 고객에게 최상의 가치를 제공한다. 군용 항공기를 위한 성과기반군수지원(PBL) 프로그램과 민간 항공사에 제공하는 글로벌 항공기 서비스(Global Fleet Care) 프로그램은 군용기와 상용기 플랫폼의 수명 주기 비용을 줄이고 운영 효율성을 높여준다. 보잉은 싱가포르 국방과학기술연구소와 협업해 많이 사용되고 입증된 상용 데이터 분석 서비스를 군용기 시스템에 적용, F-15 전투기와 아파치 공격 헬기의 유지 비용을 줄이면서도 항공기 성능을 최적화하고 있다."

숫자로 보는 2018년 판버러 에어쇼

참가국	참가 업체	전시 면적	전시 항공기	계약액	계약 항공기 수	전문 관람객
52개국	1,482개 업체	10만7,498m² 실내 전시장 4동	150대	988억달러	1,285대	8만명 100개국(10개 항공사 CEO 참가)

자료: 한국항공우주산업진흥협회

향후 20년간 상용기 및 서비스 시장 수요 전망

신규 상용기 수요
6조3,000억달러

4만2,730대
지역 항공기(90석 이하)	2,320대
단일통로형(90석 이상)	3만1,360대
광동형	8,070대
광동형 화물기	980대

상용기 서비스 시장 수요
8조8,000억달러

총 규모
15조1,000억달러

※ 2037년 기준   자료: 미 보잉사

2018년 7월 중순 영국 햄프셔주 판버러에서 열린 국제에어쇼에 참가한 여객기들이 야외 전시장에 전시돼 있다. 판버러 에어쇼는 파리 에어쇼와 함께 세계 최대 에어쇼로 꼽힌다. 이번 에어쇼에는 52개국 1,482개 업체가 참가했다.

보잉 외 모든 항공기 관리 가능

항공 시장이 성장하며 서비스 부문도 자연스럽게 함께 성장할 것으로 예상된다.

"4개 주요 분야에 투자와 자원을 집중하고 있다. 우선 공급망이다. 보잉 글로벌 서비스는 전 세계에서 가장 탄탄한 공급망을 갖추고 있다. 보잉의 공급망 내에서 서비스 제공 범위를 넓히면 운영 민첩성을 높이고 비용을 절감할 수 있다. 둘째는 엔지니어링, 개조와 유지다. 보잉 글로벌 서비스는 플랫폼 제작사와 무관하게 현존하는 모든 항공기를 변환, 유지하고 업그레이드할 수 있다.

셋째는 디지털 항공과 애널리틱스(AnalytX)다. 보잉 글로벌 서비스는 운영 비용을 절감하고 운영 효율을 높일 수 있는 소프트웨어 역량을 제공한다. 보잉은 OEM 업무의 전문성을 바탕으로 보잉 애널리틱스(Boeing AnalytX)를 설립한 바 있다. 보잉 애널리틱스 소속 800명 이상 분석 전문가는 데이터에서 즉각 활용 가능한 지식을 도출하고 혁신적인 설루션을 제공한다. 마지막으로 교육 및 전문 서비스다. 유지 보수 인력, 조종사 및 승무원이 항공기 및 플랫폼을 가장 효율적이고 안전하게 운용하고 유지하도록 지원한다."

최근 한국 정부와 업계에선 MRO(정비) 비즈니스 성장을 도모하고 있다.

"보잉은 대한민국의 기업과 파트너십을 맺고 한국 내 MRO 역량을 제고하기 위해 노력하고 있다. 일례로 2015년 보잉은 한국에 F-15K 부품 수리 능력을 제공하기 위해 보잉 항공전자 MRO 센터를 준공했다. 한국 항공우주 산업과 파트너십을 통해 한국 서비스 사업을 성장시킬 기회를 지속해서 모색하고 있다. F-15K와 기타 플랫폼에 대한 한국 내 MRO 서비스를 위해 최고의 시설, 엔지니어링 및 제조 시스템에도 집중하고 있다. 한국의 어느 업체와도 MRO 사업과 관련해 협력할 준비가 돼 있다."

한국과 정비 서비스 협력 확대

지난 3월 보잉은 한국 내 새로운 연구 센터를 설립할 계획을 발표한 바 있다.

"보잉 코리아 엔지니어링 &테크놀로지 센터(BKETC)인데, 여기선 보잉 글로벌 서비스를 포함해 보잉 상용기, 보잉 군용기, 우주와 안보 부문을 모두 지원한다. 이 센터는 보잉 3개 사업 부문과 긴밀하게 협력해 비즈니스와 기술 요구 사항에 부합하는 기술 설루션을 제공할 것이다. 보잉은 서비스 부문을 지원할 몇 가지 초기 프로젝트를 고려하고 있다. 앞으로 BKETC가 서비스 부문을 지원할 수 있는 포괄적 역량을 갖춘 후 더 다양한 프로젝트를 진행할 계획이다."

한국을 넘어 아시아 지역의 항공 서비스 산업은 앞으로 어느 정도 성장할 것으로 보는가?

"아시아 태평양 지역의 총 서비스 시장 규모는 6,200억달러에 달한다. 이 중 상용기 시장에서 발생하는 서비스는 4,300억달러이며, 정부(군용) 부문이 나머지 1,900억달러를 차지한다. 보잉은 한국을 비롯한 아시아 태평양 시장에서 탄탄한 입지를 확보하고 있다.

보잉은 아시아 태평양 지역 항공우주 서비스의 유기적 성장을 도모하고 역내 산업을 지원하기 위해 파트너십을 확대할 예정이다. 예컨대 보잉 항공전자 MRO 센터는 대한민국 공군 F-15K의 항공전자 서비스를 담당하고 있는데, 보잉은 앞으로 이 센터를 기반으로 한국 내 MRO 사업을 지속해서 확대할 예정이다."

방산 수출 왜 잘나가나 했더니, 이런 강소 기업들 있었네

– 《조선일보 위클리비즈》, 2018년 6월 16일

우리나라에는 2017년 기준 100여개 방위산업체가 있다. KAI(한국항공우주산업)·한화테크윈 등 대기업 방산업체가 30여개, 중견·중소기업이 70여개다. 중견·중소 방산업체가 수는 많지만 매출은 전체의 20%에도 못 미친다. 미국은 방산 중소기업에 대한 인센티브나 멘토제를 운영하면서 대기업·중소기업 균형을 맞추고 있다. 한국 정부 역시 중견·중소기업이 튼튼한 허리 역할을 해야 한다는 데는 공감하고 있지만 지원책은 미흡한 실정이다. 그럼에도 자체 기술력과 영업력으로 세계시장을 개척한 한국의 중견·중소 방산 기업이 있다. 휴니드테크놀로지스, 동인광학, 아이쓰리시스템, 연합정밀이 주인공이다.

① 휴니드테크놀러지스 – 전투기 패널, 통신 장비…

F—15전투기 치누크 헬기 등 美 해군·공군 납품
2006년 보잉사가 투자 2대 주주 돼

전투기 패널·통신 장비를 주력 생산하는 휴니드테크놀러지스(Huneed

휴니드테크놀러지스 전경.

Technologies)는 1968년 설립(당시 대영전자공업)된 베테랑 방산업체다. 현재 미 해·공군을 비롯, 세계 여러 나라 조종사들이 휴니드에서 공급한 장비를 탑재한 전투기로 임무를 수행하고 있다. 휴니드는 2006년세계 1위 항공업체 미국 보잉사를 2대 주주로 맞으면서 항공전자 사업을 본격적으로 확대했다. F-15 전투기, CH-47 '치누크(Chinook)' 헬기와 MV-22 '오스프리(Osprey)' 최신 수직이착륙 항공기용 전자 장비를수출하고 있다. '치누크' 헬기 전기·전자 시스템 수출 규모는 2022년까지 1억2,000만달러에 달한다.

최근에는 전투기에 들어가는 피아식별장치(IFF, Identification Friend or Foe) 국산화에 성공, 수출까지 넘보고 있다. 2017년엔 세계 2위 항공업체 유럽 에어버스(Airbus)의 헬리콥터 부문과 기술 협력해 한국형 기동헬기 '수리온'에 장착되는 고난도 핵심 기술인 비행조종 컴퓨터(FCC, Flight Control Computer) 항공전자 장비를 개발했다. 개발에 착수한 지 1년 만에 국산화하면서 생산 기술을 인정받았고, 대량 수출 물량을 확보하기도 했다.

앞으로 군용기 부품 위주 사업 구조를 민간 항공기 부품과 무인기 자체 제작까지 확대하기 위해 미 무인기 '프레데터' 개발사 제너럴아토믹스와 손을 잡는 한편, 해외 방산업체 인수·합병(M&A)도 추진하고 있다. 2014년 400만달러였던 매출은 2017년 2,000만달러를 돌파했으며 앞으로도 매년 40% 이상 성장세를 이어나간다는 각오다.

현재 휴니드를 지휘하고 있는 신종석 대표(부회장)는 홍콩 페레그린증권과 국내 IMM투자자문을 거쳤다. 기업 구조조정 전문회사 코러스인베스트먼트를 통해 2001년 법정관리에 들어갔던 대영전자(현 휴니드)를 인수했다. 신 대표는 "해외 항공우주업체들과 협력을 강화해 2020년대 초까지 항공기 정비·운영 등 전 분야를 포괄하는 글로벌 항공전자 전문 업체로서 위상을 구축하겠다"고 말했다.

② 동인광학 무배율 광학조준경

가늠자·가늠쇠 대신 빛의 굴절원리 이용한 '도트사이트' 개발
기관총용 DCL 시리즈 세계최초 개발 명성

동인광학은 사격할 때 정확도를 높여주는 도트사이트(Dot Sight: 무배율 광학조준경)를 개발·생산하는 기업이다. 1995년 설립돼 민수용 광학장비를 생산·수출하면서 개발·제조 경험을 쌓았고 이를 토대로 2000년대 초부터 본격적으로 군수용 도트사이트 개발에 나섰다.

기존 총기의 가늠자·가늠쇠 방식은 조준에 시간이 걸리고 정확도도 떨어진다. 반면 도트사이트는 빛의 굴절 원리를 이용, 조준시간이 훨씬 빨라지고 야간투시장비와 결합하면 어둠 속에서도 정확한 조준사격이 가능하다. 배율이 따로 없어 배율이 있

동인광학 도트사이트(무배율 광학조준경).

는 스코프(Scope: 망원 조준경)와는 다르다.

동인광학은 2008년 기관총용 도트사이트인 DCL 시리즈를 세계 최초로 개발하면서 명성을 얻었다. 이라크와 아프가니스탄에서 테러와 전쟁을 치르던 미군에겐 기지방어와 화력지원을 위해 중기관총이나 고속유탄발사기에 장착할 도트사이트가 절실하게 필요했다. 하지만 기관총용 도트사이트는 기술적으로 까다로워 해외 유명 업체도 개발하지 못하고 있었는데, 동인광학이 이를 해냈다. 미군이 엄격한 현지 시험을 거쳐 동인광학 도트사이트를 구매하자 다른 나라 부대도 관심을 보였다. 북대서양조약기구(NATO)와 중동 국가, 나아가 동남아와 아프리카로까지 수출이 이어져 지금까지 15개 나라가 동인광학 도트사이트를 사들였다. 동인광학의 DCL 도트사이트는 〈캡틴 아메리카(Captain America)〉 등 영화와 게임에도 종종 등장한다.

우리나라도 2013년 이후 전군에 PVS-11K 등 동인광학의 개인화기용 도트사이트가 보급되기 시작했다. 2018년에는 기관총용 대구경(大

口徑) 도트사이트도 보급, K-6 중기관총과 K-4 고속유탄기관포에도 장착이 이뤄졌다.

동인광학은 오랫동안 광학제품 개발·제조에 집중하면서 선진국 군대가 요구하는 사항을 미리 포착해 성공 신화를 썼다. 미군이 애용하는 기관총용 대구경 도트사이트가 대표적인 성공 사례다. 창업 때부터 수출을 위주로 해 제품 개발 단계에서부터 세계시장을 염두에 둔 점도 성공 요인이다.

③ 연합정밀 통신 커넥터, EMI 차폐 케이블…

38년간 방산 핵심부품 국산화 선도한 중견기업
군용 스펙 커넥터 아시아 최초로 미(美) 국방군수국 인증 획득

연합정밀은 1980년 설립 이후 38년간 방산 핵심 부품 국산화를 선도한 중견기업이다. 1995년 핵심 방위산업체로 지정된 이래 통신 관련 연결 부품 커넥터, EMI(전자기장) 차폐 케이블, 전차에 탑재하는 통신 장비 인터컴 세트, 무인항공기(UAV) 분야 전원 전장 계통 등 핵심 기술을 보유한 업체로 성장했다.

2018년 3월 연합정밀의 군용 스펙 커넥터는 아시아 최초로 미 국방 군수국의 QPL(인증 리스트)에 등재됐다. QPL 인증은 까다로운 현지 실사와 150여가지 시험 검증을 통과한 제품에만 허용되는데, 보통 획득까지 5년 이상이 걸리는 엄격한 과정이다. 일본 기업들조차 아직 등재되지 못한 문턱이다.

연합정밀 군용규격 커넥터들.

연합정밀은 2009년 미 국방군수국 문을 두드린 이래 10년 만에 QPL 인증을 따냈다. 10년 도전 끝에 성공한 제품은 'MIL-DTL-38999 시리즈 Ⅳ' 군용 규격 커넥터다. 이 제품의 개발에 성공함에 따라 한국은 항공우주·미사일을 비롯한 무기 체계 전반에 활용되는 군용 규격 커넥터 수입을 국산품으로 대체했고, 200억원가량의 비용을 아낄 수 있게 됐다. 또 일부 미국 대기업이 독점해 온 항공우주·최첨단 분야의 커넥터 시장에도 진출할 길이 열렸다.

QPL 인증을 획득할 수 있었던 비결은 국산화 개발 전문 연구소를 운영하고 전용 생산 설비와 품질 체계를 구축하는 등 국산화 기술 개발에 꾸준히 많은 투자를 한 결과다. 수출 비중도 높다. 세계 29국에 수출하면서 전체 매출액의 13%는 수출로 채워지고 있다. 2017년 서울 ADEX(국제 항공우주 방위산업 전시회)에 다양한 연구개발 제품을 선보이면서 해외 기업의 관심을 끌었다. C4I(지휘 통제) 체계와 연동되는 장비인 IP형 인터컴(내부 통신 장비), 미래 항공용 제품인 햅틱(촉감 제시장치), 상호 통화기 세트, 무인항공기 기체에 장착되는 전원 제어 장치 (PMU) 등을 전시했다.

김인술 연합정밀 회장은 "우수한 기술력을 가진 중소기업의 수출 비중을 높이고, 정부도 대기업 위주 정책에서 벗어나 중소기업의 해외 진출을 지원해야 한다"고 말했다.

④ 아이쓰리시스템 – 영상 센서

진입 장벽 높은 적외선 영상센서 기술 세계서 일곱 번째로 보유
3년 전 공모주 청약때 1,500 대 1 경쟁률 폭발

1998년 설립한 아이쓰리시스템은 영상센서 전문기업이다. 열영상 카메라 핵심 부품인 적외선 영상센서와 모듈, 의료진단기 핵심 부품인 엑스레이 영상센서 등을 개발했다. 특히 적외선 영상센서 기술을 보유한 국내 유일 기업으로 세계에서 일곱 번째로 이 기술을 개발해냈다. 중거리 대전차 유도무기(미사일) '현궁'에 사용되는 적외선 센서가 아이쓰리시스템 작품이다.

적외선 영상센서는 주로 야간이나 악천후 같은 악조건에서 대상 정보를 정확하게 얻기 위해 활용하는 핵심 부품이다. 애초에 군사용으로 개발해서 미사일 탐색기(유도장치), 지상

아이쓰리 영상센서 시스템.

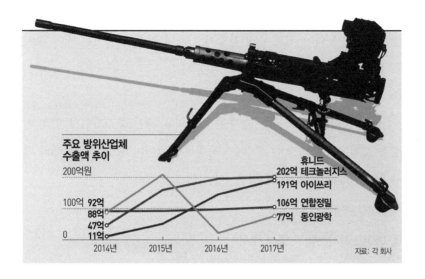

주요 방위산업체
수출액 추이

200억원

휴니드
202억 테크놀러지스
191억 아이쓰리

100억 92억
88억
106억 연합정밀
77억 동인광학
47억
0 11억

2014년　　2015년　　2016년　　2017년

자료: 각 회사

무기 조준장치, 야간 감시장비 등에 활용됐다. 최근엔 단가가 내려가면
서 스마트폰용 적외선 카메라, 야간 보안 카메라, 인체 열 분포도를 알
아내는 의료용 발열 검사 카메라 등 민간 분야로까지 범위가 확대되고
있다. 특히 4차 산업혁명 구현 과정에서 자율주행차 등에도 적용할 수
있을 전망이라 미래 성장성이 유망하다는 평가다.

　적외선 센서는 원천 기술 개발이 어려워 진입 장벽이 높다. 또 주요
군사 기술로 분류되기 때문에 제품 수출뿐 아니라 다른 나라로 기술을
이전할 경우, 정부의 철저한 통제를 받는다. 아이쓰리 적외선 센서 기술
개발에는 방위사업청과 국방과학연구소, 연구 인력을 양성한 각 대학
의 유기적인 협력이 있었다는 평가다. 국내에서 개발에 착수한 지 20년
이 지난 2009년부터 아이쓰리를 통해 국산품이 양산될 수 있었다.

　덕분에 지난 2015년 아이쓰리가 상장할 때 시장의 관심은 폭발적이
었다. 일반 공모 청약 결과, 경쟁률은 1,506 대 1을 기록했고, 2조7,118

억원에 달하는 청약증거금이 들어왔다. 수출도 급증세다. 2014년 11억 원에서 2017년 191억원으로 18배 늘었다. 정한 아이쓰리시스템 대표 는 "군수용을 넘어 민수용 영상센서 시장까지 진출해 글로벌 영상센서 업체로 도약하겠다"고 말했다. 정 대표는 한국과학기술원(KAIST) 박사 출신으로 현대전자(현 SK하이닉스)에서 연구원으로 일하다 1998년 아 이쓰리를 창업했다.

'연평도 포격 때 불발' 딛고 개량 거듭…
세계 자주포 시장 절반 장악하다
— 세계화 전략으로 부활한 K-9 자주포

– 《조선일보 위클리비즈》, 2018년 5월 9일

2018년 4월 인도 첸나이에서 열린 방산 전시회 'DEFEXPO INDIA 2018'에 한화지상방산(현 한화디펜스)이 수출한 K-9 자주포 '바지라'('천둥'의 힌디어)가 전시돼 눈길을 끌었다. 지난 2017년 K-9 자주포 100문 계약이 체결됨에 따라 수출이 이뤄진 것이다. K-9 초기 인도분 10문은 우리나라에서 생산되고, 나머지 90문은 인도 서부 마하라슈트라주 푸네 인근 탈레가온의 L&T 공장에서 한화지상방산의 기술 지원을 받아 생산될 예정이다. 인도 정부의 제조업 활성화 캠페인 '메이크 인 인디아(Make in India)'에 따라 전체 부품의 50%는 인도에서 조달된다. K-9 '바지라'는 우리 육군과 해병대가 운용 중인 K-9 '천둥'(선더) 자주포를 인도의 더위와 사막 지형 등을 고려해 개량한 것이다.

42개국 200여개 이상의 방산 업체들이 참가한 이번 전시회에는 특히 나렌드라 모디(Narendra Modi) 인도 총리도 참석해 K-9 '바지라'에 직접 올라가 보며 깊은 관심을 표명했다. 2018년 6월 초에 K-9 '바지라' 1차 생산분 25문이 인도군에 처음 인도될 예정인데 현지 언론은 밑

기지 않는다는 표정으로 기대에 부풀어 있는 인도군의 표정을 전하고 있다. 그동안 인도군의 무기 도입은 각종 문제로 10~20년 이상씩 걸리는 것이 예사였는데 이번 K-9 도입은 국제 입찰 공고부터 정식 인도까지 6년도 안 걸리는 '신기록'을 세웠기 때문이다.

K-9 자주포의 수출 행진은 인도에 그치지 않고 있다. 2017년에만 핀란드(48문), 노르웨이(24문) 등 북유럽에서 잇따라 승전보를 올렸다. 1999년부터 양산된 K-9은 2001년 터키에 총 280문 수출 계약을 체결한 것을 시작으로 2014년 동유럽 방산 강국인 폴란드(120문) 수출에 성공했다. 2018년엔 에스토니아 수출 계약 체결이 확실시된다. 지금까지 총누적 수주 금액은 1조8,000억원에 달한다.

세계적 권위를 인정받는 스톡홀름국제평화연구소(SIPRI) 자료에 따르면 K-9은 지난 2000~2017년 세계 자주포 수출 시장에서 절반 가까운 48%를 차지하며 압도적인 1위를 차지했다. 총 572문이 수출돼 독일 PzH 2000(189문), 프랑스 카이사르(CAESAR · 175문), 중국 PLZ-45(128문)를 크게 앞섰다. 독일 PzH 2000은 발사 속도 등 일부 성능에서 K-9보다 우위에 있는 세계 최강의 자주포로 평가받아왔지만, 수출 실적에선 K-9에 뒤진 것이다.

K-9은 지난 2010년 연평도 포격 도발 때 6문 중 2문이 북한 포사격 충격으로 인한 전자회로 장애 때문에 작동을 하지 않았다. 그래서 불량 논란에 휘말리기도 했다. 그럼에도 세계 수출 시장에서 잇따라 승전고를 울리며 '화려한 부활'에 성공한 비결은 뭘까?

세계 자주포
수출시장
점유율
2000~2017년

48.0%
(572문)

K-9 (한국)

15.8 ━ **PzH 2000** (독일)

10.7 ━ **PLZ-45** (중국)

5.5

14.6 ━ **2S19** (러시아)

━ **카이사르**(CAESAR·프랑스)
━ **아트모스**(ATMOS·이스라엘)
2 3.4 ━ **다나**(DANA·체코)

※ 미국 M109 계열 840문은 우방국에 대한 중고 장비
판매이므로 제외, 각국 내수용 물량 제외.

> **K-9 수출 성공 및 추진 국가들** 2018년 5월 현재
>
> **계약 완료**(총 572문)
>
> | 터키 | 폴란드 | 인도 | 핀란드 | 노르웨이 |
> |---|---|---|---|---|
> | 280문 | 120문(차체만 수출) | 100문 | 48문 | 24문 |
>
> **계약 추진 중**(총 1,000문 수출 목표)
>
> | 에스토니아 | 중동지역 | 동유럽 | 미국 | 호주 | 영국 |
> |---|---|---|---|---|---|
> | (금년 중 계약 예정) | (UAE·사우디· 이집트 등) | (루마니아· 체코) | | | |

자료: 스톡홀름국제평화연구소(SIPRI) 등

① 고객 요구 맞춰 수출 방식 바꿔

K-9은 최대사거리(40km), 사격 속도, 기동 능력 등 핵심 기능에서 세계
최고 수준으로 평가받고 있다. 바퀴 달린 차륜형 자주포보다 가격은 비
싸지만, 도로 밖의 야지 기동과 화력, 방호 능력 부문에서 훨씬 뛰어나
다. 가격도 1문당 40억원으로 독일 PzH 2000의 절반 이하 수준이다.

수출 대상국의 상황과 요구에 맞는 맞춤형 수출 전략도 큰 도움이 됐
다는 분석이다. 핀란드 수출의 경우 예산이 부족하자 새 자주포의 절
반 가격으로 한국군이 쓰던 중고 K-9을 정비해 수출했다. 중고 K-9의
수출은 처음이었다. 우리 육군에서 사용한 지 12년이 지나 전면 정비
를 해야 하는 자주포를 핀란드에 수출하고, 우리 육군에는 신형 자주포
를 공급하는 방식이다. 핀란드와 우리 육군 모두에 도움이 되는 새로운
'윈-윈(Win-Win)' 모델을 만든 것이다. 폴란드에는 차체만 수출되고
있다. 방산 강국인 폴란드의 특성을 감안한 것이다. 중국에 맞서는 군사

강국인 인도에는 '메이크 인 인디아' 정책에 부응해 현지에서 생산하는 방식을 택했다.

② 정부 · 군이 해외 바이어 접촉 지원

수출 추진 과정에서 국방부와 방위사업청, 육군, 현지 대사관 등의 적극적인 지원이 회사 및 제품에 대한 신뢰도를 높였다. 정부는 정부 간 고위급 회담, 방산군수공동위 등 협의체와 행사에 업체가 참여할 기회를 계속 마련했다. 육군은 해외 시험 평가 및 국제 전시회 마케팅에 필요한 K-9 장비를 적극적으로 빌려줬다. K-9 자주포가 2017년 10월 미국 워싱턴에서 열린 방산전시회(AUSA)에 참가해 미국 본토 상륙에 성공할 수 있었던 것도 육군의 지원 덕택이라는 분석이다. K-9 도입을 검토하는 외국 실사단이 우리나라를 방문했을 때에도 K-9을 사용하는 야전부대와 육군 포병학교, 국방과학연구소(ADD) 등은 자주포 운용 시범을 보이고 실제 운용 사례를 가감 없이 설명하는 방식으로 마케팅에 도움을 줬다.

③ 제작 공정 자동화해 원가 절감

K-9은 1998년 1차 양산 계약 이후 2017년 11차 계약까지 약 20년간 생산돼왔지만, 장비 가격 상승률은 6.4%에 불과했다. 공정 자동화와 현장 개선을 통해 작업 인력을 매년 감소시키고, 단순 가공 등 일부 공정을 중소기업에 위탁해 원가 절감에 성공했기 때문이다. 1차 양산 계약 당시와 비교하면 인건비는 2.8배나 올랐지만 작업 인력은 75%가 줄었다. 국산화율을 2000년 67%에서 2017년 79%로 개선한 것도 원가 절

감에 도움이 됐다.

한화지상방산 측은 설계 단계에서부터 선행 검증을 하면서 핵심 공정 기술을 자체 확보했다. 또 사전 예측 시스템을 통해 위험을 예방했다. 이러한 과정을 통해 제작 능력을 높여 생산성을 높일 수 있었다. 양산 물량이 최초 계획보다 375%나 늘어나 1,000여문을 생산한 것도 대량생산에 따른 원가 절감 효과를 가져왔다.

④ 빅데이터 활용해 품질 개선

K-9은 야전에 배치된 뒤 설계 단계에서는 예상하지 못했던 문제점들이 나타나기도 했다. 빅데이터 프로그램을 활용해 이러한 문제들을 해결하는 과정에서 품질이 개선됐다. 그 결과 K-9의 연간 애프터서비스 건수는 2014년 1문당 0.49건에서 2015년 0.45건으로, 2016년에는 0.39건으로 점차 줄어들었다. 한화지상방산은 "약 1,100개 사에 이르는 협력 업체들과 지속적으로 협의해 부품이나 제작 과정의 오류를 줄이고 품질을 높였다"고 밝혔다. 일자리 창출 효과도 작지 않다. K-9 자주포 생산 과정에서 협력 업체를 통해 모두 일자리 2만4,000여개가 생긴 것으로 전문가들은 추정한다.

"교육 훈련과 운용 노하우도 수출해야"

하지만 K-9의 수출 시장이 계속 확대돼 세계시장 지배력을 유지하기 위해선 해결돼야 할 과제들도 남아 있다. 한국군의 K-9 자주포 도입이 2019년 말 끝나 대규모 신규 생산이 중단될 수밖에 없는데 현재 수출

나렌드라 모디 인도 총리가 2018년 4월 인도 첸나이에서 열린 방산전시회 'DEFEXPO INDIA 2018'에서 K-9 '바지라'에 직접 올라가 담당자의 설명을 듣고 있다. 〈사진 출처: 한화지상방산〉

물량만으로는 협력 업체와의 공급망 유지가 어려울 전망이다. 채우석 한국방위산업학회 회장은 "지상 장비의 내수 시장은 포화 상태여서 한계가 있기 때문에 수출에 주력할 수밖에 없다"며 "단순히 무기만 파는 게 아니라 교육 훈련, 후속 운용 유지 관련 서비스 등도 포함한 패키지 수출 방식을 취해야 부가가치가 많이 창출될 것"이라고 말했다.

나비처럼 날아 벌처럼 쏜다…
갈수록 막강해지는 군사용 드론

– 《조선일보 위클리비즈》, 2018년 4월 21일

2016년부터 10년간 무인기 시장 규모 650억 달러 달할 듯
민간 드론은 중(中)이 1위, 군사용은 미(美)가 압도

지난 2016년 개봉한 영화 〈아이 인 더 스카이(Eye in the Sky)〉는 케냐에 은신 중인 테러 조직 간부를 생포하기 위해 영국·미국·케냐 3국이 다양한 드론(무인기)을 이용해 연합 작전을 펼치는 내용을 골자로 하고 있다. 영화 속에선 미사일을 장착한 공격용 드론에서 새와 곤충을 모방한 초소형 감시 정찰 드론까지 별별 드론이 다 등장한다. 하지만 아직 새·곤충을 모방한 드론은 실용화되지 않은 상태이고, 공격용 드론으로 나오는 제품은 이라크전·아프가니스탄전 등에 투입됐던 미 제너럴 아토믹스 ASI사의 MQ-9 '리퍼'다.

드론은 조종사가 타지 않고 무선 전파 유도에 의해 비행·조종이 가능한 비행기·헬기 형태 무인기를 통칭하는 용어. 정식 명칭은 UAV(Unmanned Aerial Vehicle) 또는 UAS(Unmanned Aircraft System)이다. 주로 감시·정찰용으로 사용하던 군용 드론은 2000년대 들어 테러와 전쟁 등을 치

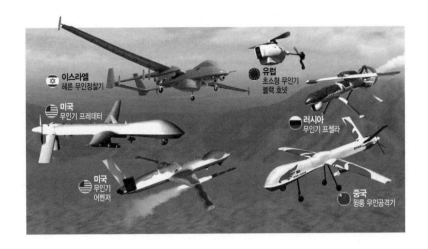

르면서 공격용 등 다채로운 용도로 확대되고 있으며 수요도 늘고 있다.

민간 압도하는 군용 드론 시장

군용 드론 시장의 규모는 분석 기관에 따라 차이가 있지만 2020년대 중반까지 지속적으로 커질 것이라는 점에 이견은 거의 없다. 방산 전문 컨설팅 업체인 틸 그룹(Teal Group)이 2016년 조사한 자료에 따르면 드론은 향후 10년간 전 세계 항공산업에서 가장 역동적으로 성장할 분야다. 10년간 시장 전체 규모는 총 650억달러(약 69조7,000억원)에 달할 것으로 예상됐다. 박지영 아산정책연구원 선임연구위원은 "세계 무인기 시장에서 민간 시장의 연평균 성장률은 군용 시장에 비해 높지만 군용 시장이 세계 무인기 시장에서 차지하는 비중은 민간 시장보다 압도적으로 크다"고 밝혔다. 또한 "미국도 상업용 드론 시장을 확대하기 위해 규제를 완화하고 있는 추세이긴 하지만 아직 드론 개발은 국방 사업에 초점을 두고 있다"고 말했다.

국방기술품질원이 발간한 '2017 세계 방산 시장 연감'에 따르면 세계 군용 드론 시장 생산 금액은 2017년 30억3,700만달러에서 2026년엔 40억7,500만달러, 드론 생산 수량은 951세트에서 1512세트로 늘어날 것으로 예상됐다.

운용 비용이 유인기의 20~50%

군용 드론 시장 전망이 밝긴 하지만 국제 안보 환경 변화 등에 따른 신중론도 없지 않다. SWOT(Strength, Weakness, Opportunity, Threat)를 기준으로 전문가들이 내린 분석에 따르면, 우선 강점은 세계 각국이 유인기 운용에 따른 부담을 무인기로 대체하려는 노력이 진행 중이라는 데 있다. 유인기를 무인기로 대체하면 운용 총비용을 50~80% 줄일 수 있다고 한다. 반면 이라크·아프간전 종결 이후 대규모 전쟁이 발생할 가능성이 낮다는 전망이 약점으로 꼽힌다. 기술 미성숙에 따른 연구 개발 위험 부담이 크다는 점도 발목을 잡고 있다. 주파수 대역 부족, 시스템 간 상호 운용성, 장기 체공 시 에너지 공급 등도 기술적 숙제다.

기회는 세계 제1의 드론 대국인 미국을 비롯, 세계 주요국의 군용 드론 소요 예산이 늘어나고 있다는 점이다. 전 세계 40여개국에서 군용 드론 연구 개발이 이뤄지고 있다는 것도 기회 요소다. 기술 개발을 위한 글로벌 합작이 늘고 있다는 점도 시장 촉진 요인이다. 유럽 에어버스와 미 노스럽그루먼은 합작 벤처 회사를 만들어 '글로벌 호크(Global Hawk)' 장거리 고고도 무인정찰기의 유럽 버전인 '유로 호크(Euro Hawk)'를 개발 중이다. 드론은 무엇보다도 기존 유인기에 비해 4D(Dull, Dirty, Dangerous, Deep) 임무 수행이 가능하고 인명 피해 부

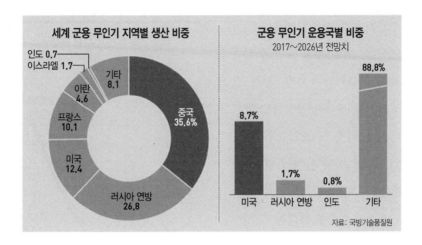

세계 군용 무인기 지역별 생산 비중

- 인도 0.7
- 이스라엘 1.7
- 기타 8.1
- 이란 4.6
- 프랑스 10.1
- 중국 35.6%
- 미국 12.4
- 러시아 연방 26.8

군용 무인기 운용국별 비중
2017~2026년 전망치

- 미국 8.7%
- 러시아 연방 1.7%
- 인도 0.8%
- 기타 88.8%

자료: 국방기술품질원

담이 없다는 게 가장 큰 강점이다. 하지만 경제 위기에 따른 국방비 삭감 가능성은 위협 요소로 평가된다.

군용 드론 시장은 보통 여섯 분야로 나뉜다. 고고도 장기 체공(HALE), 중고도 장기 체공(MALE), 무인전투기(UCAV), 전술무인기(TUAV), 수직이착륙 무인기(VTOL-UAV), 초소형 무인기(MUAV) 등이다. 이 중 무인전투기, 고고도 장기 체공, 중고도 장기 체공 무인기 순으로 드론 시장을 점유하며 발전할 것으로 예상된다.

급유 없이 4일간 날아다니는 드론 나와

민간용(상용) 드론 시장은 DJI사를 앞세운 중국이 1위를 차지하고 있지만 군용 드론은 미국이 독보적 우위를 점하고 있다. 이어 이스라엘, 영국·프랑스·독일 등 유럽 국가들이 뒤를 따르고 있다. 하지만 최근엔 군용 드론 개발·수출에서도 중국이 놀라운 성장세를 보이고 있다.

군용 드론 제조업체로는 미국에서 실전에 가장 많이 투입된 프레데터와 리퍼 무인 정찰 겸 공격기를 생산하는 제너럴 아토믹스를 비롯, 노스럽그루먼, 보잉, 록히드마틴 등이 꼽힌다. 급유 없이 4일을 날아다닐 수 있는 드론까지 개발한 상태다.

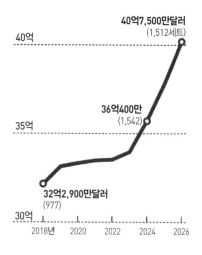

세계 군용 무인기 시장 규모
전망치, 괄호는 생산수량

40억7,500만달러
(1,512세트)

40억

36억400만
(1,542)

35억

32억2,900만달러
(977)

30억
2018년 2020 2022 2024 2026

세계시장에서 주목받는 군용 드론으로는 미국의 글로벌 호크·프레데터·리퍼, 이스라엘의 헤론 (Heron)·헤르메스(Hermes), 중국의 윙룽2호·차이훙-4(CH-4) 등이 있다. 프레데터는 원래 정찰용으로 개발됐지만 대전차미사일을 장착한 공격용으로 발전했다. 이라크·아프가니스탄전에서 알 카에다, 탈레반 지도자들을 암살하는 데 널리 활용됐다. 지난 2013년 UAE는 1억9,700만달러 규모 프레데터 구매 계약을 체결했다. 리퍼는 프레데터보다 엔진 출력과 무장 탑재량을 늘린 개량형이다. 영국과 이탈리아가 리퍼를 도입해 운용 중이며, 일본 등도 관심을 갖고 있는 것으로 알려져 있다.

중국 군용 드론들은 미국 드론의 15~20%에 불과한 싼 가격을 무기로 중동·북아프리카 시장을 적극 공략하고 있다. 미국제 무기를 많이 도입해온 사우디아라비아는 2017년 중국항공공업집단공사(AVIC)와 윙룽2호 무인공격기 30대를 구매하는 계약을 체결했다. 윙룽2호는 미국의 리퍼와 비슷한 외형을 갖고 있지만 가격은 훨씬 싸다. AVIC와 중국 무인공격기 시장을 양분하고 있는 중국항천과학집단공사(CASC)는 아예 사우디아라비아에 무인공격기 공장을 짓고 있다. 전체 무기의 절반을 미국제로 채운 이라크도 가격이 싸다는 이유로 미 프레데터 대신 중국산 CH-4 무인공격기를 도입해 IS 공격 등에 활용하고 있다.

이스라엘은 1980년대까지만 해도 드론 분야에서 미국보다 앞섰다. 지금은 IAI사 헤론과 엘빗사 헤르메스가 세계 시장에서 치열한 경쟁을 벌이고 있다. 우리나라에서도 백령도 등 서북 도서 감시용으로 헤론과 헤르메스를 놓고 저울질하다 헤론을 선정한 바 있다.

한국의 군사 드론들

– 《조선일보 위클리비즈》, 2018년 4월 21일

KAI '송골매' 국산1호, 거리·시간 2배 늘려 2020년 전력화 목표
전략무기 수출 꺼린 미(美)의 글로벌 호크, 해외수출 1호로 연내 국내 도입

2018년 4월 3일 세종시 세종컨벤션센터에서 열린 '드론봇(드론+로봇) 전투발전 콘퍼런스'에는 김용우 육군 참모총장을 비롯, 육군 장군이 110명이나 참석했다. 110명은 전체 육군 장군 310여 명의 35%에 달하는 규모다. 육군이 드론과 로봇 도입에 그만큼 많은 관심을 갖고 있다는 걸 상징적으로 보여준 행사였다.

우리 군의 드론 개발은 1970년대 표적기 개발로 시작됐다. 본격적으로 운용하기는 군단급 무인기인 RQ-101 송골매를 2000년대 초반 전력화하면서부터다. KAI(한국항공우주산업)가 만든 송골매는 우리나라 최초로 실전배치된 국산 군용 드론이다. 대대급에서 정찰용으로 운용중인 리모아이는 무인기 중소기업 유콘시스템이 만들었다.

군 당국과 국내 방산업체들은 미래전 양상과 작전 개념 변화에 맞춰 사단급, 차기 군단급, 중고도 등 다양한 신형 드론을 개발했거나 개발

(위쪽부터) 사단급 무인기, 대대급 무인기, 무인기 송골매.

중이다. 대한항공이 만들어 올해부터 본격 배치하는 신형 사단급 무인기는 10km 밖 물체를 정밀하게 확인하고 표적을 자동 추적할 수 있는 성능을 갖췄다. 비포장 야지(野地)와 안개 낀 날씨에서도 자동 이착륙이 가능하다. 차기 군단급 무인기는 기존 송골매를 대체하는 용도다. KAI가 2020년 전력화를 목표로 개발 중이다. 송골매와 비교하면 작전 반경과 비행 시간이 2배 이상 향상됐다.

중고도 무인정찰기(MUAV)는 미국 프레데터, 리퍼와 비슷한 무인공격기를 2020년까지 개발하는 내용이다. 대한항공에서 체계 개발과 양산을 맡고 있다. 10~12km 고도에서 운용하며 레이더 탐지 거리가 최대 100km에 달해 DMZ(비무장지대) 이남에서 북한 후방 지역 움직임도 감시할 수 있다.

DMZ 이남서 북한 후방 감시

군 당국은 국산 드론 외에 다양한 해외 드론 역시 도입했거나 도입할 예정이다. 가장 주목을 받고 있는 건 금년 중 도입될 미 노스럽그루먼사 장거리 고고도 무인정찰기 글로벌 호크(RQ-4)다. 첨단 전자광학 및 레이더를 장착하고 32시간 넘게 장시간 정찰 비행을 할 수 있다. 일종의 전략 무기라 미국에서 그동안 수출을 꺼려왔지만 우리나라가 첫 수출국으로 결정됐다.*

앞서 1999년에 이스라엘 IAI사 서처(Searcher)가 송골매와 같은 군단급 무인기로 도입돼 운용 중이다. 작전 반경은 약 100km로, 중동부 전선 포병대와 기갑부대용으로 활용되고 있다. 같은 해 공군은 이스라엘제 자폭형(自爆型) 무인기인 하피도 도입해 실전배치했다. 하피는 적 상공에서 4~6시간 체공하다 레이더 등 방공망을 자폭 공격하는 드론이다. 2015년엔 북한 장사정포 공격 등에 대비, 서북 도서 감시용으로 이스라엘 IAI사 헤론을 도입했었다.

---

*글로벌 호크는 도입이 계속 지연돼 2019년 12월 1호기가 우리나라에 도착했다.

드론 잡는 '킬러'들의 등장

– 《주간조선》, 2016년 12월 5일

미 해군 레이저포.

2016년 11월 21일 대전 컨벤션센터에서 열린 '2016 한국군사과학기술학회 추계학술대회'에 소형무인기 대응체계가 특별세션으로 포함됐다. 이 세션에선 2014년 이후 새로운 비대칭 위협으로 부상한 북한의 소형 무인기 등 무인기를 요격할 수 있는 다양한 무기체계나 아이디어들이 소개됐다.

그중 우선 눈길을 끈 것은 고출력 전자기파(EMP)를 쏴 북한 무인기를 격추하는 기술이다. 고출력 EMP가 무인기를 격추하는 기술은 전자장비가 일정 수준 이상의 EMP에 노출되면 비정상적으로 작동하거나 파괴될 수 있는 성질을 활용한 것이다. 국산무기 개발의 총본산인 국방과학연구소(ADD)의 류지헌·김기호 연구원 등은 '전자기펄스를 활용한 소형 무인기 대응 기술' 논문을 통해 "ADD는 높은 출력을 갖는 지향성 전자기펄스 발생장치를 개발했다"며 "ADD는 종래 개발된 전자기펄스 기술을 기반으로 소형 무인기의 전자기펄스에 대한 취약성 분석 연구 등 다양한 전자기펄스 연구를 수행하고 있다"고 밝혔다. ADD가 무인기 격추용 전자기펄스 발생장치의 개발을 공개한 것은 처음이다. 소형 무인기를 총이나 포로 쏴 격추할 경우 의도하지 않은 2차 피해를 초래할 수 있지만, 고출력 전자기펄스는 2차 피해 우려가 거의 없다는 게 장점이다.

2015년 러시아에서도 비슷한 원리를 갖는 무인기 무력화 무기 개발 사실이 공개됐다. '마이크로웨이브 건(Gun)'이라 불리는 이 신무기는 고주파를 이용해 10km 밖의 무인기(드론)를 떨어뜨리고 미사일을 무용지물로 만들 수 있다. 영국 일간지 《인디펜던트(Indenpendent)》는 러시아 무기제조업체 UIMC가 러시아 모스크바 인근 쿠빈카에서 열린 국제 군사기술포럼에서 '마이크로웨이브 건'을 공개했다고 보도했다. '마이크로웨이브'는 전자레인지처럼 파장 범위가 1mm~1m 사이의 극초단파를 의미한다. 강력한 살균력과 전파 교란 등의 특징을 가지고 있다. 러시아가 개발한 마이크로웨이브 건도 안테나와 고주파 장치를 통해 강력한 전자파를 발생시켜 적 무기의 전자시스템을 교란시키는 방식이다. 마이크로웨이브 건은 러시아군에서 사용하기 위해 기존 지대공미사일 시스템 부크(BUK)에 맞춰 제작됐다. 부크는 우크라이나 친러시아 반군이 말레이시아 여객기를 격추시킬 때 사용했던 무기다.

마이크로웨이브 건은 부크의 이동식 발사대에 장착 가능하도록 설계됐다. 부크 발사대 외에 다른 플랫폼에 장착할 경우 360도 전체를 감시하고 방어하는 것도 가능하다. 미 방산업체 레이시온사도 고출력 마이크로파 기술로 무인기를 무력화하는 무기체계인 차량형 '드론 킬러' 시스템을 만들어 공개한 바 있다.

레이저 무기도 무인기 요격무기로 각광을 받고 있다. 미 군사전문매체 디펜스뉴스(Defense News)는 2015년 6월 미사일 전문 독일 방산업체 MBDA 관계자의 말을 빌려 일련의 실험에서 3km 거리에서 접근하는 소형 드론을 레이저로 격추하는 데 성공했다고 보도했다. 레이저무기가 정지된 목표물이나 직선 비행하는 물체를 무력화하는 데 성공한 적은 여러 차례 있지만, 궤도를 바꿔 비행하는 물체를 타격하는 것은 MBDA가 선보인 무기가 사실상 처음인 것으로 알려졌다.

프랑스 파리 에어쇼에서 선보인 이 레이저 무기는 10kW 출력의 발사기 4개를 거울을 이용해 한 개의 빔에 집중시키는 방식으로 작동한다. 총 40kW 위력을 가진 레이저빔으로 움직이는 소형 드론을 파괴했으며 파괴하는 데 걸린 시간은 3.39초에 불과했다. 앞서 20kW 위력의 레이저빔 실험에서는 500m 거리에서 접근하는 소형 드론을 화염으로 변하게 해 격추하는 데 성공했다. MBDA 관계자는 "MBDA가 독일 국방부와 공동으로 지난 10년 넘게 이 레이저 무기 개발작업을 진행해왔다"며 "100kW 위력을 내려면 400~500kW의 축전지 전원이 필요하기 때문에 효율은 아직 30%에 머물러 있는 수준"이라고 설명했다. 이 관계자는 이 무기가 앞으로 5년 내에 실전에 배치될 수 있을 것이라면서, 그럴 경우 격추 사거리가 5km로 늘어날 것으로 내다봤다. MBDA 측은 이 레이저 무기가 급조폭발물(IED) 같은 다른 목표물을 무력화하는 데도 유용하다고 강조했다.

독수리의 드론 사냥.

드론 잡는 독수리도 등장

미 해군이 2015년부터 단계적인 실전배치에 들어간 LaWS(Laser Weapon System)도 레이저를 활용한 무인기 격추용 무기다. 무인기 외에 소형 고속보트 등도 타격 대상이다. 한 번 발사에 1달러밖에 들지 않는 경제적 무기라는 게 최대 강점이다. 다만 사거리가 1.6km 안팎으로 짧고, 아직 미사일이나 포탄 요격능력은 없다는 게 한계다.

무인기 잡는 무인기도 등장하고 있다. 소형 무인기를 전문적으로 생

산하는 국내 중소기업인 유콘시스
템은 2015년 성남 서울공항에서
열린 '서울 국제 항공우주 및 방위
산업 전시회 2015'에 드론 킬러를
처음으로 전시했다. 작전 방식은
우선 레이더나 열열상카메라 등으
로 적 무인기를 발견하면 날개 길
이 2m의 드론 킬러를 발사시킨다.

국산 전자기파 무인기 무력화 장비.

드론 킬러는 탑재한 주야간 영상 카메라로 자동추적하다가 목표물에
근접하면 추돌한다. 이 충격으로 적 무인기와 드론 킬러는 중심을 잃고
지상으로 추락하게 된다.

　드론 킬러는 발사대를 통해 이륙한 뒤 가솔린 엔진을 가동시켜 1시
간가량 날 수 있다. 최대속도는 시속 180km이고 2km 고도에서 비행
이 가능하다고 한다.

　유콘시스템 전용우 대표는 "2014년 3~4월 중 북한 무인기가 한국
상공을 휘젓고 다녔을 때 무인기를 격추할 마땅한 타격체계가 없는 것
에 착안, 자체 개발에 착수했다"고 말했다.

　무인기를 타격하는 유도로켓들도 개발되고 있다. 미 레이시온사에서
개발 중인 PIKE는 반능동 레이저 탐색기를 활용해 무인기 같은 저속
이동표적을 타격할 수 있다. PIKE는 미사일 같은 유도로켓으로 최대사
거리는 2.1km에 이르지만 길이 42.6cm, 직경 40cm로 매우 작은 편이
다. 미 록히드마틴이 개발 중인 MHTK는 무게 2.5kg, 길이 70cm, 직경

40mm 크기다. 이 밖에 레이저 탐색기를 활용하는 APKWS도 주목받는 무기다.

이 밖에 재밍(전파방해)을 활용해 무인기를 무력화하는 방법도 여러 국가에서 개발됐거나 개발 중이다. 한 전문가는 "네덜란드 경찰의 경우 독수리를 활용해 무인기를 잡는 방법을 개발했다"며 "무조건 비싸고 좋은 첨단 요격 수단만 찾을 것이 아니라 비용 대비 효과적인 우리 나름의 무인기 무력화 수단을 개발해야 한다"고 말했다.

한국 방산(防産) 수출, 세계 13위 도약…
FA-50 공격기, K-9 자주포가 견인

– 《조선일보》, 2018년 1월 10일

#1.

2017년 12월 한화지상방산(현 한화디펜스)은 노르웨이 국방부와 K-9 자주포 24문, K-10 탄약운반장갑차 6대를 2020년까지 수출하는 계약을 체결했다. 총사업 규모는 2,452억원. K-9 자주포는 2017년에만 세 번 수출에 성공해 국산 무기 중 '수출 1위'가 됐다. 핀란드 48문, 인도 100문에 이어 노르웨이 24문까지 합하면 지난 1년 새 계약액만 8,100억원에 달한다. 이는 웬만한 국내 중견기업 연간 매출액보다 많은 것이다. 사거리 40km급인 K-9 자주포는 1998년 국내 기술로 독자 개발됐다.

#2.

첫 국산 초음속 고등 훈련기인 T-50을 경(輕)공격기로 개량한 FA-50은 2017년까지 64대, 23억3,000만달러(약 2조5,600억원)어치가 수출됐다. 국산 무기를 통틀어 누적 기준으로 최대 수출액이다. T-50기를 생산하는 한국항공우주산업(KAI)은 최근 17조원 규모의 미 공군 신형

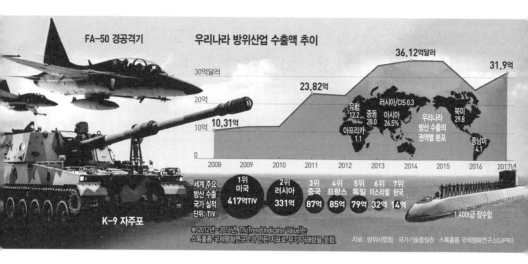

FA-50 경공격기

우리나라 방위산업 수출액 추이

36.12억달러

31.9억

23.82억

10.31억

유럽 12.2
아프리카 1.1
중동 28.0
아시아 26.5%
러시아/CIS 0.3
우리나라 방산 수출의 권역별 분포
북미 29.8
중남미 4.1

2008 2009 2010 2011 2012 2013 2014 2015 2016 2017년

K-9 자주포

세계 주요 방산 수출 국가 실적 단위: TIV

| 1위 미국 417억TIV | 2위 러시아 331억 | 3위 중국 87억 | 4위 프랑스 85억 | 5위 독일 79억 | 6위 이스라엘 32억 | 7위 한국 14억 |

※ 2012년~2016년, TIV(Trend Indicator Value)는 스톡홀름 국제평화연구소가 만든 지표로 무기 거래량을 뜻함.

1,400t급 잠수함

자료: 방위사업청·국가기술표준원·스톡홀름 국제평화연구소(SIPRI)

고등 훈련기 도입 프로젝트(T-X 사업)에 유력 경쟁자로 참여하고 있다. KAI는 "이 경쟁에서 우리가 이기면 가상(假想) 적기와 해군용 비행기 등 후속 물량 1,000대와 제3국 추가 수출 물량 1,000대 등을 포함해 최대 70조원의 추가 수출 물량을 확보할 것"이라고 밝혔다.

하이테크 무기가 '효자'… 7년 만에 수출 2배 증가

방위산업이 우리 경제의 새 성장 동력으로 자리 잡고 있다. 과거 총·포탄 등 단순 저가(低價) 방산 제품 수출에서 탈피해 항공기·미사일·자주포 같은 고부가가치 하이테크 무기 수출이 크게 늘면서다. 2010년 12억달러를 밑돌던 우리 방산 수출액은 2013년 처음 30억달러 선을 넘었고 2015년부터 2년 하락했다가 2017년 30억달러 고지를 회복했다. 스톡홀름 국제평화연구소(SIPRI) 집계를 보면 2012년부터 2016년까지 5년간 우리나라의 방산 수출 금액은 세계 13위 수준이다.

방산 수출이 급상승한 첫째 비결은 대상국의 상황과 수요를 겨냥한 '맞춤형 공략'이다. 2017년 핀란드와 계약한 K-9 자주포 수출이 대표적이다. 핀란드 정부의 예산 부족으로 신형 자주포의 절반 가격으로 사상 처음 중고(中古) K-9을 정비해 수출한 것이다. 이 제품은 우리 육군에서 사용한 지 12년이 지나 전면 정비를 해야 했다. 핀란드와 한국 모두에 도움되는 '윈·윈(win·win)' 모델이었다.

'틈새시장 개척' 노력도 주효했다. T-50 수출의 경우 단순 훈련기를 넘어 경공격기 기능까지 갖춘 FA-50 등 파생형을 개발한 게 인정받았다. 안영수 산업연구원 박사는 "다른 훈련기보다 가격은 싸면서 공격 기능을 겸비한 FA-50이 필리핀·태국·이라크 등에서 높은 호응을 받았다"고 말했다. 선진국의 무기 기술을 도입해 독자 기술을 축적한 다음 가격 경쟁력까지 갖춰 수출에 성공하는 것도 한몫했다. 2011년 인도네시아에 판매한 1,400t급 잠수함 3척(11억달러·약 1조2,000억원)이 여기에 해당한다. 원래 독일에서 전수받은 기술을 계속 발전시켜 동일한 품질에 가격을 대폭 낮춰 인도네시아의 세밀한 요구까지 반영한 개량형 잠수함을 제안해 수주를 따냈다.

독일 무기 수출액의 18%대… "기업 자율 맡겨야"

하지만 한국 방위산업은 지금부터가 진짜 승부처다. 한국군을 대상으로 한 내수 시장이 포화 상태인 데다 선진국들의 견제와 경쟁이 본격화되고 있기 때문이다. 우리나라의 최근 5년 수출 총액은 이스라엘(세계 10위 수출국)의 44%, 독일(세계 5위)의 18%에 그친다. 이는 그만큼 성장 가능성이 높다는 방증이다. 이를 위해 아직 내수(內需) 중심인 방산 패러다임을 수출 주도형으로 바꾸어야 한다. 우리나라 방산 총매출액에서 수출 비중(16%·2016년)은 경쟁국보다 크게 낮다.

채우석 한국방위산업학회장은 "정부는 간섭을 최소화하고 수출 지원에 충실하며, 업체는 기술 개발과 원가 절감, 품질 관리 등 경쟁력의 핵심 기능 확보에 전력투구해야 한다"며 "정부 통제형 패러다임을 기업 자율형 패러다임으로 파괴적 혁신을 하는 게 첫걸음"이라고 말했다. 국제 경쟁력 강화와 수출 지원을 위한 실용적인 대책도 필수적이다. 예컨대 전략적 부품의 국산화를 지원해 부품 분야 핵심 역량을 쌓고 방산의 토대인 중소기업 육성에 나서야 한다. 최저가 입찰제 같은 제도를 개선해 방위산업 활성화를 꾀하고 해외 방산 전시회 참가 시 지원도 늘려야 한다.

청와대에 방산비서관을 신설해 방산 육성과 수출을 총괄할 컨트롤타워도 마련해야 한다. 문재인 대통령은 2017년 10월 서울 국제항공우주방산(ADEX) 전시회 개막식에서 "방위산업은 경쟁력을 높이면서 수출 산업으로 도약해야 한다"고 했다. 방산 비리를 없애 무기 도입 투명성을 높이고 국민 신뢰를 높이는 노력도 필요하다.

BEMIL 총서는 '유용원의 군사세계(http://bemil.chosun.com)'와 도서출판 플래닛미디어가
함께 만드는 군사·무기 관련 전문서 시리즈입니다. 2001년 개설된 '유용원의 군사세계'는 1일
평균 방문자가 5만~6만여명, 2015년 8월 누적 방문자 3억명을 돌파한 국내 최대·최고의 군사
전문 웹사이트입니다. 100만장 이상의 사진을 비롯하여 방대한 콘텐츠를 자랑하고, 특히 무기체
계와 국방정책 등에 대해 수준 높은 토론이 벌어지고 있습니다.

BEMIL 총서는 온라인에서 이 같은 활동을 토대로 대한민국에서 밀리터리에 대한 이해와 인식을 넓
혀 저변을 확대하는 데 그 목적이 있습니다. 여기서 BEMIL은 'BE MILITARY'의 합성어이며, 제도
권 전문가는 물론 해당 분야에 정통한 군사 마니아들도 집필진에 참여하고 있는 것이 특징입니다.

BEMIL 총서 ❹

유용원의
밀리터리
시크릿

초판 1쇄 발행 2020년 1월 15일
초판 2쇄 발행 2020년 2월 27일

지은이 | 유용원
펴낸이 | 김세영

펴낸곳 | 도서출판 플래닛미디어
주소 | 04029 서울시 마포구 잔다리로71 아내뜨빌딩 502호
전화 | 02-3143-3366
팩스 | 02-3143-3360
블로그 | http://blog.naver.com/planetmedia7
이메일 | webmaster@planetmedia.co.kr
출판등록 | 2005년 9월 12일 제313-2005-000197호

ISBN 979-11-87822-38-7 03390